Teubner Studienbücher

Mathematik

Ahlswede/Wegener: **Suchprobleme**
328 Seiten. DM 29,80

Aigner: **Graphentheorie**
269 Seiten. DM 29,80

Ansorge: **Differenzenapproximationen partieller Anfangswertaufgaben**
298 Seiten. DM 29,80 (LAMM)

Behnen/Neuhaus: **Grundkurs Stochastik**
376 Seiten. DM 34,–

Bohl: **Finite Modelle gewöhnlicher Randwertaufgaben**
318 Seiten. DM 29,80 (LAMM)

Böhmer: **Spline-Funktionen**
Theorie und Anwendungen. 340 Seiten. DM 32,–

Bröcker: **Analysis in mehreren Variablen**
einschließlich gewöhnlicher Differentialgleichungen und des Satzes von Stokes
VI, 361 Seiten. DM 32,80

Clegg: **Variationsrechnung**
138 Seiten. DM 18,80

v. Collani: **Optimale Wareneingangskontrolle**
IV, 150 Seiten. DM 29,80

Collatz: **Differentialgleichungen**
Eine Einführung unter besonderer Berücksichtigung der Anwendungen
6. Aufl. 287 Seiten. DM 32,– (LAMM)

Collatz/Krabs: **Approximationstheorie**
Tschebyscheffsche Approximation mit Anwendungen. 208 Seiten. DM 28,–

Constantinescu: **Distributionen und ihre Anwendung in der Physik**
144 Seiten. DM 21,80

Dinges/Rost: **Prinzipien der Stochastik**
294 Seiten. DM 34,–

Fischer/Sacher: **Einführung in die Algebra**
3. Aufl. 240 Seiten. DM 21,80

Floret: **Maß- und Integrationstheorie**
Eine Einführung. 360 Seiten. DM 32,–

Grigorieff: **Numerik gewöhnlicher Differentialgleichungen**
Band 1: Einschrittverfahren. 202 Seiten. DM 19,80
Band 2: Mehrschrittverfahren. 411 Seiten. DM 32,80

Hainzl: **Mathematik für Naturwissenschaftler**
3. Aufl. 376 Seiten. DM 34,– (LAMM)

Hässig: **Graphentheoretische Methoden des Operations Research**
160 Seiten. DM 26,80 (LAMM)

Hettich/Zencke: **Numerische Methoden der Approximation und semi-infinitiven Optimierung**
232 Seiten. DM 24,80

Hilbert: **Grundlagen der Geometrie**
12. Aufl. VII, 271 Seiten. DM 26,80

Fortsetzung auf der 3. Umschlagseite

Teubner Studienbücher Mathematik

P. Kall

Lineare Algebra für Ökonomen

Leitfäden der angewandten Mathematik und Mechanik LAMM

Unter Mitwirkung von
Prof. Dr. E. Becker, Darmstadt
Prof. Dr. G. Hotz, Saarbrücken
Prof. Dr. P. Kall, Zürich
Prof. Dr. Dr.-Ing. E. h. K. Magnus, München
Prof. Dr. E. Meister, Darmstadt
Prof. Dr. Dr. h. c. F. K. G. Odqvist †

herausgegeben von
Prof. Dr. Dr. h. c. H. Görtler, Freiburg

Band 54

Die Lehrbücher dieser Reihe sind einerseits allen mathematischen Theorien und Methoden von grundsätzlicher Bedeutung für die Anwendung der Mathematik gewidmet; andererseits werden auch die Anwendungsgebiete selbst behandelt. Die Bände der Reihe sollen dem Ingenieur und Naturwissenschaftler die Kenntnis der mathematischen Methoden, dem Mathematiker die Kenntnisse der Anwendungsgebiete seiner Wissenschaft zugänglich machen. Die Werke sind für die angehenden Industrie- und Wirtschaftsmathematiker, Ingenieure und Naturwissenschaftler bestimmt, darüber hinaus aber sollen sie den im praktischen Beruf Tätigen zur Fortbildung im Zuge der fortschreitenden Wissenschaft dienen.

Lineare Algebra für Ökonomen

Von Dr. phil. Peter Kall
o. Professor an der Universität Zürich

Mit 12 Figuren, 32 Beispielen
und 75 Übungsaufgaben

Springer Fachmedien Wiesbaden GmbH 1984

Prof. Dr. phil. Peter Kall

Geboren 1939 in Berlin. Von 1958 bis 1960 Studium der Mathematik und Physik an der Universität Freiburg, 1960/61 an der Universität Hamburg. Von 1961 bis 1963 Studium der Mathematik, Wirtschaftswissenschaften und Physik, 1963 Promotion an der Universität Zürich. Von 1963 bis 1968 Assistent am Institut für Operations Research und elektronische Datenverarbeitung, dann Oberassistent am Seminar für angewandte Mathematik und Statistik der Universität Zürich. Ab 1966 Privatdozent für angewandte Mathematik an der Universität Zürich. Von 1968 bis 1971 o. Professor für Mathematik und Geschäftsführender Direktor des Rechenzentrums an der Universität Mannheim. Seit 1971 o. Professor und Direktor des Institutes für Operations Research und mathematische Methoden der Wirtschaftswissenschaften der Universität Zürich. Von 1972 bis 1976 Sekretär, anschließend bis Ende 1981 Vizesekretär der Gesellschaft für angewandte Mathematik und Mechanik (GAMM). Seit 1980 Präsident der Schweizerischen Vereinigung für Operations Research (SVOR).

CIP-Kurztitelaufnahme der Deutschen Bibliothek

Kall, Peter:
Lineare Algebra für Ökonomen / von Peter Kall. –
Stuttgart : Teubner, 1984
(Leitfäden der angewandten Mathematik und
Mechanik ; Bd. 54)
(Teubner Studienbücher : Mathematik)

ISBN 978-3-519-02356-2 ISBN 978-3-663-10672-2 (eBook)
DOI 10.1007/978-3-663-10672-2

NE: 1. GT

Ursprünglich erschienen bei B. G. Teubner, Stuttgart 1984.

Satz: Elsner & Behrens GmbH, Oftersheim
Umschlaggestaltung: W. Koch, Sindelfingen

Vorwort

In der Regel enthalten wirtschaftswissenschaftliche Studiengänge gegenwärtig im Grundstudium, also in den ersten drei oder vier Semestern, eine Einführung in die Mathematik, die zumindest Teile der reellen Analysis und der linearen Algebra umfaßt. Genauso wie meine in dieser Reihe erschienene „Analysis für Ökonomen", nachfolgend mit [1] zitiert, beruht auch dieser Band auf einer langjährigen Erfahrung im Unterricht und gibt im wesentlichen – mit Ausnahme von Kapitel 4 – den Stoff wieder, der jeweils in vierstündigen Vorlesungen im Sommersemester behandelt wurde.

Auf die über die sog. „Mathematik für Ökonomen" nach wie vor bestehenden Auffassungsunterschiede bezüglich Stoffauswahl und vor allem Darstellungsweise habe ich in [1] bereits hingewiesen und meine Ansicht darüber deutlich gemacht, so daß ich mich hier nicht wiederholen muß. Vielmehr liegt mir daran klarzustellen, daß die mathematische Grundausstattung, die sich der Leser mit dem Studium dieser beiden Bände erwerben kann, nicht sicherstellt, daß er sich mit j e d e m Teilbereich der Wirtschaftswissenschaften – sei es nur rezeptiv oder gar aktiv – ohne weiteres zu befassen in der Lage ist. Teile der theoretischen Volkswirtschaftslehre ebenso wie neuere Entwicklungen der Ökonometrie und des Operations Research (Management Science, Decision Science) sind ohne weitergehende mathematische Kenntnisse, z. B. über Differentialgleichungen, Funktionanalysis, Maßtheorie u. a., nicht mehr zu verstehen. Damit stellt sich die schwierige Aufgabe, Studiengänge so flexibel zu gestalten, daß der Zugang zu solchen Forschungsbereichen während des Studiums nicht grundsätzlich per Reglement verunmöglicht wird.

In den Anwendungen der linearen Algebra stehen für den Wirtschaftswissenschaftler in den meisten Fällen sicherlich lineare Gleichungs- und Ungleichungssysteme im Vordergrund. Daneben trifft man verschiedentlich auf Eigenwertprobleme. Diese Aufgaben sind unmittelbar mit dem Begriff der linearen Abbildung verbunden, die per definitionem zwischen Vektorräumen erklärt ist. Demzufolge werden in Kapitel 1 grundlegende Eigenschaften von reellen Vektorräumen bzw. von Teilmengen davon ausführlich dargelegt, die für das Verständnis der folgenden Kapitel und vieler Anwendungen der linearen Algebra unerläßlich sind. In Kapitel 2 wird dann die lineare Abbildung einschließlich der linearen Gleichung zunächst allgemein eingeführt und dann durch den Erweiterungssatz – eindeutige Bestimmtheit der Abbildung durch die Bilder eines Erzeugendensystems – im endlichdimensionalen Fall die Matrixdarstellung einer linearen Abbildung begründet. Damit ergibt sich der Matrixkalkül zwangsläufig. Ebenso folgen dann unmittelbar Lösbarkeitsbedingung und Beschreibung der Lösungsmenge eines endlichen linearen Gleichungssystems. Schließlich sollten dann die hier behandelten elementaren Lösungsverfahren – Gauss bzw. Gauss-Jordan – keine Schwierigkeiten mehr bereiten. In Kapitel 3 werden zunächst Determinanten eingeführt, mit deren Hilfe man anschließend die Eigenwerte einer Matrix als Nullstellen von deren charakteristischem Polynom erkennt. In der weiteren Behandlung der Eigenwerte habe ich mich im wesentlichen auf symmetrische Matrizen beschränkt, da es mir wie schon in Kapitel 1 und 2 nicht vertretbar erschien, die Vertrautheit des Lesers mit den komplexen Zahlen voraussetzen. Kapitel 4 schließlich behandelt lineare Ungleichungssysteme, die Darstellung ihrer Lösungsmengen sowie darauf aufbauend eine kurze Einführung in die lineare Programmierung. Dabei konnte ich auf die Herleitung der Lösbarkeitsbedingungen für Ungleichungssysteme – Lemma von Farkas – und des Dualitätssatzes der linearen Programmierung verzichten, da beides schon in [1] enthalten ist.

Auch dieser Band verlangt vom Leser Konzentration und aktive Auseinandersetzung mit dem Stoff, insbesondere auch mit den Beispielen und den Aufgaben. Das ist beabsichtigt, da nach meiner Erfahrung Studenten, die dazu bezüglich dieser Vorlesung und der zugehörigen Übung ein Semester lang in der Lage waren, eine beachtliche Sicherheit im Umgang mit dieser Materie erreichen konnten. Und wieso sollten eigentlich Studenten der Ökonomie mit weniger Aufwand die Fähigkeit zum sicheren und sinnvollen Umgang mit ihrem mathematischen Handwerkszeug erlangen können als ihre Kommilitonen in den Natur- und Ingenieurwissenschaften?

Zum Schluß bleibt mir die angenehme Pflicht zu danken: Herrn Prof. Dr. Kurt Marti, München, dessen frühere Fassungen dieser Vorlesung meine hier gewählte Darstellung beeinflußt haben; Herrn Prof. Dr. H. Garbers, Zürich, für seine Kritik an Teilen des Manuskripts; Fräulein Dr. S. Zweifel, die den größten Teil der Aufgaben mit der ihr eigenen Sorgfalt zusammengestellt hat, mehreren Studenten, die mich im Verlauf dieser Vorlesung im vergangenen Sommersemester auf Fehler im Manuskript aufmerksam gemacht haben, und nicht zuletzt dem Teubner-Verlag, der die aufgelaufenen Verzögerungen mit nicht selbstverständlicher Gelassenheit zu tragen bereit war.

Mettmenstetten, im Oktober 1983 P. Kall

Inhalt

Liste der Symbole

Symbol	*Bedeutung*
$\Rightarrow$	daraus folgt
$\Longleftrightarrow$	dann und nur dann, wenn
Σ	Summenzeichen, z. B. $\sum_{\nu=1}^{k} \alpha_\nu v_\nu = \alpha_1 v_1 + \ldots, + \alpha_k v_k$
$\mathbf{R}$	Menge der reellen Zahlen
$\mathbf{R}^n$	Menge der reellen n-Tupel
$\mathfrak{P}^n$	Menge der Polynome höchstens n-ten Grades
$\emptyset$	leere Menge
$\in$	Element von, z. B. $i \in I$
$\forall$	für alle, i. d. R. für alle Elemente einer vorgegebenen Menge
$\cap$	Durchschnitt, z. B. $\mathfrak{A} \cap \mathfrak{B}$
$\cup$	Vereinigung, z. B. $\mathfrak{A} \cup \mathfrak{B}$
$\subset$	ist enthalten in, z. B. $\mathfrak{A} \subset \mathfrak{B}$
$\supset$	enthält, z. B. $\mathfrak{A} \supset \mathfrak{B}$
$\dim \mathfrak{V}$	Dimension des Vektorraumes $\mathfrak{V}$
$\dim \{v_1, \ldots, v_n\}$	Dimension des durch $\{v_1, \ldots, v_n\}$ erzeugten Vektorraumes
LGS	lineares Gleichungssystem
HLGS	homogenes lineares Gleichungssystem
$\langle v, w \rangle$	Skalarprodukt der Vektoren $v, w \in \mathfrak{V}$
$x^T y$	Skalarprodukt der Vektoren $x, y \in \mathbf{R}^n$
$\\|v\\|$	Norm des Vektors v
$\|\lambda\|$	Absolutbetrag von $\lambda \in \mathbf{R}$
C[a, b]	Menge der stetigen Funktionen auf [a, b]
C^1[a, b]	Menge der stetig differenzierbaren Funktionen auf [a, b]
$\mathfrak{W}^\perp$	orthogonales Komplement von $\mathfrak{W}$
$\mathrm{rg}\,(\phi)$	Rang der linearen Abbildung ϕ
rg (A)	Rang der Matrix A
A^T	Transponierte der Matrix A

1 Vektorräume

Eine Fülle von Aufgaben aus den Anwendungen besteht darin, in einer beschreibbaren Grundmenge ein oder mehrere Elemente zu bestimmen, die bestimmten, im allgemeinen linearen Bedingungen genügen. Ein wesentliches Merkmal der hier in Betracht kommenden Grundmengen ist oft ihre besondere algebraische Struktur, die es zuläßt, innerhalb der jeweiligen Grundmenge zwei beliebige Elemente zu „addieren" oder ein beliebiges Element mit irgendeiner Zahl – in unserem Fall stets mit einer reellen Zahl – zu „multiplizieren". Um die Lösbarkeit der eingangs genannten Aufgaben entscheiden und die gegebenenfalls existierenden Lösungen beschreiben zu können, ist es erforderlich oder mindestens sehr nützlich, die erwähnte algebraische Struktur der Grundmengen und die daraus ableitbaren Folgerungen genauer zu untersuchen.

1.1 Beispiele von Vektorräumen

Bevor wir beginnen, die uns hier interessierende algebraische Struktur allgemein zu behandeln, wollen wir an einigen Beispielen, die uns aus der Schule sicher bestens vertraut sind, verdeutlichen, welche Eigenschaften uns für's erste interessieren.

Beispiel 1.1 Sind a_1, a_2, a_3, a_4, a_5 gegebene reelle Zahlen, dann nennen wir

$$\mathbf{a} = (a_1, a_2, a_3, a_4, a_5)$$

ein reelles 5-Tupel. Allgemeiner bezeichnen wir für eine beliebige natürliche Zahl $n > 1$ (vgl. [1]) und gegebene reelle Zahlen $b_1, b_2, \ldots, b_n$ die Größe

$$\mathbf{b} = (b_1, b_2, \ldots, b_n)$$

als reelles n-Tupel. Beispiele für solche n-Tupel sind etwa die Angabe eines Punktes $\mathbf{a}$ im anschaulichen Raum durch drei Ortskoordinaten als

$$\mathbf{a} = (a_1, a_2, a_3)$$

gemäß Fig. 1.1; die Festlegung eines Güterbündels aus beispielsweise 7 Gütern

$$\mathbf{b} = (b_1, b_2, b_3, b_4, b_5, b_6, b_7),$$

wobei b_1 die Menge des ersten Gutes, b_2 die Menge des zweiten Gutes usw. angeben;

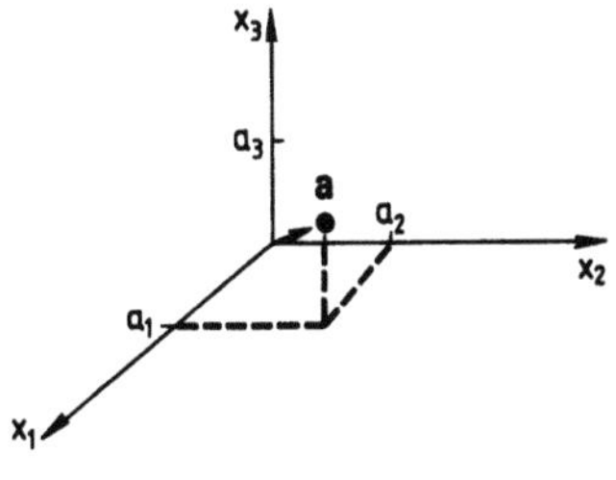

Fig. 1.1
Ortskoordinaten eines Punktes

die Beschreibung einer Produktionsaktivität mit k Produktionsfaktoren und p Produkten durch ein (k + p)-Tupel

$$\mathbf{d} = (\xi_1, \xi_2, \ldots, \xi_k, \eta_1, \eta_2, \ldots, \eta_p),$$

wobei $\xi_1, \ldots, \xi_k$ den Faktorverbrauch („Input") und $\eta_1, \ldots, \eta_p$ den Produkteausstoß („Output") messen.

Es besteht wohl Einigkeit darüber, daß die Punkte (1, 3, 4) und (3, 1, 4) im Raum voneinander verschieden sind und bezogen auf die Güter Melonen, Autoreifen und Speiseöl – in dieser Reihenfolge – die Güterbündel (3, 4, 2), d. h. 3 Melonen, 4 Autoreifen und 2 Liter Speiseöl, und (3, 2, 4), also 3 Melonen, 2 Autoreifen und 4 Liter Speiseöl, auch nicht als gleich betrachtet werden. Mit anderen Worten erscheint es also als sinnvoll zu vereinbaren, daß zwei n-Tupel

$$\mathbf{a} = (a_1, a_2, \ldots, a_n) \quad \text{und} \quad \mathbf{b} = (b_1, b_2, \ldots, b_n)$$

genau dann als g l e i c h betrachtet werden, wenn die einander entsprechenden „Komponenten" übereinstimmen, also mit der Symbolik von [1]

$$\mathbf{a} = \mathbf{b} \iff a_1 = b_1, a_2 = b_2, \ldots, a_n = b_n. \tag{1.1}$$

Kaufen wir in einem Einkaufszentrum 3 Melonen, 4 Autoreifen und 2 Liter Speiseöl, also das Güterbündel

$$\mathbf{c} = (3, 4, 2),$$

und in einem weiteren Einkaufszentrum 1 Melone, 8 Autoreifen und 5 Liter Speiseöl, also das Güterbündel

$$\mathbf{d} = (1, 8, 5),$$

dann umfaßt unser Einkauf insgesamt 4 Melonen, 12 Autoreifen und 7 Liter Speiseöl, also das Güterbündel

$$\mathbf{f} = (4, 12, 7),$$

das wir als die S u m m e der beiden Güterbündel **c** und **d** auffassen können, was wir symbolisch durch

$$\mathbf{f} = \mathbf{c} \oplus \mathbf{d}$$

darstellen. Die Operation „⊕" bedeutet hier, daß die einander entsprechenden Komponenten (Gütermengen) der Güterbündel **c** und **d** zueinander addiert werden.

Sind **g** und **h** zwei Wegstücke in der Ebene, die nach Länge und Richtung vorgegeben

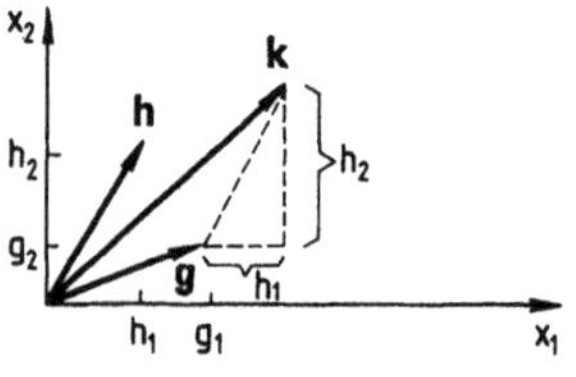

Fig. 1.2
Addition von Wegstücken

sind und nacheinander durchlaufen werden sollen, dann können wir den Zielpunkt **k** nach Fig. 1.2 wie folgt bestimmen:

Mit $\mathbf{g} = (g_1, g_2)$ und $\mathbf{h} = (h_1, h_2)$ in einem gegebenen Koordinatensystem – beispielsweise West-Ost-Richtung und Süd-Nord-Richtung mit der Längeneinheit Meter – wird $\mathbf{k} = (g_1 + h_1, g_2 + h_2)$, was wir als Summe der beiden Wegstücke auffassen können, symbolisch ausgedrückt durch

$$\mathbf{k} = \mathbf{g} \oplus \mathbf{h}.$$

Die Operation „$\oplus$" bedeutet auch hier, daß die einander entsprechenden Komponenten zueinander addiert werden.

Analog kann man zwei verschiedene Produktionsaktivitäten

$$\tilde{\mathbf{d}} = (\tilde{\xi}_1, \tilde{\xi}_2, \ldots, \tilde{\xi}_k, \tilde{\eta}_1, \tilde{\eta}_2, \ldots, \tilde{\eta}_p)$$

und $$\hat{\mathbf{d}} = (\hat{\xi}_1, \hat{\xi}_2, \ldots, \hat{\xi}_k, \hat{\eta}_1, \hat{\eta}_2, \ldots, \hat{\eta}_p)$$

zueinander addieren, indem man die einander entsprechenden Komponenten – Inputs bzw. Outputs – zusammenfaßt. Damit erhält man

$$\tilde{\mathbf{d}} \oplus \hat{\mathbf{d}} = (\tilde{\xi}_1 + \hat{\xi}_1, \tilde{\xi}_2 + \hat{\xi}_2, \ldots, \tilde{\xi}_k + \hat{\xi}_k, \tilde{\eta}_1 + \hat{\eta}_1, \tilde{\eta}_2 + \hat{\eta}_2, \ldots, \tilde{\eta}_p + \hat{\eta}_p).$$

Danach erscheint es als sinnvoll, allgemein für n-Tupel eine Operation einzuführen, die wir Addition von n-Tupeln nennen und vorläufig mit „$\oplus$" bezeichnen, und die wir folgendermaßen definieren:

Zu je zwei n-Tupeln

$$\mathbf{a} = (a_1, a_2, \ldots, a_n) \quad \text{und} \quad \mathbf{b} = (b_1, b_2, \ldots, b_n)$$

gibt es genau ein n-Tupel

$$\mathbf{c} = \mathbf{a} \oplus \mathbf{b} = (c_1, c_2, \ldots, c_n) \tag{1.2}$$

mit $$c_1 = a_1 + b_1, c_2 = a_2 + b_2, \ldots, c_n = a_n + b_n. \tag{1.3}$$

Da für reelle Zahlen a_i und b_i bekanntlich $a_i + b_i = b_i + a_i$, $i = 1, \ldots, n$, gilt, folgt

$$\mathbf{a} \oplus \mathbf{b} = \mathbf{b} \oplus \mathbf{a},$$

d. h. die Addition von n-Tupeln ist kommutativ.

Wenn wir, wie oben angegeben, das Güterbündel $\mathbf{d} = (1, 8, 5)$ einkaufen, also 1 Melone, 8 Autoreifen und 5 Liter Speiseöl, dann würden wir wohl den Auftrag, das nächste Mal „7 mal soviel" einzukaufen, so verstehen, daß wir

$$7 \otimes \mathbf{d} = (7, 56, 35)$$

vom Einkaufszentrum mitzubringen haben.

Müßten wir in Fig. 1.2 das Wegstück $\mathbf{g} = (g_1, g_2)$ „5 mal" zurücklegen, so hätten wir insgesamt, wie leicht einzusehen ist, den Weg $5 \otimes \mathbf{g} = (5 \cdot g_1, 5 \cdot g_2)$ zu durchlaufen.

Analog können wir allgemein eine Multiplikation eines n-Tupels mit einem Skalar, d. h. mit einer reellen Zahl, einführen, die wir vorläufig mit „$\otimes$" bezeichnen und wie folgt definieren:

Zu einem n-Tupel $\mathbf{a} = (a_1, a_2, \ldots, a_n)$ und einer reellen Zahl $\lambda \in \mathbf{R}$ gibt es genau ein n-Tupel

$$\lambda \otimes \mathbf{a} = (\lambda \cdot a_1, \lambda \cdot a_2, \ldots, \lambda \cdot a_n). \tag{1.4}$$

Ein n-Tupel wird danach mit einem Skalar multipliziert, in dem jede Komponente mit diesem Skalar malgenommen wird.

Aus den Rechenregeln für reelle Zahlen und (1.2) folgt sofort

$$\begin{aligned}\lambda \otimes (\mathbf{a} \oplus \mathbf{b}) &= \lambda \otimes (a_1 + b_1, a_2 + b_2, \ldots, a_n + b_n)\\ &= (\lambda[a_1 + b_1], \lambda[a_2 + b_2], \ldots, \lambda[a_n + b_n])\\ &= (\lambda a_1 + \lambda b_1, \lambda a_2 + \lambda b_2, \ldots, \lambda a_n + \lambda b_n)\\ &= (\lambda \otimes \mathbf{a}) \oplus (\lambda \otimes \mathbf{b}).\end{aligned}$$

Zusammenfassend können wir festhalten: In der Menge $\mathbf{R}^n$ der reellen n-Tupel lassen sich eine Addition gemäß (1.2) und eine Multiplikation mit einem Skalar (reelle Zahl) gemäß (1.4) einführen. Das Ergebnis dieser Operationen sind jeweils wieder reelle n-Tupel, also Elemente von $\mathbf{R}^n$. Für diese Operationen ergeben sich aus den Rechenregeln für reelle Zahlen gewisse Gesetzmäßigkeiten, beispielsweise

$$\mathbf{a} \oplus \mathbf{b} = \mathbf{b} \oplus \mathbf{a} \quad \text{und} \quad \lambda \otimes (\mathbf{a} \oplus \mathbf{b}) = (\lambda \otimes \mathbf{a}) \oplus (\lambda \otimes \mathbf{b}).$$ ■

Beispiel 1.2 Bekanntlich ist die Funktion $f: \mathbf{R} \to \mathbf{R}$, die durch $f(x) = 7 + 3x + 2x^2 + 5x^3$ (für jedes $x \in \mathbf{R}$) definiert ist, ein Polynom dritten Grades (vgl. [1]). Allgemein ist mit einer beliebigen natürlichen Zahl n und gegebenen reellen Koeffizienten $\alpha_0, \alpha_1, \alpha_2, \ldots, \alpha_n$

$$g(x) = \alpha_0 + \alpha_1 x + \alpha_2 x^2 + \ldots + \alpha_n x^n = \sum_{\nu=0}^{n} \alpha_\nu x^\nu \tag{1.5}$$

ein P o l y n o m n - t e n G r a d e s, wenn $\alpha_n \neq 0$, andernfalls ein P o l y n o m h ö c h s t e n s n - t e n G r a d e s.

Wir werden im folgenden das S u m m e n z e i c h e n Σ häufig verwenden und wollen deshalb daran erinnern, wie eine mit Summenzeichen geschriebene Summe zu lesen ist. Sind $\delta_1, \delta_2, \ldots, \delta_m$ gegebene oder berechenbare reelle Zahlen, dann ist

$$\sum_{\mu=1}^{m} \delta_\mu = \delta_1 + \delta_2 + \ldots + \delta_m,$$

d. h. man läßt den Summationsindex – hier μ – von der unter dem Summenzeichen angegebenen unteren Grenze – hier $\mu = 1$ – bis zur über dem Summenzeichen stehenden oberen Grenze – hier $\mu = m$ – alle ganzen Zahlen durchlaufen, ermittelt die zugehörigen Summanden – hier δ_1, δ_2, usw. bis δ_m – und bildet deren Summe. In (1.5) beginnt die Summation mit $\nu = 0$ und daher mit dem Summanden $\alpha_0 x^0$, was mit der Konvention, daß $x^0 = 1$ für alle reellen x, mit α_0 übereinstimmt.

Sind nun

$$g(x) = \alpha_0 + \alpha_1 x + \alpha_2 x^2 + \ldots + \alpha_n x^n$$

und $\quad h(x) = \beta_0 + \beta_1 x + \beta_2 x^2 + \ldots + \beta_n x^n$

zwei Polynome höchstens n-ten Grades, dann ist auch

$$\begin{aligned} k(x) &= g(x) + h(x) \\ &= (\alpha_0 + \beta_0) + (\alpha_1 + \beta_1)x + (\alpha_2 + \beta_2)x^2 + \ldots + (\alpha_n + \beta_n)x^n \end{aligned} \tag{1.6}$$

ein Polynom höchstens n-ten Grades, und für irgendeine reelle Zahl λ ist ebenso

$$\lambda \cdot g(x) = (\lambda \cdot \alpha_0) + (\lambda \cdot \alpha_1)x + (\lambda \cdot \alpha_2)x^2 + \ldots + (\lambda \cdot \alpha_n)x^n \tag{1.7}$$

ein Polynom höchstens n-ten Grades.

Demzufolge gibt es auch in der Menge $\mathfrak{P}^n$ der Polynome höchstens n-ten Grades eine Addition „$\oplus$" und eine Multiplikation „$\otimes$" mit Skalaren, deren Ergebnisse wieder zu $\mathfrak{P}^n$ gehören.

Wie man an (1.5) ohne weiteres sehen kann, läßt sich jedes Polynom höchstens n-ten Grades identifizieren mit dem (n + 1)-Tupel $(\alpha_0, \alpha_1, \ldots, \alpha_n)$ seiner Koeffizienten. Damit entsprechen nach (1.6) und (1.7) die Operationen „$\oplus$" und „$\otimes$" in $\mathfrak{P}^n$ den analogen Operationen in $\mathbb{R}^{n+1}$, wie wir sie in Beispiel 1.1 eingeführt haben. ■

Beispiel 1.3 In den verschiedensten Anwendungsbereichen – beispielsweise bei der numerischen Lösung gewisser Differentialgleichungen, bei der linearen Regression in der Ökonometrie, bei gewissen Problemstellungen der Kostenrechnung, bei der Teilebedarfsrechnung in Montagebetrieben, bei linearen Produktionsmodellen usw. – stößt man auf *lineare Gleichungssysteme* (LGS) der Form

$$\left.\begin{array}{l} a_{11}x_1 + a_{12}x_2 + \ldots + a_{1n}x_n = b_1 \\ a_{21}x_1 + a_{22}x_2 + \ldots + a_{2n}x_n = b_2 \\ \quad\vdots \\ a_{m1}x_1 + a_{m2}x_2 + \ldots + a_{mn}x_n = b_m \end{array}\right\} . \tag{1.8}$$

Hier sind die Koeffizienten a_{ij}, $i = 1, \ldots, m$, $j = 1, \ldots, n$ und die „rechten Seiten" b_i, $i = 1, \ldots, m$ vorgegebene reelle Zahlen, und für die Unbekannten $x_1, x_2, \ldots, x_n$ sollen reelle Zahlen so bestimmt werden, daß damit alle Gleichungen in (1.8) erfüllt sind. Jedes n-Tupel reeller Zahlen, das für $(x_1, \ldots, x_n)$ eingesetzt den Gleichungen in (1.8) genügt, heißt eine *Lösung* des LGS.

Das zugehörige *homogene lineare Gleichnungssystem* (HLGS) erhält man, indem man alle rechten Seiten b_i gleich Null setzt, also

$$\left.\begin{array}{l} a_{11}x_1 + a_{12}x_2 + \ldots + a_{1n}x_n = 0 \\ a_{21}x_1 + a_{22}x_2 + \ldots + a_{2n}x_n = 0 \\ \quad\vdots \\ a_{m1}x_1 + a_{m2}x_2 + \ldots + a_{mn}x_n = 0 \end{array}\right\} . \tag{1.9}$$

Das HLGS (1.9) ist stets lösbar – **o** = (0, 0, ..., 0) ist offenbar eine Lösung –, was für ein *inhomogenes* LGS der Form (1.8) nicht immer zutrifft.

Somit ist die Menge $\mathfrak{M}$ der Lösungen von (1.9) nicht leer, symbolisch: $\mathfrak{M} \neq \emptyset$.

Ist nun $y \in \mathfrak{M}$, d. h. $y = (y_1, y_2, \ldots, y_n)$ ist eine Lösung von (1.9), dann gilt mit einem beliebigen $\lambda \in \mathbf{R}$ für $\lambda \otimes y = (\lambda y_1, \lambda y_2, \ldots, \lambda y_n)$

$$a_{i1}(\lambda y_1) + a_{i2}(\lambda y_2) + \ldots + a_{in}(\lambda y_n)$$
$$= \lambda(a_{i1}y_1 + a_{i2}y_2 + \ldots + a_{in}y_n) = 0, i = 1, \ldots, m.$$

Also ist auch $\lambda \otimes y \in \mathfrak{M}$.

Sind $y \in \mathfrak{M}$ und $z \in \mathfrak{M}$, dann folgt wegen

$$a_{i1}(y_1 + z_1) + a_{i2}(y_2 + z_2) + \ldots + a_{in}(y_n + z_n)$$
$$= (a_{i1}y_1 + a_{i2}y_2 + \ldots + a_{in}y_n) + (a_{i1}z_1 + a_{i2}z_2 + \ldots + a_{in}z_n),$$
$$i = 1, \ldots, m,$$

auch $y \oplus z \in \mathfrak{M}$. Also kann man auch in der Lösungsmenge eines HLGS eine Addition „$\oplus$" und eine Multiplikation „$\otimes$" mit Skalaren – wie in Beispiel 1.1 – einführen, deren Ergebnisse stets wieder zu $\mathfrak{M}$ gehören. ∎

Übungsaufgaben

1. Sei $\mathcal{F}$ die Menge der stetigen (bzw. stetig differenzierbaren) Funktionen auf dem Intervall $[a, b] \subset \mathbf{R}$ und seien „$\oplus$" und „$\otimes$" als die übliche Addition von Funktionen und Multiplikation von Funktionen mit Skalaren definiert, d. h.

$$(f \oplus g)(x) := f(x) + g(x) \text{ und } (\lambda \otimes f)(x) := \lambda \cdot f(x).$$

Zeigen Sie, daß die Ergebnisse dieser Operationen wieder zu $\mathcal{F}$ gehören.

2. Sei $\mathfrak{V}$ die Menge aller Folgen $\{a_n\}$. Definieren Sie in $\mathfrak{V}$ eine Addition „$\oplus$" und eine skalare Multiplikation „$\otimes$" derart, daß die Ergebnisse dieser Operationen wieder zu $\mathfrak{V}$ gehören.

1.2 Grundbegriffe

Wir haben soeben an einigen Beispielen gesehen, daß es Mengen von Objekten geben kann, für die sich sinnvoll eine Multiplikation mit Skalaren und eine Addition einführen lassen derart, daß die Ergebnisse dieser Operationen wieder zu der jeweiligen Menge gehören und für die Operationen gewisse, aus der üblichen Arithmetik mit reellen Zahlen bekannte Regeln gelten.

Definition 1.1 *Eine Menge $\mathfrak{V}$ heißt ein* V e k t o r r a u m *(auch* l i n e a r e r R a u m), *wenn zwischen den Elementen von $\mathfrak{V}$ eine Addition „$\oplus$" und zwischen Skalaren, d. h. reellen Zahlen und Elementen von $\mathfrak{V}$ eine Multiplikation „$\otimes$" erklärt ist, derart daß folgendes gilt:*

a) *Für* $v \in \mathfrak{V}$ *und* $w \in \mathfrak{V}$ *ist* $v \oplus w \in \mathfrak{V}$;

b) *für* $v \in \mathfrak{V}$ *und* $w \in \mathfrak{V}$ *gilt* $v \oplus w = w \oplus v$ (K o m m u t a t i v i t ä t);

c) *für* $u \in \mathfrak{V}$, $v \in \mathfrak{V}$ *und* $w \in \mathfrak{V}$ *gilt* $u \oplus (v \oplus w) = (u \oplus v) \oplus w$ (A s s o z i a t i v i t ä t);

d) *es gibt ein Element* $o \in \mathfrak{V}$ *mit der Eigenschaft, daß für jedes* $v \in \mathfrak{V}$ *gilt* $v \oplus o = v$ (N u l l e l e m e n t);

e) *zu jedem Element* $v \in \mathfrak{V}$ *existiert ein* $\tilde{v} \in \mathfrak{V}$*, derart daß* $v \oplus \tilde{v} = o$ (I n v e r s e s); *wir bezeichnen* $\tilde{v}$ *mit* $(-v)$ *und schreiben für beliebiges* $w \in \mathfrak{V}$ $w - v$ *statt* $w \oplus (-v) = w \oplus \tilde{v}$;

f) *für* $\lambda \in \mathbf{R}$ *und* $v \in \mathfrak{V}$ *ist* $\lambda \otimes v \in \mathfrak{V}$;

g) *für* $\lambda \in \mathbf{R}, \mu \in \mathbf{R}$ *und* $v \in \mathfrak{V}$ *gilt* $(\lambda \cdot \mu) \otimes v = \lambda \otimes (\mu \otimes v)$;

h) *für* $\lambda \in \mathbf{R}, \mu \in \mathbf{R}$ *und* $v \in \mathfrak{V}$ *gilt* $(\lambda + \mu) \otimes v = (\lambda \otimes v) \oplus (\mu \otimes v)$;

i) *für* $\lambda \in \mathbf{R}, v \in \mathfrak{V}$ *und* $w \in \mathfrak{V}$ *gilt* $\lambda \otimes (v \oplus w) = (\lambda \otimes v) \oplus (\lambda \otimes w)$;

k) *für* $\lambda = 1$ *und beliebiges* $v \in \mathfrak{V}$ *gilt* $1 \otimes v = v$.

Die Elemente des Vektorraumes $\mathfrak{V}$ heißen V e k t o r e n. Man sieht leicht ein, daß die in den einführenden Beispielen 1.1–1.3 behandelten Mengen, nämlich $\mathbf{R}^n$, $\mathfrak{P}^n$ und die Menge $\mathfrak{M}$ der Lösungen eines HLGS mit den dort definierten Operationen „$\oplus$" und „$\otimes$" Vektorräume sind.

Ebenso leicht kann sich der Leser überzeugen, daß die Menge $C[a, b]$ der auf einem Intervall $[a, b]$ stetigen Funktionen oder die Menge $C^1[a, b]$ der auf $[a, b]$ stetig differenzierbaren Funktionen Vektorräume sind, wenn für „$\oplus$" die übliche Addition von Funktionen und für „$\otimes$" die ebenfalls übliche Multiplikation von Funktionen mit reellen Konstanten verwendet wird.

Nach Definition 1.1 haben die Operationen „$\oplus$" und „$\otimes$" in einem Vektorraum dieselben Eigenschaften wie die Addition und Multiplikation in den reellen Zahlen. Wir werden deshalb inskünftig für diese Operationen in Vektorräumen dieselbe – vereinfachte – Schreibweise anwenden, die uns in den reellen Zahlen längst geläufig ist. Wir verwenden also

λv	an Stelle von $\lambda \otimes v$
$\lambda\mu v$	an Stelle von $(\lambda\mu) \otimes v = (\lambda \cdot \mu) \otimes v$
$(\lambda + \mu)v$	an Stelle von $(\lambda + \mu) \otimes v$
$v + w$	an Stelle von $v \oplus w$
$v - w$	an Stelle von $v \oplus (-w)$.

Für das Rechnen mit Vektoren gelten noch weitere Regeln, die in Definition 1.1 nicht explizit aufgeführt sind, die man aber unmittelbar folgern kann.

Lemma 1.1 *Sei* $\mathfrak{V}$ *ein Vektorraum, und seien* $v \in \mathfrak{V}$ *und* $\lambda \in \mathbf{R}$. *Es gilt* $\lambda v = o$ *genau dann, wenn* $v = o$ *oder* $\lambda = 0$ *gelten.*

B e w e i s.: Wir zeigen zunächst: Aus $v = o$ oder $\lambda = 0$ folgt $\lambda v = o$.

Seien $v = o$ und λ eine beliebige reelle Zahl. Dann gilt für jeden beliebigen Vektor $w \in \mathfrak{V}$ nach Definition 1.1 d)

$$w + v = w + o = w$$

und nach Definition 1.1 i)

$$\lambda(w + v) = \lambda w + \lambda v, \quad \text{also} \quad \lambda w = \lambda(w + v) = \lambda w + \lambda v.$$

Addieren wir auf beiden Seiten das Inverse $-\lambda \mathbf{w}$ von $\lambda \mathbf{w}$, so erhalten wir gemäß Definition 1.1 e)

$$\mathbf{o} = \lambda \mathbf{v}.$$

Also folgt aus $\mathbf{v} = \mathbf{o}$, daß auch $\lambda \mathbf{v} = \mathbf{o}$. Ist $\lambda = 0$ und $\mathbf{v}$ ein beliebiger Vektor aus $\mathfrak{V}$, so gilt nach Definition 1.1 k)

$$\mathbf{v} = 1 \cdot \mathbf{v} = (1 + 0)\mathbf{v} = (1 + \lambda)\mathbf{v} = 1\mathbf{v} + \lambda \mathbf{v} = \mathbf{v} + \lambda \mathbf{v}.$$

Addieren wir auf beiden Seiten das Inverse $-\mathbf{v}$ von $\mathbf{v}$ dann folgt

$$\mathbf{o} = \lambda \mathbf{v},$$

so daß aus $\lambda = 0$ wieder $\lambda \mathbf{v} = \mathbf{o}$ folgt.

Nun haben wir zu zeigen, daß aus $\lambda \mathbf{v} = \mathbf{o}$ folgt, daß $\lambda = 0$ oder $\mathbf{v} = \mathbf{o}$ gelten muß.

Sei also $\lambda \mathbf{v} = \mathbf{o}$. Nehmen wir an, daß $\lambda \neq 0$, dann ist $\frac{1}{\lambda}$ eine wohlbestimmte reelle Zahl. Gemäß Definition 1.1 g) k) gilt dann

$$\mathbf{v} = 1\mathbf{v} = \left(\frac{1}{\lambda} \lambda\right) \mathbf{v} = \frac{1}{\lambda} (\lambda \mathbf{v}),$$

woraus wegen $\lambda \mathbf{v} = \mathbf{o}$ nach dem ersten Teil dieses Beweises

$$\mathbf{v} = \mathbf{o}$$

folgt.

Nehmen wir an, daß $\mathbf{v} \neq \mathbf{o}$, dann muß nach dem soeben Gezeigten $\lambda = 0$ sein. ■

Ferner erhalten wir aus Definition 1.1

Lemma 1.2 *Sei $\mathfrak{V}$ ein Vektorraum. Für beliebige $\mathbf{v} \in \mathfrak{V}$ und $\lambda \in \mathbf{R}$ gilt*

$$(-\lambda)\mathbf{v} = -(\lambda \mathbf{v}) = \lambda(-\mathbf{v}).$$

B e w e i s : Nach Definition 1.1 h) und Lemma 1.1 gilt

$$\lambda \mathbf{v} + (-\lambda)\mathbf{v} = (\lambda + (-\lambda))\mathbf{v} = 0 \cdot \mathbf{v} = \mathbf{o}.$$

Folglich ist nach Definition 1.1 e)

$$(-\lambda)\mathbf{v} = -(\lambda \mathbf{v}).$$

Ebenso gilt nach Definition 1.1 und Lemma 1.1

$$\lambda \mathbf{v} + \lambda(-\mathbf{v}) = \lambda(\mathbf{v} - \mathbf{v}) = \lambda \cdot \mathbf{o} = \mathbf{o}$$

und folglich

$$\lambda(-\mathbf{v}) = -(\lambda \mathbf{v}).$$ ■

Nach Definition 1.1 können wir nicht nur zwei Vektoren addieren. Sind etwa $\mathbf{u}$, $\mathbf{v}$ und $\mathbf{w}$ drei Elemente eines Vektorraumes $\mathfrak{V}$, dann ist nach Definition 1.1 a) $\mathbf{z} = \mathbf{u} + \mathbf{v} \in \mathfrak{V}$ und folglich wieder nach a) auch $\mathbf{z} + \mathbf{w} = (\mathbf{u} + \mathbf{v}) + \mathbf{w} \in \mathfrak{V}$ und nach b) und c) gilt

$(u + v) + w = u + (v + w) = u + w + v = w + u + v$ usw. Ferner ist mit reellen Zahlen λ, μ und ρ auch $\lambda u + \mu v + \rho w \in \mathfrak{V}$. Den Vektor $y = \lambda u + \mu v + \rho w$ nennt man eine Linearkombination der Vektoren u, v und w. Allgemein benutzt man die

Definition 1.2 *Sind* $\mathfrak{V}$ *ein Vektorraum,* $v_i \in \mathfrak{V}$ *und* $\lambda_i \in \mathbf{R}$ *für* $i = 1, 2, \ldots, k$, *dann heißt*

$$\sum_{i=1}^{k} \lambda_i v_i = \lambda_1 v_1 + \lambda_2 v_2 + \ldots + \lambda_k v_k$$

eine Linearkombination *der Vektoren* $v_1, v_2, \ldots, v_k$.

Für Linearkombinationen von Vektoren gelten die im folgenden Hilfssatz festgehaltenen Rechenregeln:

Lemma 1.3 *Sei* $\mathfrak{V}$ *ein Vektorraum, und seien* $v_i \in \mathfrak{V}$ *und* $\lambda_i \in \mathbf{R}$ *für* $i = 0, 1, 2, \ldots, k$. *Dann gelten*

$$\left(\sum_{i=1}^{k} \lambda_i\right) v_0 = \sum_{i=1}^{k} (\lambda_i v_0) \quad \text{und} \quad \lambda_0\left(\sum_{i=1}^{k} v_i\right) = \sum_{i=1}^{k} (\lambda_0 v_i).$$

Bemerkung: Das Summenzeichen Σ verwendet man für Vektoren analog wie für reelle Zahlen (vgl. Beispiel 1.2). Sind $w_1, w_2, \ldots, w_m$ irgendwelche m Vektoren aus einem Vektorraum $\mathfrak{W}$, dann ist also $\sum_{j=1}^{m} w_j = w_1 + w_2 + \ldots + w_m$ (vgl. auch Definition 1.2).

Beweis: Wir führen den Beweis durch vollständige Induktion (vgl. [1]). Für $k = 1$ ist die Behauptung des Lemmas, nämlich

$$(\lambda_1)v_0 = (\lambda_1 v_0) \quad \text{und} \quad \lambda_0(v_1) = (\lambda_0 v_1),$$

offensichtlich richtig.

Mit der Induktionsvoraussetzung, die Behauptung des Lemmas sei richtig für irgendein $k \geqslant 1$, also

$$\left(\sum_{i=1}^{k} \lambda_i\right) v_0 = \sum_{i=1}^{k} (\lambda_i v_0) \quad \text{und} \quad \lambda_0\left(\sum_{i=1}^{k} v_i\right) = \sum_{i=1}^{k} (\lambda_0 v_i),$$

folgt dann

$$\left(\sum_{i=1}^{k+1} \lambda_i\right) v_0 = \left(\sum_{i=1}^{k} \lambda_i + \lambda_{k+1}\right) v_0 = \left(\sum_{i=1}^{k} \lambda_i\right) v_0 + \lambda_{k+1} v_0$$
$$= \sum_{i=1}^{k} (\lambda_i v_0) + (\lambda_{k+1} v_0) = \sum_{i=1}^{k+1} (\lambda_i v_0)$$

und

$$\lambda_0\left(\sum_{i=1}^{k+1} v_i\right) = \lambda_0\left(\sum_{i=1}^{k} v_i + v_{k+1}\right) = \lambda_0\left(\sum_{i=1}^{k} v_i\right) + \lambda_0 v_{k+1}$$
$$= \sum_{i=1}^{k} (\lambda_0 v_i) + (\lambda_0 v_{k+1}) = \sum_{i=1}^{k+1} (\lambda_0 v_i),$$

also die Richtigkeit der Behauptung auch für $k + 1$. ∎

Es sei hier darauf hingewiesen, daß gemäß unserer Begriffsbildung in Definition 1.2 eine Linearkombination von Vektoren stets eine e n d l i c h e Summe ist. Ist I eine beliebige Indexmenge, die möglicherweise auch unendlich viele Indizes enthält, und sind $\mathbf{w}_i$, $i \in I$, Vektoren in einem Vektorraum $\mathfrak{W}$, dann folgt somit aus der Voraussetzung, daß $\sum_{i \in I} \mathbf{w}_i$ eine Linearkombination der $\mathbf{w}_i$ sei, daß nur endlich viele der $\mathbf{w}_i$, $i \in I$, von $\mathbf{o}$ verschieden sind. Setzen wir voraus, daß mit $\lambda_i \in \mathbf{R}$, $i \in I$, auch $\sum_{i \in I} \lambda_i \mathbf{w}_i$ eine Linearkombination sei, dann sind dementsprechend nur endlich viele der Vektoren $\lambda_i \mathbf{w}_i$, $i \in I$, von $\mathbf{o}$ verschieden. Unter Beachtung von Lemma 1.1 schränken wir also die Allgemeinheit unserer Aussagen nicht ein, wenn wir vereinbaren, daß in einer Linearkombination der Schreibweise $\sum_{i \in I} \lambda_i \mathbf{w}_i$ höchstens endlich viele λ_i von Null verschieden sind. Diese Vereinbarung bezieht sich insbesondere auf den folgenden

Satz 1.4 *Ist $\mathfrak{V}$ ein Vektorraum, sind I und J_ν, $\nu \in I$, gegebene Indexmengen und sind $\mathbf{w}_{\nu\mu} \in \mathfrak{V}$ und $\lambda_\nu \in \mathbf{R}$, $\rho_{\nu\mu} \in \mathbf{R}$, dann gilt:*
Sind $\mathbf{v}_\nu$, $\nu \in I$, Linearkombinationen der $\mathbf{w}_{\nu\mu}$, $\mu \in J_\nu$, also

$$\mathbf{v}_\nu = \sum_{\mu \in J_\nu} \rho_{\nu\mu} \mathbf{w}_{\nu\mu}, \qquad \nu \in I,$$

und ist $\mathbf{v} \in \mathfrak{V}$ eine Linearkombination der $\mathbf{v}_\nu$, $\nu \in I$, also

$$\mathbf{v} = \sum_{\nu \in I} \lambda_\nu \mathbf{v}_\nu,$$

dann ist $\mathbf{v}$ eine Linearkombination der $\mathbf{w}_{\nu\mu}$, $\nu \in I$, $\mu \in J_\nu$, also

$$\mathbf{v} = \sum_{\nu \in I} \sum_{\mu \in J_\nu} \alpha_{\nu\mu} \mathbf{w}_{\nu\mu},$$

wobei die Koeffizienten gemäß $\alpha_{\nu\mu} = \lambda_\nu \rho_{\nu\mu}$ gewählt werden können.

B e w e i s : Nach Voraussetzung ist $\mathbf{v}$ eine Linearkombination der $\mathbf{v}_\nu$, $\nu \in I$. Somit ist nach unserer soeben getroffenen Vereinbarung in

$$\mathbf{v} = \sum_{\nu \in I} \lambda_\nu \mathbf{v}_\nu$$

die Menge $\hat{I} = \{\nu \in I \mid \lambda_\nu \neq 0\}$ endlich. Ebenso sind für jede der vorausgesetzten Linearkombinationen

$$\mathbf{v}_\nu = \sum_{\mu \in J_\nu} \rho_{\nu\mu} \mathbf{w}_{\nu\mu}, \qquad \nu \in I,$$

die Mengen $\hat{J}_\nu = \{\mu \in J_\nu \mid \rho_{\nu\mu} \neq 0\}$ jeweils endlich. Damit reduzieren sich die vorausgesetzten Linearkombinationen auf

$$\mathbf{v} = \sum_{\nu \in \hat{I}} \lambda_\nu \mathbf{v}_\nu \quad \text{und} \quad \mathbf{v}_\nu = \sum_{\mu \in \hat{J}_\nu} \rho_{\nu\mu} \mathbf{w}_{\nu\mu},$$

woraus durch Einsetzen gemäß Lemma 1.3

$$\mathbf{v} = \sum_{\nu \in \hat{I}} \sum_{\mu \in \hat{J}_\nu} \lambda_\nu \rho_{\nu\mu} \mathbf{w}_{\nu\mu}$$

folgt. Diese Doppelsumme hat endlich viele Glieder, da $\hat{I}$ und $\hat{J}_\nu$ für jedes $\nu \in \hat{I}$ endlich sind. Also ist **v** Linearkombination der – endlich vielen – Vektoren $\mathbf{w}_{\nu\mu}$, $\nu \in \hat{I}$, $\mu \in \hat{J}_\nu$. Da definitionsgemäß für $\nu \notin \hat{I}$ sicher $\lambda_\nu = 0$ und für jedes ν und $\mu \notin \hat{J}_\nu$ auch $\rho_{\nu\mu} = 0$ gilt, folgt ohne weiteres mit $\alpha_{\nu\mu} = \lambda_\nu \rho_{\nu\mu}$

$$\mathbf{v} = \sum_{\nu \in I} \sum_{\mu \in J_\nu} \alpha_{\nu\mu} \mathbf{w}_{\nu\mu}$$

wie behauptet. ■

Übungsaufgaben

1. Zeigen Sie, daß die in den Beispielen 1.1 bis 1.3 behandelten Mengen – $\mathbf{R}^n$, $\mathfrak{P}^n$ und die Menge $\mathfrak{M}$ der Lösungen eines HLGS – mit den dort definierten Operationen „⊕" und „⊗" Vektorräume sind.

2. Sei $\mathfrak{V} = \mathbf{R}^2$. Zeigen Sie, daß $\mathfrak{V}$ kein Vektorraum ist, wenn die Addition „⊕" und die skalare Multiplikation „⊗" wie folgt definiert werden:

a) $(u_1, u_2) + (v_1, v_2) := (u_1 + v_1, u_2 + v_2)$; $\lambda(u_1, u_2) := (\lambda u_1, u_2)$;

b) $(u_1, u_2) + (v_1, v_2) := (u_1 + u_2, v_1 + v_2)$; $\lambda(u_1, u_2) := (\lambda u_1, \lambda u_2)$.

3. Überprüfen Sie, ob **x** als Linearkombination von **u**, **v** und **w** darstellbar ist:

a) $\mathbf{x} = (1, -2, 5)$, $\mathbf{u} = (1, 1, 1)$, $\mathbf{v} = (1, 2, 3)$ und $\mathbf{w} = (2, -1, 1)$;

b) $\mathbf{x} = (2, -5, 3)$, $\mathbf{u} = (1, -3, 2)$, $\mathbf{v} = (2, -4, -1)$ und $\mathbf{w} = (1, -5, 7)$.

4. Bestimmen Sie $k \in \mathbf{R}$ derart, daß $\mathbf{u} = (1, -2, k)$ als Linearkombination von $\mathbf{v} = (3, 0, -2)$ und $\mathbf{w} = (2, -1, -5)$ darstellbar ist.

1.3 Lineare Unabhängigkeit und Basis

In Beispiel 1.1 haben wir den Vektorraum der reellen n-Tupel kennengelernt. Beschränken wir uns im Moment auf $n = 3$, also auf die reellen Tripel. Im Vektorraum $\mathfrak{V}$ der reellen Tripel gibt es Teilmengen von Vektoren, als deren Linearkombination jeder Vektor aus $\mathfrak{V}$ dargestellt werden kann. Beispielsweise kann man jeden Vektor $\mathbf{v} = (v_1, v_2, v_3) \in \mathfrak{V}$ als Linearkombination von $\mathbf{e}_1 = (1, 0, 0)$, $\mathbf{e}_2 = (0, 1, 0)$ und $\mathbf{e}_3 = (0, 0, 1)$ schreiben:

$$\mathbf{v} = \alpha_1 \mathbf{e}_1 + \alpha_2 \mathbf{e}_2 + \alpha_3 \mathbf{e}_3 \quad \text{mit } \alpha_i = v_i,\ i = 1, 2, 3. \tag{1.10}$$

Man sagt deshalb, $\mathfrak{V}$ werde durch die Teilmenge $\{\mathbf{e}_1, \mathbf{e}_2, \mathbf{e}_3\}$ erzeugt. Ebenso kann man mit den Vektoren $\mathbf{r}_1 = (1, 0, 0)$, $\mathbf{r}_2 = (1, 1, 0)$ und $\mathbf{r}_3 = (1, 1, 1)$ jeden Vektor $\mathbf{v} \in \mathfrak{V}$ darstellen als

$$\mathbf{v} = \beta_1 \mathbf{r}_1 + \beta_2 \mathbf{r}_2 + \beta_3 \mathbf{r}_3 \quad \text{mit } \beta_1 = v_1 - v_2,\ \beta_2 = v_2 - v_3,\ \beta_3 = v_3. \tag{1.11}$$

Also wird $\mathfrak{V}$ auch durch die Teilmenge $\{\mathbf{r}_1, \mathbf{r}_2, \mathbf{r}_3\}$ erzeugt. Da

$$\mathbf{v} = \alpha_1 \mathbf{e}_1 + \alpha_2 \mathbf{e}_2 + \alpha_3 \mathbf{e}_3 = \beta_1 \mathbf{r}_1 + \beta_2 \mathbf{r}_2 + \beta_3 \mathbf{r}_3$$

und für beliebiges $\gamma \in \mathbf{R}$

$$\mathfrak{v} = [\gamma + (1-\gamma)]\mathfrak{v} = \gamma\mathfrak{v} + (1-\gamma)\mathfrak{v},$$

gilt auch

$$\begin{aligned} \mathfrak{v} &= \gamma(\alpha_1\mathfrak{e}_1 + \alpha_2\mathfrak{e}_2 + \alpha_3\mathfrak{e}_3) + (1-\gamma)(\beta_1\mathfrak{r}_1 + \beta_2\mathfrak{r}_2 + \beta_3\mathfrak{r}_3) \\ &= \gamma\alpha_1\mathfrak{e}_1 + \gamma\alpha_2\mathfrak{e}_2 + \gamma\alpha_3\mathfrak{e}_3 + (1-\gamma)\beta_1\mathfrak{r}_1 + (1-\gamma)\beta_2\mathfrak{r}_2 + (1-\gamma)\beta_3\mathfrak{r}_3, \end{aligned} \tag{1.12}$$

d. h. jedes beliebige $\mathfrak{v} \in \mathfrak{V}$, $\mathfrak{v} \neq \mathfrak{o}$, läßt sich auf unendlich viele Arten – $\gamma \in \mathbf{R}$ kann frei gewählt werden – als Linearkombination der Vektoren $\mathfrak{e}_1, \mathfrak{e}_2, \mathfrak{e}_3, \mathfrak{r}_1, \mathfrak{r}_2, \mathfrak{r}_3$ darstellen; also wird $\mathfrak{V}$ auch von der Teilmenge $\{\mathfrak{e}_1, \mathfrak{e}_2, \mathfrak{e}_3, \mathfrak{r}_1, \mathfrak{r}_2, \mathfrak{r}_3\}$ erzeugt.

In Beispiel 1.2 haben wir den Vektorraum $\mathfrak{P}^n$ der Polynome höchstens n-ten Grades eingeführt als die Menge der Funktionen

$$g : \mathbf{R} \to \mathbf{R} \quad \text{mit} \quad g(x) = \sum_{\nu=0}^{n} \alpha_\nu x^\nu,$$

wobei die α_ν jeweils gegebene reelle Koeffizienten sind. Wählen wir als Teilmenge von $\mathfrak{P}^n$ speziell die ersten n + 1 M o n o m e

$$\zeta_\nu : \mathbf{R} \to \mathbf{R},$$

die durch

$$\zeta_\nu(x) = x^\nu, \qquad \nu = 0, 1, 2, \ldots, n,$$

definiert sind, dann gilt offenbar

$$g(x) = \sum_{\nu=0}^{n} \alpha_\nu \zeta_\nu(x), \quad \text{also} \quad g = \sum_{\nu=0}^{n} \alpha_\nu \zeta_\nu.$$

Also wird $\mathfrak{P}^n$ durch die Teilmenge $\{\zeta_0, \zeta_1, \zeta_2, \ldots, \zeta_n\}$ erzeugt.

Definition 1.3 *Ist $\mathfrak{V}$ ein Vektorraum und $\mathfrak{A}$ eine Teilmenge von $\mathfrak{V}$, $\mathfrak{A} \subset \mathfrak{V}$, dann heißt $\mathfrak{A}$ eine* M e n g e v o n E r z e u g e n d e n *von $\mathfrak{V}$, wenn jedes Element von $\mathfrak{V}$ als (endliche) Linearkombination von Elementen aus $\mathfrak{A}$ darstellbar ist.*

Kennt man also eine Menge $\mathfrak{A}$ von Erzeugenden eines Vektorraumes $\mathfrak{V}$, so kann man daraus im Prinzip den gesamten Vektorraum konstruieren, indem man alle (endlichen) Linearkombinationen von Elementen aus $\mathfrak{A}$ bildet. An den einführenden Beispielen der reellen Tripel und der Polynome höchstens n-ten Grades haben wir gesehen, daß Mengen von Erzeugenden erheblich „kleiner" sein können als die daraus erzeugten Vektorräume. Ferner haben wir gesehen – vgl. (1.10) bis (1.12) –, daß es in einem Vektorraum verschiedene Mengen von Erzeugenden geben kann.

Sind $\mathfrak{A}$ und $\mathfrak{B}$ Mengen von Erzeugenden desselben Vektorraumes $\mathfrak{V}$, dann ist offensichtlich jedes Element von $\mathfrak{A}$ als (endliche) Linearkombination von Elementen aus $\mathfrak{B}$ darstellbar. Umgekehrt gilt auch

Satz 1.5 *Sei $\mathfrak{A}$ eine Menge von Erzeugenden eines Vektorraumes $\mathfrak{V}$. Ist $\mathfrak{B}$ eine Teilmenge von $\mathfrak{V}$ derart, daß jedes Element von $\mathfrak{A}$ als (endliche) Linearkombination von*

Elementen aus $\mathfrak{B}$ dargestellt werden kann, dann ist auch $\mathfrak{B}$ eine Menge von Erzeugenden von $\mathfrak{V}$.

B e w e i s : Sei $v \in \mathfrak{V}$ ein beliebiger Vektor. Dann gibt es nach Definition 1.3 endlich viele Vektoren $r_\nu \in \mathfrak{A}$, $\nu \in I$, und reelle Zahlen λ_ν, $\nu \in I$, derart, daß

$$v = \sum_{\nu \in I} \lambda_\nu r_\nu.$$

Nach Voraussetzung gibt es zu jedem $r_\nu \in \mathfrak{A}$ endlich viele $w_{\nu\mu} \in \mathfrak{B}$, $\mu \in J_\nu$, und reelle Zahlen $\rho_{\nu\mu}$, $\mu \in J_\nu$, derart, daß

$$r_\nu = \sum_{\mu \in J_\nu} \rho_{\nu\mu} w_{\nu\mu}.$$

Nach Satz 1.4 ist dann

$$v = \sum_{\nu \in I} \sum_{\mu \in J_\nu} \alpha_{\nu\mu} w_{\nu\mu} \quad \text{mit} \quad \alpha_{\nu\mu} = \lambda_\nu \rho_{\nu\mu},$$

also als (endliche) Linearkombination von Elementen aus $\mathfrak{B}$ darstellbar. Da v ein beliebiger Vektor aus $\mathfrak{V}$ war, ist also auch $\mathfrak{B}$ eine Menge von Erzeugenden von $\mathfrak{V}$. ∎

Übungsaufgaben

Gegeben seien $u = (1, 1, 1)$, $v = (0, 1, 1)$, $w = (1, 0, 1)$, $x = (2, 1, 2)$ und $y = (0, 0, 0)$. Untersuchen Sie, welche der folgenden Vektormengen den $\mathbb{R}^3$ erzeugen:

a) $\{u, w\}$; c) $\{u, v, w\}$;
b) $\{u, v, x, y\}$; d) $\{u, w, x\}$.

Nach Definition 1.3 ist unmittelbar einleuchtend, daß in einem Vektorraum $\mathfrak{V}$ mit einer Menge $\mathfrak{A}$ von Erzeugenden auch jede Teilmenge $\mathfrak{B} \subset \mathfrak{V}$, für die $\mathfrak{B} \supset \mathfrak{A}$ gilt, eine Menge von Erzeugenden ist. Da wir aber Erzeugendensysteme (Mengen von Erzeugenden) zur leichter überschaubaren Darstellung von Vektorräumen benutzen wollen, sind wir sicher nicht an möglichst großen, sondern eher an möglichst kleinen derartigen Mengen interessiert. So ist etwa das in Verbindung mit (1.12) eingeführte sechselementige Erzeugendensystem $\{e_1, e_2, e_3, r_1, r_2, r_3\}$ für den Raum aller reellen Tripel offensichtlich unnütz groß, denn wir haben ja vorher mit (1.10) und (1.11) schon zwei verschiedene je dreielementige Erzeugendensysteme desselben Raumes kennengelernt.

Im Zusammenhang mit der Suche nach möglichst kleinen Erzeugendensystemen ebenso wie bei der Untersuchung der Lösbarkeit der in Beispiel 1.3 erwähnten linearen Gleichungssysteme und bei anderen, auch für die Anwendungen wichtigen Fragestellungen stößt man auf den Begriff der linearen Abhängigkeit bzw. Unabhängigkeit, der für die gesamte lineare Algebra von zentraler Bedeutung ist.

Definition 1.4 *Sei $\mathfrak{V}$ ein Vektorraum und* I *eine beliebige Indexmenge. Eine Teilmenge $\mathfrak{B} = \{v_\nu \mid \nu \in I\}$ von $\mathfrak{V}$ heißt* l i n e a r a b h ä n g i g, *wenn eine endliche Indexmenge $J \subset I$, $J \neq \emptyset$, und nicht sämtlich verschwindende reelle Zahlen λ_ν, $\nu \in J$ (also*

$\sum_{\nu \in J} \lambda_\nu^2 > 0$), *existieren derart, daß*

$$\sum_{\nu \in J} \lambda_\nu \mathbf{v}_\nu = \mathbf{o}$$

gilt. Ist für jede nichtleere endliche Teilmenge $J \subset I$ *die Gleichung* $\sum_{\nu \in J} \lambda_\nu \mathbf{v}_\nu = \mathbf{o}$ *nur erfüllbar mit*

$$\lambda_\nu = 0 \qquad \forall \nu \in J \quad (\text{also } \sum_{\nu \in J} \lambda_\nu^2 = 0),$$

dann heißt $\mathfrak{B}$ *linear unabhängig.*

Aus (1.10) ergibt sich sofort, daß die Teilmenge $\mathfrak{A} = \{\mathbf{e}_1, \mathbf{e}_2, \mathbf{e}_3\}$ des Raumes $\mathbf{R}^3$ aller reellen Tripel linear unabhängig ist, denn

$$\alpha_1 \mathbf{e}_1 + \alpha_2 \mathbf{e}_2 + \alpha_3 \mathbf{e}_3 = \mathbf{o}$$

ist offenbar nur möglich mit $\alpha_1 = \alpha_2 = \alpha_3 = 0$. Ebenso ist nach (1.11) die Teilmenge $\mathfrak{B} = \{\mathbf{r}_1, \mathbf{r}_2, \mathbf{r}_3\}$ im $\mathbf{R}^3$ linear unabhängig, da aus

$$\beta_1 \mathbf{r}_1 + \beta_2 \mathbf{r}_2 + \beta_3 \mathbf{r}_3 = \mathbf{o}$$

auch zwingend $\beta_1 = \beta_2 = \beta_3 = 0$ folgt.

Hingegen ist die nach (1.12) angegebene Menge von Erzeugenden $\mathfrak{C} = \{\mathbf{e}_1, \mathbf{e}_2, \mathbf{e}_3, \mathbf{r}_1, \mathbf{r}_2, \mathbf{r}_3\}$ linear abhängig, da beispielsweise $\mathbf{r}_3 - \mathbf{e}_1 - \mathbf{e}_2 - \mathbf{e}_3 = \mathbf{o}$. Folglich ist $\{\mathbf{e}_1, \mathbf{e}_2, \mathbf{e}_3, \mathbf{r}_3\}$ linear abhängig und daher auch $\mathfrak{C}$, da allgemein folgende Aussage gilt:

Lemma 1.6 *Sei* $\mathfrak{V}$ *ein Vektorraum und* $\mathfrak{A} \subset \mathfrak{B} \subset \mathfrak{V}$. *Ist* $\mathfrak{A}$ *linear abhängig, dann ist auch* $\mathfrak{B}$ *linear abhängig.*

Beweis: Da $\mathfrak{A}$ linear abhängig ist, gibt es endlich viele, z. B. $k (\geq 1)$ Elemente

$$\mathbf{v}_i \in \mathfrak{A}, \qquad i = 1, \ldots, k,$$

und Koeffizienten

$$\lambda_i \in \mathbf{R}, \qquad i = 1, \ldots, k,$$

derart, daß

$$\sum_{i=1}^{k} \lambda_i^2 > 0 \quad \text{und} \quad \sum_{i=1}^{k} \lambda_i \mathbf{v}_i = \mathbf{o}.$$

Wegen $\mathfrak{A} \subset \mathfrak{B}$ gilt auch

$$\mathbf{v}_i \in \mathfrak{B}, \qquad i = 1, \ldots, k,$$

was nach Definition 1.4 die lineare Abhängigkeit von $\mathfrak{B}$ impliziert. ∎

Korollar 1.7 *Sei* $\mathfrak{V}$ *ein Vektorraum und* $\mathfrak{B} \subset \mathfrak{V}$. *Enthält* $\mathfrak{B}$ *den Nullvektor,* $\mathbf{o} \in \mathfrak{B}$, *dann ist* $\mathfrak{B}$ *linear abhängig.*

Beweis: Sei $\mathfrak{A} = \{\mathbf{o}\}$. Da $1 \cdot \mathbf{o} = \mathbf{o}$, ist $\mathfrak{A}$ gemäß Definition 1.4 linear abhängig. Wegen $\mathfrak{A} \subset \mathfrak{B}$ nach Voraussetzung folgt die lineare Abhängigkeit von $\mathfrak{B}$ aus Lemma 1.6. ∎

In Definition 1.4 haben wir festgelegt, wann wir eine Menge von Vektoren als linear abhängig bezeichnen. In der Literatur und insbesondere in den verschiedensten Anwendungen findet man statt dessen oft die Aussage, ein Vektor v hänge linear ab (sei linear abhängig) von k anderen Vektoren $w_1, \ldots, w_k$, $k \geqslant 1$. Damit ist gemeint, daß sich v als Linearkombination der Vektoren $w_1, \ldots, w_k$ darstellen läßt, daß also Koeffizienten $\lambda_1, \ldots, \lambda_k$ existieren derart, daß

$$v = \lambda_1 w_1 + \ldots + \lambda_k w_k$$

gilt. Folglich gilt auch

$$v - \lambda_1 w_1 - \ldots - \lambda_k w_k = o, \tag{1.13}$$

d. h. die Menge $\{v, w_1, \ldots, w_k\}$ ist linear abhängig (man beachte, daß der Koeffizient von v in (1.13) offenbar $\lambda_0 = 1$ und daher $\sum_{\nu=0}^{k} \lambda_\nu^2 > 0$ ist).

Umgekehrt gilt

Satz 1.8 *Sei $\mathfrak{V}$ ein Vektorraum und $\mathfrak{B} \subset \mathfrak{V}$ eine Teilmenge von $\mathfrak{V}$ mit mindestens zwei Elementen. $\mathfrak{B}$ ist genau dann linear abhängig, wenn wenigstens ein Element von $\mathfrak{B}$ als Linearkombination von anderen Elementen aus $\mathfrak{B}$ darstellbar ist.*

Bemerkung: Dieser Satz wird erfahrungsgemäß oft falsch interpretiert etwa in folgendem Sinne: „Wenn $\{v, w\}$ linear abhängig ist, dann gibt es ein $\lambda \in \mathbf{R}$ so, daß $v = \lambda w$." Richtigerweise sagt der Satz aber nur: „Wenn $\{v, w\}$ linear abhängig ist, dann ist entweder $v = \lambda w$ oder $w = \mu v$." Ist z. B. $v \neq o$ und $w = o$, dann ist sicher $v = \lambda w$ für kein $\lambda \in \mathbf{R}$ erfüllbar; hingegen ist offenkundig $w = 0 \cdot v$.

Beweis: Sind $v_0, v_1, \ldots, v_k$ in $\mathfrak{B}$ enthalten und gilt

$$v_0 = \sum_{\nu=1}^{k} \lambda_\nu v_\nu,$$

dann gilt auch

$$v_0 - \sum_{\nu=1}^{k} \lambda_\nu v_\nu = o \quad \text{mit } \lambda_0 = 1, \text{ d. h. } \sum_{\nu=0}^{k} \lambda_\nu^2 > 0.$$

Also ist $\{v_0, v_1, \ldots, v_k\}$ linear abhängig. Wegen $\{v_0, v_1, \ldots, v_k\} \subset \mathfrak{B}$ folgt die lineare Abhängigkeit von $\mathfrak{B}$ aus Lemma 1.6.

Sei nun $\mathfrak{B}$ linear abhängig. Dann gibt es in $\mathfrak{B}$ nach Definition 1.4 endlich viele Vektoren $v_1, \ldots, v_\ell$ und Koeffizienten $\mu_1, \ldots, \mu_\ell$ mit $\sum_{i=1}^{\ell} \mu_i^2 > 0$ derart, daß

$$\sum_{i=1}^{\ell} \mu_i v_i = o. \tag{1.14}$$

Wegen $\sum_{i=1}^{\ell} \mu_i^2 > 0$ gibt es mindestens ein j, $1 \leqslant j \leqslant \ell$, für das $\mu_j \neq 0$ gilt. Dann folgt aus

(1.14)

$$v_j + \sum_{\substack{i=1 \\ i \neq j}}^{\ell} \frac{\mu_i}{\mu_j} v_i = o \quad \text{und somit} \quad v_j = \sum_{\substack{i=1 \\ i \neq j}}^{\ell} \left(-\frac{\mu_i}{\mu_j}\right) v_i. \qquad \blacksquare$$

Im Anschluß an Definition 1.4 haben wir gesehen, daß $\mathfrak{A} = \{e_1, e_2, e_3\}$ und $\mathfrak{B} = \{r_1, r_2, r_3\}$ je ein linear unabhängiges Erzeugendensystem des $\mathbf{R}^3$ und $\mathfrak{C} = \mathfrak{A} \cup \mathfrak{B} = \{e_1, e_2, e_3, r_1, r_2, r_3\}$ ein linear abhängiges Erzeugendensystem des $\mathbf{R}^3$ sind. Nach (1.10) und (1.11) wissen wir, daß jedes Element des $\mathbf{R}^3$ auf genau eine Weise als Linearkombination von $\mathfrak{A}$ bzw. von $\mathfrak{B}$ darstellbar ist, d. h. die Koeffizienten der Linearkombination sind eindeutig bestimmt, während nach (1.12) jeder Vektor des $\mathbf{R}^3$ auf unendlich viele Arten als Linearkombination von $\mathfrak{C}$ dargestellt werden kann. Dieser Sachverhalt ist nich durch die spezielle Wahl des Beispiels bedingt, sondern entspricht allgemein gültigen Zusammenhängen, wie die folgende Aussage zeigt.

Satz 1.9 *Eine Teilmenge $\mathfrak{B}$ eines Vektorraumes $\mathfrak{V}$ ist genau dann linear unabhängig, wenn jedes Element von $\mathfrak{V}$ höchstens auf eine Art als (endliche) Linearkombination von Vektoren aus $\mathfrak{B}$ dargestellt werden kann.*

B e w e i s : Nehmen wir an, die Vektoren aus $\mathfrak{B}$ seien mit Indizes aus einer Indexmenge I bezeichnet, also

$$\mathfrak{B} = \{v_\nu \mid \nu \in I\}.$$

Setzen wir voraus, daß jedes Element von $\mathfrak{V}$ auf höchstens eine Art als (endliche) Linearkombination von Vektoren aus $\mathfrak{B}$ darstellbar ist, dann folgt für jede endliche Teilmenge $J \subset I$, daß

$$o = \sum_{\nu \in J} 0 \cdot v_\nu$$

die einzig mögliche Darstellung des Nullvektors $o \in \mathfrak{V}$ durch $\{v_\nu \mid \nu \in J\}$ ist. Nach Definition 1.4 ist dann $\mathfrak{B}$ linear unabhängig.

Setzen wir andererseits voraus, daß $\mathfrak{B}$ linear unabhängig ist, dann führt die Annahme, irgendein Vektor aus $\mathfrak{V}$ sei auf zwei verschiedene Arten als (endliche) Linearkombination von Vektoren aus $\mathfrak{B}$ darstellbar, zu einem Widerspruch. Hätte nämlich ein $w \in \mathfrak{V}$ die zwei verschiedenen Darstellungen

$$w = \sum_{\nu \in J} \alpha_\nu v_\nu, \qquad J \subset I \text{ endlich,}$$

und

$$w = \sum_{\nu \in K} \beta_\nu v_\nu, \qquad K \subset I \text{ endlich,}$$

dann wäre

$$w = \sum_{\nu \in J \cup K} \alpha_\nu v_\nu \quad \text{mit } \alpha_\nu = 0 \text{ für } \nu \in K - J$$

und

$$w = \sum_{\nu \in J \cup K} \beta_\nu v_\nu \quad \text{mit } \beta_\nu = 0 \text{ für } \nu \in J - K.$$

Hierbei würden nicht alle einander entsprechenden Koeffizienten α_ν und β_ν übereinstimmen (verschiedene Darstellungen!); also wäre

$$\sum_{\nu \in J \cup K} (\alpha_\nu - \beta_\nu)^2 > 0.$$

Schließlich würde damit

$$\mathbf{o} = \mathbf{w} - \mathbf{w} = \sum_{\nu \in J \cup K} \alpha_\nu \mathbf{v}_\nu - \sum_{\nu \in J \cup K} \beta_\nu \mathbf{v}_\nu = \sum_{\nu \in J \cup K} (\alpha_\nu - \beta_\nu)\mathbf{v}_\nu$$

gelten, was der vorausgesetzten linearen Unabhängigkeit von $\mathfrak{B}$ widerspricht. ∎

Übungsaufgaben

1. Gegeben seien r linear unabhängige Vektoren $\{\mathbf{v}_1, \mathbf{v}_2, \ldots, \mathbf{v}_r\}$. Zeigen Sie, daß jede Auswahl $\{\mathbf{v}_{i_1}, \mathbf{v}_{i_2}, \ldots, \mathbf{v}_{i_s}\}$ mit $s < r$ wieder eine Menge linear unabhängiger Vektoren ist.

2. Sei $\mathfrak{A} = \{\mathbf{v}_1, \mathbf{v}_2, \ldots, \mathbf{v}_m\}$ linear unabhängig, $\mathfrak{B} = \{\mathbf{v}_1, \mathbf{v}_2, \ldots, \mathbf{v}_m, \mathbf{w}\}$ jedoch linear abhängig. Zeigen Sie, daß $\mathbf{w}$ als Linearkombination von $\mathfrak{A}$ darstellbar ist.

3. Für welche $k \in \mathbb{R}$ sind die Vektoren $\mathbf{u} = (5, k^2 - 3k)$ und $\mathbf{v} = (20, -8)$ linear unabhängig?

4. Untersuchen Sie, ob es in den folgenden Vektormengen einen Vektor gibt, der als Linearkombination der anderen zwei darstellbar ist:
a) $(1, 2, -1), (2, 1, 1), (0, 1, -1)$;
b) $(1, 2, -1), (2, 1, 1), (0, 1, 1)$.

5. Untersuchen Sie, ob folgende Vektoren linear unabhängig sind:
a) $(1, 0, 0), (0, 1, 1), (0, 1, -1)$;
b) $(1, 1, 0), (1, -1, 0), (0, 1, 1), (0, 1, -1)$;
c) $(1, 2, 0, -1), (2, 6, -3, -3), (3, 10, -6, -5)$.

6. Seien $\mathbf{u}$, $\mathbf{v}$ und $\mathbf{w}$ linear unabhängige Vektoren. Zeigen Sie, daß auch $\mathbf{x} = \mathbf{u} + \mathbf{v}$, $\mathbf{y} = \mathbf{u} - \mathbf{v}$ und $\mathbf{z} = \mathbf{u} - 2\mathbf{v} + \mathbf{w}$ linear unabhängig sind.

Von besonderem Interesse sind nun Erzeugendensysteme, die linear unabhängig sind.

Definition 1.5 Ist $\mathfrak{V}$ *ein Vektorraum und* $\mathfrak{B}$ *eine linear unabhängige Menge von Erzeugenden von* $\mathfrak{V}$, *dann heißt* $\mathfrak{B}$ *eine* B a s i s *von* $\mathfrak{V}$.

Aus der Definition von Mengen von Erzeugenden (Definition 1.3) und Satz 1.9 ergibt sich ohne weiteres

Satz 1.10 *Ist* $\mathfrak{V}$ *ein Vektorraum, dann ist* $\mathfrak{B} = \{\mathbf{v}_\nu \mid \nu \in I\}$ *eine Basis von* $\mathfrak{V}$ *genau dann, wenn jedes Element* $\mathbf{v} \in \mathfrak{V}$ *auf genau eine Weise als (endliche) Linearkombination von Elementen von* $\mathfrak{B}$ *darstellbar ist.*

Wir erinnern nochmals daran, daß wir vereinbart haben, nur endliche Linearkombinationen zu betrachten. Nach Satz 1.10 hat somit, wenn $\mathfrak{B} = \{\mathbf{v}_\nu \mid \nu \in I\}$ eine Basis des Vektorraumes $\mathfrak{V}$ ist, irgendein beliebiges $\mathbf{v} \in \mathfrak{V}$ eine Darstellung $\mathbf{v} = \sum_{\nu \in I} \lambda_\nu \mathbf{v}_\nu$, wobei nur endlich viele Koeffizienten λ_ν von Null verschieden sind und sämtliche λ_ν eindeutig durch v bestimmt sind. Somit besteht ein eindeutiger Zusammenhang zwischen einem jeden Vektor $v \in \mathfrak{V}$ und den für seine Darstellung als Linearkombination von Basiselementen aus $\mathfrak{B}$ benötigten Koeffizienten λ_ν.

Definition 1.6 *Sei* $\mathfrak{B} = \{v_\nu \mid \nu \in I\}$ *Basis eines Vektorraumes* $\mathfrak{V}$. *Hat ein* $v \in \mathfrak{V}$ *die Darstellung* $v = \sum_{\nu \in I} \lambda_\nu v_\nu$, *dann heißen die Koeffizienten* $\lambda_\nu, \nu \in I$, *die* Komponenten *von* v *bezüglich der Basis* $\mathfrak{B}$.

Daß zwei verschiedene Vektoren bezüglich derselben Basis verschiedene Komponenten haben, ist unmittelbar einsichtig. Man sollte sich jedoch klarmachen, daß ein und derselbe Vektor bezüglich zweier verschiedener Basen im allgemeinen verschiedene Komponenten hat. Beispielsweise sind nach Satz 1.10 wegen (1.10) und (1.11) $\mathfrak{A} = \{e_1, e_2, e_3\}$ und $\mathfrak{B} = \{r_1, r_2, r_3\}$ je eine Basis des $\mathbf{R}^3$, und der Vektor $(5, 5, 5) \in \mathbf{R}^3$ hat bezüglich $\mathfrak{A}$ die Komponenten $\lambda_1 = 5, \lambda_2 = 5, \lambda_3 = 5$, hingegen bezüglich $\mathfrak{B}$ die Komponenten $\mu_1 = 0, \mu_2 = 0, \mu_3 = 5$. Wenn wir also einen Vektor mit Hilfe seiner Komponenten angeben, muß zweifelsfrei feststehen, mit welcher Basis wir arbeiten.

Im folgenden wollen wir zeigen, daß es in Vektorräumen mit endlichen Erzeugendensystemen stets möglich ist, Basen zu finden, die vorgegebene linear unabhängige Teilmengen enthalten. Von dieser Möglichkeit wird in den Anwendungen häufig Gebrauch gemacht, wie wir noch später sehen werden. Zunächst gilt

Satz 1.11 *Sei* $\mathfrak{V}$ *ein Vektorraum mit dem endlichen Erzeugendensystem* $\mathfrak{A} = \{v_1, \ldots, v_n\}$. *Ist* $\mathfrak{C}$ *eine linear unabhängige Teilmenge von* $\mathfrak{A}$, *dann existiert eine Basis* $\mathfrak{B}$ *von* $\mathfrak{V}$ *derart, daß* $\mathfrak{C} \subset \mathfrak{B} \subset \mathfrak{A}$.

Beweis: Sei also $\mathfrak{A} = \{v_1, \ldots, v_n\}$ ein Erzeugendensystem von $\mathfrak{V}$ und $\mathfrak{C} = \{w_1, \ldots, w_k\} \subset \mathfrak{A}$ eine linear unabhängige Menge. Dann können wir das folgende Verfahren anwenden:

Setze $\mathfrak{B}_0 = \mathfrak{C}$.

Danach setze

$$\mathfrak{B}_1 = \begin{cases} \mathfrak{B}_0, & \text{falls } \mathfrak{B}_0 \cup \{v_1\} \text{ linear abhängig} \\ \mathfrak{B}_0 \cup \{v_1\}, & \text{falls } v_1 \text{ von } \mathfrak{B}_0 \text{ linear unabhängig,} \end{cases}$$

und im folgenden für $i = 1, 2, \ldots, n-1$

$$\mathfrak{B}_{i+1} = \begin{cases} \mathfrak{B}_i, & \text{falls } \mathfrak{B}_i \cup \{v_{i+1}\} \text{ linear abhängig} \\ \mathfrak{B}_i \cup \{v_{i+1}\}, & \text{falls } v_{i+1} \text{ von } \mathfrak{B}_i \text{ linear unabhängig.} \end{cases}$$

Das Verfahren endet mit der nach Konstruktion linear unabhängigen Menge $\mathfrak{B}_n$, wobei offensichtlich $\mathfrak{B}_n \supset \mathfrak{C}$ gilt. Ebenso ist nach Konstruktion für jedes $i \in \{1, \ldots, n\}$ der Vektor $v_i \in \mathfrak{A}$ linear abhängig von $\mathfrak{B}_n$. Folglich ist nach Satz 1.5 $\mathfrak{B}_n$ ein Erzeugendensystem und daher eine Basis von $\mathfrak{V}$. ■

Aus diesem Satz ergibt sich sofort

Satz 1.12 *Hat $\mathfrak{V}$ ein endliches Erzeugendensystem (oder speziell eine endliche Basis), und ist $\mathfrak{A} = \{v_1, \ldots, v_r\} \subset \mathfrak{V}$ linear unabhängig, dann existiert eine endliche Basis $\mathfrak{B}$ von $\mathfrak{V}$, die $\mathfrak{A}$ enthält.*

B e w e i s : *Sei $\mathfrak{C}$ ein endliches Erzeugendensystem von $\mathfrak{V}$. Dann ist auch $\mathfrak{A} \cup \mathfrak{C}$ eine Menge von Erzeugenden und $\mathfrak{A} \subset \mathfrak{A} \cup \mathfrak{C}$. Nach* Satz 1.11 *gibt es dann eine Basis $\mathfrak{B}$ von $\mathfrak{V}$ mit*

$$\mathfrak{A} \subset \mathfrak{B} \subset \mathfrak{A} \cup \mathfrak{C} \qquad \blacksquare$$

Hat man eine endliche Basis eines Vektorraumes, möchte aber einen in dieser Basis nicht enthaltenen Vektor ($\neq o$) in der Basis haben, so zeigt der folgende Satz, wie man das durch einen einfachen Abtausch erreichen kann.

Satz 1.13 *Sei* $\{v_1, \ldots, v_n\}$ *eine Basis des Vektorraumes $\mathfrak{V}$. Hat* $w \in \mathfrak{V}, w \neq v_i, i = 1, \ldots, n,$ *die Darstellung* $w = \sum_{i=1}^{n} \lambda_i v_i$ mit $\lambda_1 \neq 0$, *dann ist* $\{w, v_2, \ldots, v_n\}$ *auch eine Basis von $\mathfrak{V}$.*

B e w e i s : Nach Satz 1.10 hat jeder beliebige Vektor $w \in \mathfrak{V}$ eine eindeutige Darstellung

$$w = \sum_{i=1}^{n} \lambda_i v_i.$$

Ist $\lambda_1 \neq 0$, dann ist $w \neq o$ und

$$v_1 = \frac{1}{\lambda_1} w - \sum_{i=2}^{n} v_i,$$

d. h. v_1 und trivialerweise $v_2, \ldots, v_n$ sind als Linearkombinationen von Elementen aus $\{w, v_2, \ldots, v_n\}$ darstellbar. Nach Satz 1.5 ist damit $\{w, v_2, \ldots, v_n\}$ ein Erzeugendensystem von $\mathfrak{V}$.

Verlangen wir, daß

$$\mu w + \sum_{i=2}^{n} \mu_i v_i = o,$$

dann folgt aus $\mu = 0$ auch $\mu_i = 0, i = 2, \ldots, n$, da $\{v_2, \ldots, v_n\}$ als Teilmenge der Basis $\{v_1, v_2, \ldots, v_n\}$ linear unabhängig ist, und $\mu \neq 0$ ist nicht möglich, da sonst, wegen

$$w = \sum_{i=1}^{n} \lambda_i v_i \quad \text{mit } \lambda_1 \neq 0,$$

$$\mu \sum_{i=1}^{n} \lambda_i v_i + \sum_{i=2}^{n} \mu_i v_i = \mu\lambda_1 v_1 + \sum_{i=2}^{n} (\mu\lambda_i + \mu_i) v_i = o$$

mit $\mu\lambda_1 \neq 0$ folgen würde, was der vorausgesetzten linearen Unabhängigkeit von $\{v_1, \ldots, v_n\}$ widersprechen würde.

Folglich ist $\{w, v_1, \ldots, v_n\}$ ein linear unabhängiges Erzeugendensystem von $\mathfrak{V}$, also eine Basis. ∎

Die Anzahl Elemente, die eine endliche Basis eines Vektorraumes hat, ist eine für diesen Vektorraum charakteristische Größe.

Satz 1.14 *Sind $\mathfrak{A}$ und $\mathfrak{B}$ zwei endliche Basen eines Vektorraumes $\mathfrak{V}$, dann haben $\mathfrak{A}$ und $\mathfrak{B}$ gleich viele Elemente.*

B e w e i s : Seien $\mathfrak{A} = \{v_1, \ldots, v_m\}$ und $\mathfrak{B} = \{w_1, \ldots, w_n\}$.
Die Annahme, es sei $n < m$, führt zum Widerspruch. Habe nämlich w_1 die Darstellung

$$w_1 = \sum_{j=1}^{m} \alpha_{1j} v_j.$$

Da $\mathfrak{B}$ eine Basis ist, muß $w_1 \neq o$ und folglich mindestens ein $\alpha_{1j} \neq 0$ sein. Ohne Einschränkung der Allgemeinheit (o.E.d.A.) sei $\alpha_{11} \neq 0$. Dann ist nach Satz 1.13

$$\{w_1, v_2, \ldots, v_m\}$$

auch eine Basis von $\mathfrak{V}$. Bezüglich dieser Basis habe w_2 die Darstellung

$$w_2 = \alpha_{21} w_1 + \sum_{j=2}^{m} \alpha_{2j} v_j.$$

Hier muß mindestens ein $\alpha_{2j} \neq 0$ sein für ein $j \geqslant 2$, da $\{w_1, w_2\}$ als Teilmenge von $\mathfrak{B}$ linear unabhängig ist. Sei o.E.d.A. $\alpha_{22} \neq 0$. Dann ist wieder nach Satz 1.13

$$\{w_1, w_2, v_3, \ldots, v_m\}$$

eine Basis von $\mathfrak{V}$. Mit dieser Argumentation fortfahrend erhalten wir schließlich, daß

$$\mathfrak{C} = \{w_1, w_2, \ldots, w_n, v_{n+1}, \ldots, v_m\}$$

eine Basis von $\mathfrak{V}$ ist. Aber $\mathfrak{C}$ ist linear abhängig, da $v_{n+1}, \ldots, v_m$ eindeutige Linearkombinationen der Basis $\mathfrak{B}$ sind (vgl. Satz 1.8).
Analog führt man die Annahme, es sei $n > m$, zum Widerspruch. Folglich muß $m = n$ sein. ∎

Aus diesem Satz folgt sofort

Korollar 1.15 *Hat ein Vektorraum $\mathfrak{V}$ eine Basis $\mathfrak{B}$ mit* n *Elementen* ($n \geqslant 1$) *und ist $\mathfrak{C}$ eine linear unabhängige Menge mit* n *Vektoren, dann ist $\mathfrak{C}$ eine Basis.*

B e w e i s : Nach Voraussetzung ist $\mathfrak{B} \cup \mathfrak{C}$ ein endliches Erzeugendensystem von $\mathfrak{V}$ und offenbar $\mathfrak{C} \subset \mathfrak{B} \cup \mathfrak{C}$. Nach Satz 1.11 existiert eine Basis $\mathfrak{A}$ derart, daß $\mathfrak{C} \subset \mathfrak{A} \subset \mathfrak{B} \cup \mathfrak{C}$. Nach Satz 1.14 hat $\mathfrak{A}$ ebenso wie $\mathfrak{B}$ n Elemente. Folglich muß $\mathfrak{A} = \mathfrak{C}$ sein. ∎

Übungsaufgaben

1. Seien u = (1, 0), v = (0, 1), x = (1, 1) und y = (3, 2). Bestimmen Sie die Komponenten von w = 5u + 6v bezüglich der Basis {x, y}.

2. Untersuchen Sie, welche der folgenden Vektormengen eine Basis des $\mathbf{R}^3$ bilden:
a) {(1, 1, 1), (1, −5, 5)};
b) {(1, 2, 3), (1, 0, −1), (3, −1, 0), (2, 1, −2)};
c) {(1, 1, 1), (1, 2, 3), (2, −1, 1)};
d) {(1, 1, 2), (1, 2, 5), (5, 3, 4)}.

3. Bestimmen Sie eine Basis des durch u = (1, −2, 5, −3), v = (2, 3, 1, −4) und w = (3, 8, −3, −5) erzeugten Vektorraums.

4. Gegeben seien u = (1, 1, 1, 1) und v = (−1, 1, 1, −1). Bestimmen Sie zwei Vektoren x und y $\in \mathbf{R}^4$ derart, daß u, v, x und y eine Basis des $\mathbf{R}^4$ bilden.

In einem Vektorraum mit endlichem Erzeugendensystem ist die Anzahl der Elemente, die eine jede Basis hat, nach Satz 1.14 konstant. Diese für den fraglichen Vektorraum typische Konstante hat eine spezielle Bezeichnung.

Definition 1.7 *Hat ein Vektorraum* $\mathfrak{V}$ *eine Basis* $\{v_1, v_2, \ldots, v_n\}$ $(n \geq 1)$, *dann sagt man,* $\mathfrak{V}$ *sei* n-dimensional *oder habe die* Dimension n, *symbolisch:* $\dim \mathfrak{V} = n$. *Ist* $\mathfrak{V} = \{o\}$, *dann nennt man* $\mathfrak{V}$ nulldimensional; *ist* $\mathfrak{V} \neq \{o\}$ *und hat keine endliche Basis, dann heißt* $\mathfrak{V}$ unendlichdimensional.

Aus dem bisher Gesagten ergibt sich

Korollar 1.16 *Ist* $\mathfrak{V}$ *ein Vektorraum mit* $\dim \mathfrak{V} = n$, *dann ist jede Teilmenge von mindestens* n + 1 *Vektoren aus* $\mathfrak{V}$ *linear abhängig.*

Beweis: Die Richtigkeit der Behauptung folgt unmittelbar aus Satz 1.11 und Satz 1.14. ∎

Ist für einen Vektorraum $\mathfrak{V}$ ein endliches Erzeugendensystem $\mathfrak{A}$ bekannt, dann ist, wie man wiederum Satz 1.11 entnehmen kann, $\dim \mathfrak{V}$ gleich der Maximalzahl linear unabhängiger Vektoren in $\mathfrak{A}$. Wir wollen diese Zahl auch mit $\dim \mathfrak{A}$ bezeichnen. Es stellt sich die Frage, wie man $\dim \mathfrak{A}$ und damit $\dim \mathfrak{V}$ bestimmen kann. Dazu kann es nützlich sein, das gegebene Erzeugendensystem $\mathfrak{A}$ durch ein anderes Erzeugendensystem $\mathfrak{B}$ zu ersetzen unter Einhaltung gewisser Rechenvorschriften derart, daß $\dim \mathfrak{B} = \dim \mathfrak{A}$. Das ist dann von Vorteil, wenn $\dim \mathfrak{B}$ leichter bestimmbar ist als $\dim \mathfrak{A}$. Diesem Zwecke dient

Satz 1.17 *Sei* $\mathfrak{A} = \{v_1, \ldots, v_n\}$ *ein Erzeugendensystem eines Vektorraumes* $\mathfrak{V}$. *Seien für ein festes Element*

$$v_k \in \mathfrak{A} \qquad w_k = \alpha_k v_k$$

und $$w_j = \alpha_j v_j + \beta_j v_k, \qquad j \neq k, \text{ mit } \alpha_j \neq 0 \ \forall j.$$

Dann ist $\dim \{w_1, \ldots, w_n\} = \dim \mathfrak{A}$.

B e w e i s : Da $\alpha_j \neq 0 \;\forall j$, ist

$$v_k = \frac{1}{\alpha_k} w_k$$

und damit

$$v_j = \frac{1}{\alpha_j} w_j - \frac{\beta_j}{\alpha_j} v_k = \frac{1}{\alpha_j} w_j - \frac{\beta_j}{\alpha_j \cdot \alpha_k} w_k \quad \text{für } j \neq k.$$

Folglich ist jedes $v_j \in \mathfrak{A}$ als Linearkombination von Elementen aus $\mathfrak{B} = \{w_1, \ldots, w_n\}$ darstellbar. Nach Satz 1.5 ist daher auch $\mathfrak{B}$ ein Erzeugendensystem von $\mathfrak{V}$. Wegen Satz 1.11 und Satz 1.14 ist daher dim $\mathfrak{B}$ = dim $\mathfrak{A}$. ■

Beispiel 1.4 Gegeben sei im $\mathbf{R}^3$ eine Teilmenge $\mathfrak{A}$ von vier Vektoren, die wir jetzt als Spalten schreiben wollen:

$$\begin{aligned} \mathfrak{A} &= \{v_1, v_2, v_3, v_4\} \\ &= \left\{ \begin{pmatrix} 4 \\ 13 \\ 19 \end{pmatrix}, \begin{pmatrix} 5 \\ 8 \\ 14 \end{pmatrix}, \begin{pmatrix} 3 \\ 7 \\ 11 \end{pmatrix}, \begin{pmatrix} 7 \\ 9 \\ 17 \end{pmatrix} \right\}. \end{aligned}$$

Um mit Hilfe von Satz 1.17 dim $\mathfrak{A}$ zu bestimmen, setzen wir zunächst

$$\begin{aligned} w_1 &= v_1 & w_3 &= 4v_3 - 3v_1 \\ w_2 &= 4v_2 - 5v_1 & w_4 &= 4v_4 - 7v_1 \end{aligned}$$

und erhalten so

$$\begin{aligned} \mathfrak{B} &= \{w_1, w_2, w_3, w_4\} \\ &= \left\{ \begin{pmatrix} 4 \\ 13 \\ 19 \end{pmatrix}, \begin{pmatrix} 0 \\ -33 \\ -39 \end{pmatrix}, \begin{pmatrix} 0 \\ -11 \\ -13 \end{pmatrix}, \begin{pmatrix} 0 \\ -55 \\ -65 \end{pmatrix} \right\}. \end{aligned}$$

Setzen wir nun

$$\begin{aligned} z_1 &= 11w_1 + 13w_3 & z_3 &= -w_3 \\ z_2 &= w_2 - 3w_3 & z_4 &= w_4 - 5w_3\,, \end{aligned}$$

so erhalten wir

$$\begin{aligned} \mathfrak{C} &= \{z_1, z_2, z_3, z_4\} \\ &= \left\{ \begin{pmatrix} 44 \\ 0 \\ 40 \end{pmatrix}, \begin{pmatrix} 0 \\ 0 \\ 0 \end{pmatrix}, \begin{pmatrix} 0 \\ 11 \\ 13 \end{pmatrix}, \begin{pmatrix} 0 \\ 0 \\ 0 \end{pmatrix} \right\}. \end{aligned}$$

Nach Satz 1.17 gilt

$$\dim \mathfrak{C} = \dim \mathfrak{B} = \dim \mathfrak{A}.$$

Da $z_2 = z_4 = o$, gilt

$$\dim \mathfrak{C} = \dim \{z_1, z_3\}.$$

Da z_1 und z_3 offenbar linear unabhängig sind, folgt $\dim \mathfrak{A} = \dim \mathfrak{C} = 2$. ∎

Übungsaufgabe

1. Bestimmen Sie die Dimension von $\{v_1, v_2, v_3, v_4, v_5, v_6\}$ mit $v_1 = (1, 3, -2, 2, 3)$, $v_2 = (1, 4, -3, 4, 2)$, $v_3 = (2, 3, -1, -2, 9)$, $v_4 = (1, 3, 0, 2, 1)$, $v_5 = (1, 5, -6, 6, 3)$ und $v_6 = (2, 5, 3, 2, 1)$.

1.4 Unterräume

Im Beispiel 1.3 haben wir mit (1.9) homogene lineare Gleichungssysteme (HLGS) eingeführt und gesehen, daß die Lösungsmenge eines solchen HLGS ein Vektorraum ist. Betrachten wir konkret das HLGS

$$\begin{aligned} 3 \cdot x_1 + 5 \cdot x_2 + 1 \cdot x_3 &= 0 \\ 8 \cdot x_1 + 9 \cdot x_2 + 2 \cdot x_3 &= 0, \end{aligned} \tag{1.15}$$

dann hat dieses System neben der trivialen Lösung $\mathbf{0} \in \mathbf{R}^3$ beispielsweise auch die nichttriviale Lösung $\hat{x} \in \mathbf{R}^3$ mit den Komponenten $\hat{x}_1 = 1, \hat{x}_2 = 2, \hat{x}_3 = -13$.
Im übrigen gehört jede Lösung von (1.15) zu $\mathbf{R}^3$; aber der $\mathbf{R}^3$ enthält andererseits Vektoren, die keine Lösung von (1.15) sind, beispielsweise $y \in \mathbf{R}^3$ mit den Komponenten $y_1 = 1, y_2 = 1, y_3 = 1$. Also ist die Lösungsmenge $\mathfrak{L}$ von (1.15) ein Vektorraum, für den $\mathfrak{L} \subset \mathbf{R}^3$ und $\mathfrak{L} \neq \mathbf{R}^3$ gilt. Man bezeichnet daher $\mathfrak{L}$ als Unterraum des Vektorraumes $\mathbf{R}^3$.

Definition 1.8 *Sind $\mathfrak{V}$ und $\mathfrak{W}$ Vektorräume derart, daß $\mathfrak{W} \subset \mathfrak{V}$ gilt, dann heißt $\mathfrak{W}$* Unterraum *(auch:* Untervektorraum *oder* linearer Teilraum*) von $\mathfrak{V}$.*

Beispiel 1.5 Sei C[a, b] die Menge der auf dem Intervall [a, b] stetigen Funktionen. Aus der Analysis (vgl. [1]) weiß man, daß mit $\varphi \in C[a, b]$ für jedes $\lambda \in \mathbf{R}$ auch $\lambda \cdot \varphi$ eine stetige Funktion auf [a, b] ist und daß für auf [a, b] stetige Funktionen φ und Ψ auch $\varphi + \Psi$ eine stetige Funktion auf [a, b] ist. Also ist C[a, b] ein Vektorraum. Da jedes Polynom auf jedem Intervall [a, b] stetig ist, andererseits aber sicher nicht jede stetige Funktion als Polynom darstellbar ist, ist der in Beispiel 1.2 eingeführte Vektorraum $\mathfrak{P}^n$ der Polynome höchstens n-ten Grades, betrachtet als Funktionen auf [a, b], ein Unterraum von C[a, b]. ∎

Beispiel 1.6 Sei $\mathfrak{M}$ die Menge der auf dem Intervall $[-\pi, \pi]$ stückweise stetigen Funktionen (π der Umfang des Kreises mit Durchmesser 1, also $\pi = 3{,}14159\ldots$). Da jedes Vielfache einer stückweise stetigen Funktion ebenso wie die Summe zweier stückweise stetigen Funktionen wieder eine stückweise stetige Funktion ist, ist $\mathfrak{M}$ ein Vektorraum.

Ist $\mathfrak{N}$ die Menge der Funktionen auf $[-\pi, \pi]$, die sich als

$$\sum_{\nu=0}^{n} \alpha_\nu \cos \nu x + \sum_{\mu=1}^{n} \beta_\mu \sin \mu x$$

mit den reellen Koeffizienten α_ν und β_μ darstellen lassen, dann ist jede der Funktionen in $\mathfrak{N}$ stetig auf $[-\pi, \pi]$, gehört also auch zu $\mathfrak{M}$. Da offensichtlich $\mathfrak{N}$ ein Vektorraum ist, ist also $\mathfrak{N}$ ein Unterraum von $\mathfrak{M}$. ∎

Die in den Beispielen 1.5 und 1.6 vorgestellten Unterräume trifft man in vielen Anwendungen an, und zwar im einen Fall, wenn es darum geht, gelegentlich schwer handhabbare stetige Funktionen in einem noch zu definierenden Sinn möglichst gut durch die leicht manipulierbaren Polynome anzunähern, und im anderen Fall beispielsweise, wenn periodische Funktionen näherungsweise durch eine der erwähnten Linearkombinationen trigonometrischer Funktionen ersetzt werden sollen, um deutlich zu machen, welche elementaren Schwingungen – $\cos \nu x$ bzw. $\sin \mu x$ – und Frequenzen im wesentlichen in dem betrachteten periodischen Vorgang überlagert sind. Auf die hier angedeutete Problematik der Approximation kommen wir später noch einmal zurück.

Für Unterräume gilt zunächst

Satz 1.18 *Sind* $\mathfrak{V}$ *und* $\mathfrak{W}$ *Vektorräume und* $\mathfrak{W} \subset \mathfrak{V}$, *dann ist*

$$\dim \mathfrak{W} \leqslant \dim \mathfrak{V}.$$

Beweis: Wir können annehmen, daß $\dim \mathfrak{V}$ endlich und $\dim \mathfrak{W} > 0$ sind, da sonst nichts zu zeigen ist.

Sei also $\dim \mathfrak{V} = n$. Nach Korollar 1.16 ist dann jede Teilmenge von mindestens $n + 1$ Vektoren aus $\mathfrak{V}$ linear abhängig. Sei nun $\mathfrak{A} = \{v_1, \ldots, v_k\}$ eine Teilmenge von $\mathfrak{W}$ mit folgenden Eigenschaften:

a) $\mathfrak{A}$ ist linear unabhängig;

b) $\mathfrak{A}$ ist maximal, d. h. es gibt keine linear unabhängige Teilmenge $\mathfrak{B}$ von $\mathfrak{W}$, die $\mathfrak{A}$ enthält und von $\mathfrak{A}$ verschieden ist.

Nach Korollar 1.16 gilt also $k \leqslant n$. Ferner ist $\mathfrak{A}$ ein Erzeugendensystem von $\mathfrak{W}$, denn die Annahme, es gäbe ein $w \in \mathfrak{W}$, das nicht als Linearkombination der Elemente von $\mathfrak{A}$ dargestellt werden kann, würde wegen der Eigenschaft a) implizieren, daß $\mathfrak{B} = \mathfrak{A} \cup \{w\} \subset \mathfrak{W}$ linear unabhängig wäre, was aber der vorausgesetzten Eigenschaft b) widerspricht. ∎

Tritt im obigen Beweis der Fall $k = n$ ein, dann ist $\mathfrak{W} = \mathfrak{V}$ auf Grund von Korollar 1.15.

Gewisse Verknüpfungen von Unterräumen ergeben wieder Unterräume.

Lemma 1.19 *Seien* $\mathfrak{W}_1$ *und* $\mathfrak{W}_2$ *Unterräume des Vektorraumes* $\mathfrak{V}$. *Dann sind der* Durchschnitt

$$\mathfrak{W}_1 \cap \mathfrak{W}_2$$

und die algebraische Summe

$$\mathfrak{W}_1 + \mathfrak{W}_2 = \{w \mid w = w_1 + w_2 \textit{ mit } w_1 \in \mathfrak{W}_1, w_2 \in \mathfrak{W}_2\}$$

auch Unterräume von $\mathfrak{V}$.

B e w e i s : a) Sei $\vartheta = \mathfrak{W}_1 \cap \mathfrak{W}_2$. Da $o \in \mathfrak{W}_1$ und $o \in \mathfrak{W}_2$, gilt auch $o \in \vartheta$, d. h. $\vartheta \neq \emptyset$. Sind $v \in \vartheta$ und $w \in \vartheta$, dann gilt

$$v \in \mathfrak{W}_i \quad \text{und} \quad w \in \mathfrak{W}_i, \qquad i = 1, 2.$$

Folglich gilt für beliebige reelle Zahlen λ, μ auch $\lambda v + \mu w \in \mathfrak{W}_i$, $i = 1, 2$, und daher $\lambda v + \mu w \in \vartheta$.

b) Sei $\mathfrak{A} = \mathfrak{W}_1 + \mathfrak{W}_2$. Da auch hier $o \in \mathfrak{A}$, ist $\mathfrak{A} \neq \emptyset$. Sind $v \in \mathfrak{A}$ und $w \in \mathfrak{A}$, dann müssen nach Definition der algebraischen Summe $v_i \in \mathfrak{W}_i$ und $w_i \in \mathfrak{W}_i$, $i = 1, 2$, existieren derart, daß $v = v_1 + v_2$ und $w = w_1 + w_2$ gilt. Für beliebige reelle λ und μ folgt $\lambda v + \mu w = (\lambda v_1 + \mu w_1) + (\lambda v_2 + \mu w_2)$. Wegen $\lambda v_1 + \mu w_1 \in \mathfrak{W}_1$ und $\lambda v_2 + \mu w_2 \in \mathfrak{W}_2$ ist also $\lambda v + \mu w \in \mathfrak{A}$.

Da offensichtlich $\vartheta \subset \mathfrak{V}$ und $\mathfrak{A} \subset \mathfrak{V}$, folgt die Behauptung. ■

Sind $\mathfrak{W}_1$ und $\mathfrak{W}_2$ zwei Unterräume eines Vektorraumes $\mathfrak{V}$ derart, daß $\mathfrak{W}_1 \cap \mathfrak{W}_2 \neq \{o\}$, d. h. der Durchschnitt enthält auch von o verschiedene Vektoren, dann läßt sich jeder Vektor z aus $\mathfrak{W}_1 + \mathfrak{W}_2$ auf beliebig viele verschiedene Arten als Summe $w_1 + w_2$ mit $w_i \in \mathfrak{W}_i$, $i = 1, 2$, darstellen. Haben wir etwa eine Darstellung von z als

$$z = v_1 + v_2 \quad \text{mit } v_1 \in \mathfrak{W}_1, v_2 \in \mathfrak{W}_2,$$

und ist

$$u \in \mathfrak{W}_1 \cap \mathfrak{W}_2 \quad \text{mit } u \neq o,$$

dann gilt für alle $\lambda \in \mathbf{R}$

$$z = (v_1 + \lambda u) + (v_2 - \lambda u),$$

wobei wegen $\lambda u \in \mathfrak{W}_1 \cap \mathfrak{W}_2$ offenbar

$$v_1 + \lambda u \in \mathfrak{W}_1 \quad \text{und} \quad v_2 - \lambda u \in \mathfrak{W}_2.$$

Andererseits gilt

Lemma 1.20 *Seien* $\mathfrak{W}_1$ *und* $\mathfrak{W}_2$ *Unterräume eines Vektorraumes* $\mathfrak{V}$. *Sei* $z \in \mathfrak{W}_1 + \mathfrak{W}_2$. *Die Darstellung* $z = w_1 + w_2$ *mit* $w_i \in \mathfrak{W}_i$, $i = 1, 2$, *ist eindeutig genau dann, wenn* $\mathfrak{W}_1 \cap \mathfrak{W}_2 = \{o\}$.

B e w e i s : Wir haben bereits soeben gezeigt, daß für $\mathfrak{W}_1 \cap \mathfrak{W}_2 \neq \{o\}$ die Darstellung $z = w_1 + w_2$ mit $w_i \in \mathfrak{W}_i$ nicht eindeutig ist. Setzen wir die Eindeutigkeit der Darstellung voraus, dann muß also $\mathfrak{W}_1 \cap \mathfrak{W}_2 = \{o\}$ gelten.

Setzen wir andererseits $\mathfrak{W}_1 \cap \mathfrak{W}_2 = \{o\}$ voraus und nehmen an, z habe die Darstellungen

$$z = w_1 + w_2 \quad \text{mit } w_i \in \mathfrak{W}_i$$

und $$z = v_1 + v_2 \quad \text{mit } v_i \in \mathfrak{W}_i,$$

dann folgt

$$v_1 - w_1 = w_2 - v_2,$$

wobei $v_1 - w_1 \in \mathfrak{W}_1$ und $w_2 - v_2 \in \mathfrak{W}_2$ und wegen der Gleichheit der beiden Vektoren demzufolge

$$v_1 - w_1 \in \mathfrak{W}_1 \cap \mathfrak{W}_2 \quad \text{und} \quad w_2 - v_2 \in \mathfrak{W}_1 \cap \mathfrak{W}_2.$$

Da $\mathfrak{W}_1 \cap \mathfrak{W}_2 = \{o\}$, haben wir also

$$v_1 = w_1 \quad \text{und} \quad v_2 = w_2,$$

d. h. es kann keine zwei verschiedenen Darstellungen geben. ■

Ist insbesondere ein Vektorraum $\mathfrak{V}$ selbst die algebraische Summe zweier Unterräume $\mathfrak{W}_1, \mathfrak{W}_2$ und ist $\mathfrak{W}_1 \cap \mathfrak{W}_2 = \{o\}$, dann hat demnach jeder Vektor $v \in \mathfrak{V}$ eine eindeutige Darstellung $v = w_1 + w_2$ mit $w_i \in \mathfrak{W}_i$, $i = 1, 2$.

In vielen praktischen Fällen ist man dann nur an dem eindeutig bestimmten Anteil $w_1 \in \mathfrak{W}_1$ eines Vektors v interessiert.

Beispiel 1.7 Seien z_1, z_2 und z_3 drei linear unabhängige Vektoren im $\mathbf{R}^3$. Nach Korollar 1.15 ist $\{z_1, z_2, z_3\}$ eine Basis des $\mathbf{R}^3$.

Sei nun $\mathfrak{W}_1$ der durch $\{z_1, z_2\}$ erzeugte Unterraum, also eine Ebene, und $\mathfrak{W}_2$ der durch $\{z_3\}$ erzeugte Raum, also eine Gerade.

Dann gibt es für $x \in \mathfrak{W}_1 \cap \mathfrak{W}_2$ einerseits eine Darstellung

$$x = \lambda z_1 + \mu z_2, \quad \text{da } x \in \mathfrak{W}_1,$$

und andererseits eine Darstellung

$$x = \nu z_3, \quad \text{da } x \in \mathfrak{W}_2.$$

Folglich gilt

$$\lambda z_1 + \mu z_2 - \nu z_3 = o,$$

woraus wegen der vorausgesetzten linearen Unabhängigkeit von $\{z_1, z_2, z_3\}$ sofort $\lambda = \mu = \nu = 0$ folgt. Also ist $x = o$ das einzige Element von $\mathfrak{W}_1 \cap \mathfrak{W}_2$.

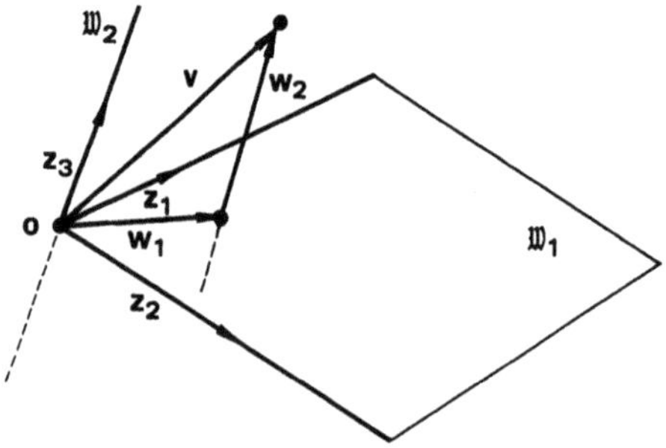

Fig. 1.3 Eindeutige Zerlegung $v = w_1 + w_2$

Nach Lemma 1.20 hat jedes $v \in \mathfrak{W}_1 + \mathfrak{W}_2 = \mathbf{R}^3$ eine eindeutige Darstellung

$$v = w_1 + w_2 \quad \text{mit } w_1 \in \mathfrak{W}_1, w_2 \in \mathfrak{W}_2.$$

Dieser Sachverhalt ist in Fig. 1.3 skizziert. ∎

Da die Bedingung $\mathfrak{W}_1 \cap \mathfrak{W}_2 = \{o\}$ notwendig und hinreichend ist für die Eindeutigkeit der Darstellung $v = w_1 + w_2$, $w_i \in \mathfrak{W}_i$, ist es zweckmäßig, algebraischen Summen von Unterräumen, die diese Bedingung erfüllen, eine eigene Bezeichnung zu geben.

Definition 1.9 *Sind $\mathfrak{W}_1$ und $\mathfrak{W}_2$ Unterräume eines Vektorraumes $\mathfrak{V}$, dann heißt $\mathfrak{W}_1 + \mathfrak{W}_2$* direkte Summe *von $\mathfrak{W}_1$ und $\mathfrak{W}_2$, wenn $\mathfrak{W}_1 \cap \mathfrak{W}_2 = \{o\}$. Die direkte Summe bezeichnen wir mit $\mathfrak{W}_1 \oplus \mathfrak{W}_2$.*

In Beispiel 1.7 ist die Vereinigung der Basen von $\mathfrak{W}_1$ und $\mathfrak{W}_2$ eine Basis von $\mathfrak{W}_1 \oplus \mathfrak{W}_2$. Das ist kein Zufall. Genauer gilt

Lemma 1.21 *Seien $\mathfrak{W}_1$ und $\mathfrak{W}_2$ Unterräume eines Vektorraumes $\mathfrak{V}$. Sind $\mathfrak{M}_i$ Erzeugendensysteme von $\mathfrak{W}_i$, $i = 1, 2$, dann ist $\mathfrak{M}_1 \cup \mathfrak{M}_2$ ein Erzeugendensystem von $\mathfrak{W}_1 + \mathfrak{W}_2$. Ist $\mathfrak{W}_1 \cap \mathfrak{W}_2 = \{o\}$ und sind $\mathfrak{B}_i$ Basen von $\mathfrak{W}_i$, $i = 1, 2$, dann ist $\mathfrak{B}_1 \cup \mathfrak{B}_2$ eine Basis von $\mathfrak{W}_1 \oplus \mathfrak{W}_2$.*

Beweis: Seien für irgendwelche Indexmengen I und J

$$\mathfrak{M}_1 = \{v_\nu \mid \nu \in I\} \quad \text{und} \quad \mathfrak{M}_2 = \{w_\nu \mid \nu \in J\}$$

Erzeugendensysteme von $\mathfrak{W}_1$ bzw. $\mathfrak{W}_2$.
Sei $z \in \mathfrak{W}_1 + \mathfrak{W}_2$. Folglich gibt es $x_i \in \mathfrak{W}_i$, $i = 1, 2$, derart, daß

$$z = x_1 + x_2.$$

Die x_i lassen sich als (endliche) Linearkombinationen von Elementen aus $\mathfrak{M}_i$, $i = 1, 2$, darstellen, also

$$x_1 = \sum_{\nu \in I} \lambda_\nu v_\nu \quad \text{und} \quad x_2 = \sum_{\mu \in J} \rho_\mu w_\mu.$$

Folglich ist

$$z = x_1 + x_2 = \sum_{\nu \in I} \lambda_\nu v_\nu + \sum_{\mu \in J} \rho_\mu w_\mu,$$

also eine endliche Linearkombination von Elementen aus $\mathfrak{M}_1 \cup \mathfrak{M}_2$.
Sind nun $\mathfrak{B}_i$ Basen von $\mathfrak{W}_i$, $i = 1, 2$, dann ist danach $\mathfrak{B}_1 \cup \mathfrak{B}_2$ ein Erzeugendensystem von $\mathfrak{W}_1 \oplus \mathfrak{W}_2$. Zu zeigen bleibt, daß $\mathfrak{B}_1 \cup \mathfrak{B}_2$ linear unabhängig ist. Für eine endliche Linearkombination von Elementen aus $\mathfrak{B}_1 \cup \mathfrak{B}_2$ gelte

$$\sum_{i=1}^{k} \lambda_i v_i + \sum_{j=1}^{\ell} \mu_j w_j = o, \qquad v_i \in \mathfrak{B}_1, w_j \in \mathfrak{B}_2.$$

Folglich gilt

$$\sum_{i=1}^{k} \lambda_i v_i = - \sum_{j=1}^{\ell} \mu_j w_j.$$

Da $\sum_{i=1}^{k} \lambda_i v_i \in \mathfrak{W}_1$ und $-\sum_{j=1}^{\ell} \mu_j w_j \in \mathfrak{W}_2$

und nach Voraussetzung $\mathfrak{W}_1 \cap \mathfrak{W}_2 = \{o\}$, muß

$$\sum_{i=1}^{k} \lambda_i v_i = o \quad \text{und} \quad \sum_{j=1}^{\ell} \mu_j w_j = o$$

sein, woraus wegen der linearen Unabhängigkeit von $\mathfrak{B}_1$ und $\mathfrak{B}_2$ sofort $\lambda_i = 0 \ \forall\, i$ und $\mu_j = 0 \ \forall\, j$ folgt. ■

In Beispiel 1.7 ist der $\mathbf{R}^3$ dargestellt als direkte Summe einer Ebene $\mathfrak{W}_1$ und einer Geraden $\mathfrak{W}_2$ (die beide durch o gehen, da $\mathfrak{W}_1$ und $\mathfrak{W}_2$ Vektorräume sind). Es ist leicht einzusehen, daß es zu einer vorgegebenen Ebene $\mathfrak{W}_1$ stets eine Gerade $\mathfrak{W}_2$ gibt, die mit $\mathfrak{W}_1$ nur den Nullvektor gemeinsam hat derart, daß $\mathbf{R}^3 = \mathfrak{W}_1 \oplus \mathfrak{W}_2$. Man sieht auch ohne weiteres in Fig. 1.3, daß zu gegebenem $\mathfrak{W}_1$ nicht nur eine Gerade $\mathfrak{W}_2$ existiert so, daß $\mathbf{R}^3 = \mathfrak{W}_1 \oplus \mathfrak{W}_2$. Aber auf jeden Fall können wir folgenden Sachverhalt im $\mathbf{R}^3$ festhalten: Zu einer gegebenen Ebene $\mathfrak{W}_1$ durch den Ursprung gibt es eine Gerade $\mathfrak{W}_2$ durch den Ursprung derart, daß $\mathbf{R}^3 = \mathfrak{W}_1 \oplus \mathfrak{W}_2$. Der analoge Sachverhalt läßt sich für beliebige endlichdimensionale Vektorräume zeigen.

Satz 1.22 *Ist $\mathfrak{V}$ ein Vektorraum mit endlicher Dimension und $\mathfrak{W}_1 \subset \mathfrak{V}$ ein Unterraum, dann existiert ein Unterraum $\mathfrak{W}_2 \subset \mathfrak{V}$ derart, daß $\mathfrak{V} = \mathfrak{W}_1 \oplus \mathfrak{W}_2$.*

Beweis: Nach Satz 1.18 gilt

$$\dim \mathfrak{W}_1 \leqslant \dim \mathfrak{V}.$$

Wir können annehmen, daß $\dim \mathfrak{W}_1 = r > 0$, da sonst mit $\mathfrak{W}_2 = \mathfrak{V}$ die Behauptung gilt. Sei $\{w_1, \ldots, w_r\}$ eine Basis von $\mathfrak{W}_1$ und $\dim \mathfrak{V} = m$.

Ist $r = m$, dann ist $\{w_1, \ldots, w_r\}$ nach Korollar 1.15 eine Basis von $\mathfrak{V}$. Mit $\mathfrak{W}_2 = \{o\}$ stimmt dann die Behauptung. Ist $r < m$, dann existiert nach Satz 1.12 eine Basis $\{w_1, \ldots, w_r, w_{r+1}, \ldots, w_m\}$ von $\mathfrak{V}$. Ist $\mathfrak{W}_2$ der von $\{w_{r+1}, \ldots, w_m\}$ erzeugte Vektorraum, dann ist $\mathfrak{V} = \mathfrak{W}_1 \oplus \mathfrak{W}_2$. ■

In Beispiel 1.7 ist $\dim \mathfrak{W}_1 = 2$ und $\dim \mathfrak{W}_2 = 1$ und daher $\dim \mathfrak{W}_1 + \dim \mathfrak{W}_2 = 3 = \dim \mathbf{R}^3$. Wie man aus dem Beweis zu Satz 1.22 sieht, gilt auch allgemein unter den Voraussetzungen von Satz 1.22 $\dim \mathfrak{W}_1 + \dim \mathfrak{W}_2 = \dim \mathfrak{V} = \dim (\mathfrak{W}_1 \oplus \mathfrak{W}_2)$. Würde man im $\mathbf{R}^3$ zwei Ebenen $\mathfrak{V}_1$ und $\mathfrak{V}_2$ durch o vorgeben, die nicht zusammenfallen, dann wäre wieder $\mathfrak{V}_1 + \mathfrak{V}_2 = \mathbf{R}^3$, aber $\dim \mathfrak{V}_1 + \dim \mathfrak{V}_2 = 2 + 2 = 4 > \dim (\mathfrak{V}_1 + \mathfrak{V}_2)$.
Allgemein gilt die folgende Dimensionsaussage:

Satz 1.23 *Sei $\mathfrak{V}$ ein Vektorraum endlicher Dimension, und seien $\mathfrak{W}_i$, i = 1, 2, Unterräume von $\mathfrak{V}$. Dann gilt*

$$\dim (\mathfrak{W}_1 + \mathfrak{W}_2) + \dim (\mathfrak{W}_1 \cap \mathfrak{W}_2) = \dim \mathfrak{W}_1 + \dim \mathfrak{W}_2.$$

Beweis: Sei $\mathfrak{A} = \{v_1, \ldots, v_r\}$ eine Basis von $\mathfrak{W}_1 \cap \mathfrak{W}_2$. Da $\mathfrak{W}_1 \cap \mathfrak{W}_2$ Unterraum von $\mathfrak{W}_1$ und von $\mathfrak{W}_2$ ist, gibt es Basen (vgl. Satz 1.12)

$$\mathfrak{B} = \{v_1, \ldots, v_r, u_1, \ldots, u_s\} \text{ von } \mathfrak{W}_1$$

und $\quad \mathfrak{C} = \{v_1, \ldots, v_r, w_1, \ldots, w_t\}$ von $\mathfrak{W}_2$.

Nach Lemma 1.21 ist

$$\mathfrak{B} \cup \mathfrak{C} = \{v_1, \ldots, v_r, u_1, \ldots, u_s, w_1, \ldots, w_t\}$$

ein Erzeugendensystem von $\mathfrak{W}_1 + \mathfrak{W}_2$.
Wir zeigen, daß $\mathfrak{B} \cup \mathfrak{C}$ linear unabhängig, also eine Basis von $\mathfrak{W}_1 + \mathfrak{W}_2$ ist.

Sei $\quad \sum_{i=1}^{r} \alpha_i v_i + \sum_{j=1}^{s} \beta_j u_j + \sum_{k=1}^{t} \gamma_k w_k = o$

Dann ist

$$\sum_{j=1}^{s} \beta_j u_j = -\sum_{i=1}^{r} \alpha_i v_i - \sum_{k=1}^{t} \gamma_k w_k \in \mathfrak{W}_2$$

und folglich

$$\sum_{j=1}^{s} \beta_j u_j \in \mathfrak{W}_1 \cap \mathfrak{W}_2.$$

Also gibt es Koeffizienten δ_i so, daß

$$\sum_{j=1}^{s} \beta_j u_j = \sum_{i=1}^{r} \delta_i v_i.$$

Daraus folgt $\beta_j = 0 \; \forall \, j$ und $\delta_i = 0 \; \forall \, i$, da die beteiligten u_j und v_i die Basis $\mathfrak{B}$ bilden.
Mithin ist

$$\sum_{i=1}^{r} \alpha_i v_i + \sum_{k=1}^{t} \gamma_k w_k = o$$

und demzufolge, da die hier beteiligten v_i und w_k die Basis $\mathfrak{C}$ bilden, $\alpha_i = 0 \; \forall \, i$ und $\gamma_k = 0 \; \forall \, k$. Somit ist $\mathfrak{B} \cup \mathfrak{C}$ linear unabhängig.

Mit
$$\begin{aligned}
\dim(\mathfrak{W}_1 + \mathfrak{W}_2) = \dim(\mathfrak{B} \cup \mathfrak{C}) &= r + s + t \\
\dim(\mathfrak{W}_1 \cap \mathfrak{W}_2) &= r \\
\dim \mathfrak{W}_1 &= r + s \\
\dim \mathfrak{W}_2 &= r + t
\end{aligned}$$

folgt die Behauptung. ■

Daraus ergibt sich sofort

Korollar 1.24 $\dim(\mathfrak{W}_1 \oplus \mathfrak{W}_2) = \dim \mathfrak{W}_1 + \dim \mathfrak{W}_2$.

Beispiel 1.8 Sei $\mathfrak{V} = \mathfrak{P}^5$ der Vektorraum der Polynome höchstens 5-ten Grades (vgl. Beispiel 1.2). Da $\{1, t, t^2, t^3, t^4, t^5\}$ eine Basis von $\mathfrak{V}$ ist –

$$y \in \mathfrak{P} \Leftrightarrow y(t) = \sum_{\nu=0}^{5} \alpha_\nu t^\nu,$$

und $$\sum_{\nu=0}^{5} \beta_\nu t^\nu \equiv 0 \text{ (d. h. } = 0 \ \forall \ t \in \mathbf{R})$$

ist nur möglich, falls $\beta_\nu = 0 \ \forall \ \nu$ – ist $\dim \mathfrak{P} = 6$.
Sei $\mathfrak{W}_1$ der Unterraum von $\mathfrak{P}$, der durch

$$\mathfrak{A} = \{(1 + t + t^3); (t^2 + t^5)\}$$

erzeugt wird. Mit dem durch

$$\mathfrak{B} = \{(t + t^4); (t^3 + t^5); (t^4 + t^5); t^5\}$$

erzeugten Unterraum $\mathfrak{W}_2$ gilt dann

$$\mathfrak{P} = \mathfrak{W}_1 \oplus \mathfrak{W}_2.$$

Es genügt zu zeigen, daß $\mathfrak{A} \cup \mathfrak{B}$ linear unabhängig ist, da dann $\mathfrak{A} \cup \mathfrak{B}$ nach Korollar 1.15 eine Basis von $\mathfrak{P}$ und nach Lemma 1.21 auch eine Basis von $\mathfrak{W}_1 + \mathfrak{W}_2$ ist. Ferner folgt dann, daß $\mathfrak{A}$ Basis von $\mathfrak{W}_1$ und $\mathfrak{B}$ Basis von $\mathfrak{W}_2$ ist, d. h.

$$\dim(\mathfrak{W}_1 + \mathfrak{W}_2) = \dim \mathfrak{W}_1 + \dim \mathfrak{W}_2,$$

so daß $\dim(\mathfrak{W}_1 \cap \mathfrak{W}_2) = 0$ wegen Satz 1.23.
Verlangen wir, daß eine Linearkombination der sechs Elemente von $\mathfrak{A} \cup \mathfrak{B}$ mit den nachfolgend angegebenen Koeffizienten o ergibt, d. h. als Polynom identisch verschwindet, so erhalten wir:

$$\begin{array}{cccccc|l}
1 + & t & & + t^3 & & & \cdot \alpha \\
 & & t^2 & & & + t^5 & \cdot \beta \\
 & t & & & + t^4 & & \cdot \gamma \\
 & & & t^3 & & + t^5 & \cdot \delta \\
 & & & & t^4 & + t^5 & \cdot \mu \\
 & & & & & t^5 & \cdot \nu
\end{array}$$

$$\alpha + (\alpha + \gamma)t + \beta t^2 + (\alpha + \delta)t^3 + (\gamma + \mu)t^4 + (\beta + \delta + \mu + \nu)t^5 \equiv 0.$$

Da ein Polynom nur dann identisch verschwindet, wenn alle seine Koeffizienten verschwinden, folgt

$$\begin{array}{llll}
\alpha = 0, & \gamma = 0, & \delta = 0, & \mu = 0 \\
\beta = 0, & \nu = 0, & &
\end{array}$$

d. h. $\mathfrak{A} \cup \mathfrak{B}$ ist linear unabhängig. ■

Übungsaufgaben

1. Überprüfen Sie, ob folgende Mengen Unterräume des R^3 sind:
a) $\mathfrak{W}_1 = \{(x_1, x_2, x_3) \mid x_1 = x_2 = x_3\}$;
b) $\mathfrak{W}_2 = \{(x_1, x_2, x_3) \mid x_1 + x_2 + x_3 = 0\}$;
c) $\mathfrak{W}_3 = \{(x_1, x_2, x_3) \mid x_1 \geqslant 0\}$;
d) $\mathfrak{W}_4 = \{(x_1, x_2, x_3) \mid x_1^2 + x_2^2 + x_3^2 \leqslant 1\}$.

2. Seien $\mathfrak{W}_1$ und $\mathfrak{W}_2$ folgende Unterräume des $\mathbf{R}^4$:

$$\mathfrak{W}_1 = \{(x_1, x_2, x_3, x_4) \mid x_2 + x_3 + x_4 = 0\} \quad \text{und}$$
$$\mathfrak{W}_2 = \{(x_1, x_2, x_3, x_4) \mid x_1 + x_2 = 0,\ x_3 = 2x_4\}.$$

Bestimmen Sie die Dimension und eine Basis von $\mathfrak{W}_1$, $\mathfrak{W}_2$, $\mathfrak{W}_1 \cap \mathfrak{W}_2$ und $\mathfrak{W}_1 + \mathfrak{W}_2$.

3. Sei $\mathfrak{W}_1$ der Unterraum des $\mathbf{R}^4$, welcher durch die Vektoren (4, 1, 2, 3), (−2, 0, 1, −3) und (2, 2, 1, −3) erzeugt wird. Bestimmen Sie $\mathfrak{W}_2$ so, daß $\mathfrak{W}_1 \oplus \mathfrak{W}_2 = \mathbf{R}^4$.

4. Seien $\mathfrak{W}_1$ und $\mathfrak{W}_2$ die durch die Vektoren (1, 1, 0, −1), (1, 2, 3, 0), (2, 3, 3, −1) bzw. (1, 2, 2, −2), (2, 3, 2, −3), (1, 3, 4, −3) erzeugten Unterräume des $\mathbf{R}^4$. Verifizieren Sie anhand von $\mathfrak{W}_1$ und $\mathfrak{W}_2$ Satz 1.23.

1.5 Vektorräume mit Skalarprodukt

Ist $\mathbf{v} \in \mathbf{R}^n$ ein Güterbündel, das wir verkaufen, d. h. v_i, $i = 1, \ldots, n$, gibt die verkaufte Menge des i-ten Gutes an, und ist $\mathbf{p} \in \mathbf{R}^n$ der zugehörige Vektor der Verkaufspreise, dann hat der bei dieser Transaktion erzielte Erlös offenbar den Wert

$$\langle \mathbf{p}, \mathbf{v} \rangle = \sum_{i=1}^{n} p_i v_i.$$

Mit dieser Ermittlung des Erlöses wird also zwei Vektoren im $\mathbf{R}^n$ auf bestimmte Art und Weise eine reelle Zahl zugeordnet. Diese Operation zeichnet sich durch einige ohne weiteres nachprüfbare Eigenschaften aus, die in der folgenden allgemeinen Definition aufgeführt sind.

Definition 1.10 *Ist in einem Vektorraum* $\mathfrak{V}$ *zu je zwei Vektoren* $\mathbf{v}$ *und* $\mathbf{w}$ *eindeutig eine reelle Zahl* $\langle \mathbf{v}, \mathbf{w} \rangle$ *bestimmt mit folgenden Eigenschaften:*

a) $\langle \mathbf{v}, \mathbf{w} \rangle = \langle \mathbf{w}, \mathbf{v} \rangle$,
b) $\langle \lambda \mathbf{v}, \mathbf{w} \rangle = \lambda \langle \mathbf{v}, \mathbf{w} \rangle$ *für beliebige* $\lambda \in \mathbf{R}$,
c) $\langle \mathbf{u} + \mathbf{v}, \mathbf{w} \rangle = \langle \mathbf{u}, \mathbf{w} \rangle + \langle \mathbf{v}, \mathbf{w} \rangle$,
d) $\langle \mathbf{v}, \mathbf{v} \rangle > 0$ *für alle* $\mathbf{v} \neq \sigma$;

dann heißt $\langle \mathbf{v}, \mathbf{w} \rangle$ i n n e r e s P r o d u k t *oder* S k a l a r p r o d u k t *der Vektoren* $\mathbf{v}$ *und* $\mathbf{w}$.

Durch diese Definition ist für einen gegebenen Vektorraum das Skalarprodukt natürlich nicht eindeutig festgelegt. Das wird bereits im nächsten Beispiel deutlich an zwei in den Anwendungen häufig benutzten Typen von Skalarprodukten.

Beispiel 1.9 a) Sei $\mathfrak{V} = \mathbf{R}^n$ und seien $\rho_i > 0$, i = 1, ..., n, fest vorgegebene reelle Zahlen. Dann ist mit $v, w \in \mathfrak{V}$

$$\langle v, w \rangle = \sum_{i=1}^{n} \rho_i v_i w_i \tag{1.16}$$

nach Definition 1.10 ein Skalarprodukt, wovon sich der Leser selbst durch Überprüfen der vier Eigenschaften a) – d) überzeugen möge.

b) Sei $\mathfrak{V} = C[a, b]$, also gemäß Beispiel 1.5 die Menge der auf dem Intervall [a, b] mit a < b stetigen Funktionen. Ist $f \in C[a, b]$ mit $f(t) > 0 \ \forall\, t \in [a, b]$ fest vorgegeben, dann ist mit $\varphi, \Psi \in C[a, b]$

$$\langle \varphi, \Psi \rangle = \int_a^b \varphi(t)\Psi(t)f(t)\,dt \tag{1.17}$$

ein Skalarprodukt gemäß Definition 1.10. ■

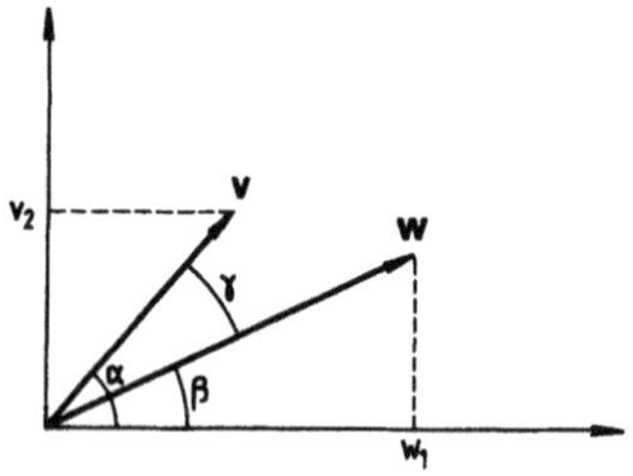

Fig. 1.4
Skalarprodukt

Wählen wir speziell im $\mathbf{R}^2$ das Skalarprodukt (1.16) mit $\rho_1 = \rho_2 = 1$, also $\langle v, w \rangle = v_1 w_1 + v_2 w_2$, dann ist nach Fig. 1.4 die Länge von v nach dem Satz von Pythagoras gegeben durch $\|v\| = \sqrt{v_1^2 + v_2^2} = \sqrt{\langle v, v \rangle}$ und analog die Länge von w gleich $\|w\| = \sqrt{w_1^2 + w_2^2} = \sqrt{\langle w, w \rangle}$. Ferner entnimmt man Fig. 1.4 ohne weiteres, daß

$$v_1 = \|v\| \cos\alpha \qquad w_1 = \|w\| \cos\beta$$
$$v_2 = \|v\| \sin\alpha \qquad w_2 = \|w\| \sin\beta$$

und somit

$$\begin{aligned}\langle v, w \rangle &= v_1 w_1 + v_2 w_2 \\ &= \|v\| \cdot \|w\| (\cos\alpha \cos\beta + \sin\alpha \sin\beta) \\ &= \|v\| \cdot \|w\| \cdot \cos(\alpha - \beta) = \|v\| \cdot \|w\| \cos\gamma\end{aligned}$$

nach dem Additionstheorem für trigonometrische Funktionen (vgl. [1]). Somit gilt hier, da $-1 \leqslant \cos\xi \leqslant 1 \ \forall\, \xi \in \mathbf{R}$,

$$|\langle v, w \rangle| = \|v\| \cdot \|w\| \cdot |\cos\gamma| \leqslant \|v\| \cdot \|w\|,$$

wobei $|\langle v, w \rangle| = \|v\| \cdot \|w\|$ genau dann auftritt, wenn $|\cos\gamma| = 1$, d. h. wenn $\gamma = 0$ oder $\gamma = \pi$ ist und daher v und w linear abhängig sind.

Wir werden zeigen, daß dieses Ergebnis nicht von der speziellen Wahl von Vektorraum und Skalarprodukt abhängt, sondern einer allgemeinen Aussage für beliebige Vektorräume und Skalarprodukte entspricht. Dazu müssen wir – in Analogie zu der oben benutzten Länge von Vektoren im $\mathbf{R}^2$ – allgemein den Begriff der Norm, die durch ein Skalarprodukt induziert wird, einführen.

Definition 1.11 *Sei* $\mathfrak{V}$ *ein beliebiger Vektorraum mit einem Skalarprodukt* $\langle \mathbf{v}, \mathbf{w}\rangle$. *Dann ist* $\|\mathbf{v}\| = \sqrt{\langle \mathbf{v}, \mathbf{v}\rangle}$ *die durch das Skalarprodukt* $\langle\cdot,\cdot\rangle$ *induzierte* N o r m *von* $\mathbf{v}$.

Unter Verwendung der Definitionen 1.10 und 1.11 läßt sich nun die sogenannte S c h w a r z ' s c h e U n g l e i c h u n g beweisen:

Satz 1.25 *Sei* $\mathfrak{V}$ *ein Vektorraum mit Skalarprodukt* $\langle\cdot,\cdot\rangle$ *und dadurch induzierter Norm* $\|\cdot\|$. *Dann gilt für beliebige* $\mathbf{v} \in \mathfrak{V}$ *und* $\mathbf{w} \in \mathfrak{V}$

$$|\langle \mathbf{v}, \mathbf{w}\rangle| \leqslant \|\mathbf{v}\| \cdot \|\mathbf{w}\|. \tag{1.18}$$

(Die Ungleichung (1.18) wird als Schwarz'sche Ungleichung bezeichnet.)

B e w e i s : Ist $\mathbf{v} = \mathbf{o}$ oder $\mathbf{w} = \mathbf{o}$, dann folgt aus Definition 1.10 a) und b), daß $\langle \mathbf{v}, \mathbf{w}\rangle = 0$ ist (Man wähle in b) $\lambda = 0$.). Damit gilt (1.18). Seien daher $\mathbf{v} \neq \mathbf{o}$ und $\mathbf{w} \neq \mathbf{o}$. Nach Definition 1.10 d) ist dann

$$\langle \mathbf{v}, \mathbf{v}\rangle > 0 \quad \text{und} \quad \langle \mathbf{w}, \mathbf{w}\rangle > 0,$$

also nach Definition 1.11

$$\|\mathbf{v}\|^2 > 0 \quad \text{und} \quad \|\mathbf{w}\|^2 > 0.$$

Unter Verwendung aller vier Eigenschaften eines Skalarproduktes gilt mit

$$\alpha = -\frac{\langle \mathbf{v}, \mathbf{w}\rangle}{\|\mathbf{w}\|^2}$$

$$\begin{aligned} 0 \leqslant \|\mathbf{v} + \alpha\mathbf{w}\|^2 &= \langle \mathbf{v} + \alpha\mathbf{w}, \mathbf{v} + \alpha\mathbf{w}\rangle \\ &= \langle \mathbf{v}, \mathbf{v}\rangle + \langle \mathbf{v}, \alpha\mathbf{w}\rangle + \langle \alpha\mathbf{w}, \mathbf{v}\rangle + \langle \alpha\mathbf{w}, \alpha\mathbf{w}\rangle \\ &= \|\mathbf{v}\|^2 + 2\alpha\langle \mathbf{v}, \mathbf{w}\rangle + \alpha^2\, \|\mathbf{w}\|^2 \\ &= \|\mathbf{v}\|^2 - 2\,\frac{\langle \mathbf{v}, \mathbf{w}\rangle^2}{\|\mathbf{w}\|^2} + \frac{\langle \mathbf{v}, \mathbf{w}\rangle^2}{\|\mathbf{w}\|^2} \\ &= \|\mathbf{v}\|^2 - \frac{\langle \mathbf{v}, \mathbf{w}\rangle^2}{\|\mathbf{w}\|^2} \end{aligned}$$

und somit

$$\langle \mathbf{v}, \mathbf{w}\rangle^2 \leqslant \|\mathbf{v}\|^2 \cdot \|\mathbf{w}\|^2.$$

■

Wir haben an Fig. 1.4 gesehen, daß im $\mathbf{R}^2$ für das Skalarprodukt

$$\langle \mathbf{v}, \mathbf{w}\rangle = v_1 w_1 + v_2 w_2$$

gilt: $\langle \mathbf{v}, \mathbf{w}\rangle = \|\mathbf{v}\| \cdot \|\mathbf{w}\| \cdot \cos\gamma.$

Hier war γ der Winkel zwischen v und w. Offenbar ist hier die Schwarz'sche Ungleichung genau dann mit dem Gleichheitszeichen erfüllt, also

$$|\langle v, w\rangle| = \|v\| \cdot \|w\|,$$

wenn $\|v\| = 0$ oder $\|w\| = 0$, oder wenn $|\cos\gamma| = 1$, d. h. $\gamma = 0$ oder $\gamma = \pi$. In all diesen Fällen sind v und w offenbar linear abhängig. Diese Tatsache gilt nun ganz allgemein.

Satz 1.26 Sei $\mathfrak{V}$ ein Vektorraum mit Skalarprodukt $\langle\cdot,\cdot\rangle$ und dadurch induzierter Norm $\|\cdot\|$. Für $v \in \mathfrak{V}$ und $w \in \mathfrak{V}$ gilt $|\langle v, w\rangle| = \|v\| \cdot \|w\|$ genau dann, wenn $\{v, w\}$ linear abhängig ist.

B e w e i s : Falls $v = o$ oder $w = o$, ist $\{v, w\}$ linear abhängig (vgl. Korollar 1.7), und es gilt $\langle v, w\rangle = 0 = \|v\| \cdot \|w\|$.
Seien daher $v \neq o$ und $w \neq o$. Ist $\{v, w\}$ linear abhängig, dann gibt es nach Satz 1.8 ein $\lambda \in \mathbf{R}$ derart, daß $v = \lambda w$. Folglich gilt

$$\langle v, w\rangle = \langle \lambda w, w\rangle = \lambda \|w\|^2$$

und $$\|v\| \cdot \|w\| = \sqrt{\lambda^2 \langle w, w\rangle} \cdot \sqrt{\langle w, w\rangle} = |\lambda| \cdot \|w\|^2,$$

also $$|\langle v, w\rangle| = \|v\| \cdot \|w\|.$$

Gilt nun umgekehrt

$$|\langle v, w\rangle| = \|v\| \cdot \|w\|,$$

dann definieren wir den Vektor z gemäß

$$z = v - \frac{\langle v, w\rangle}{\|w\|^2} \cdot w,$$

was wegen der Voraussetzung $w \neq o$ sinnvoll ist. Nun ist

$$\begin{aligned} \|z\|^2 &= \langle z, z\rangle \\ &= \|v\|^2 + \frac{\langle v, w\rangle^2}{\|w\|^2} - 2\frac{\langle v, w\rangle^2}{\|w\|^2} \\ &= \|v\|^2 - \|v\|^2 = 0, \end{aligned}$$

da $|\langle v, w\rangle| = \|v\| \cdot \|w\|$ nach Voraussetzung.
Folglich ist $z = o$ und daher

$$v = \frac{\langle v, w\rangle}{\|w\|^2} w,$$

d. h. $\{v, w\}$ ist nach Satz 1.8 linear abhängig. ■

Von der Geometrie wissen wir, daß die kürzeste Verbindung zweier Punkte in einer Ebene über die durch sie bestimmte Gerade verläuft. Die Folge davon ist, daß die Summe zweier Seitenlängen eines Dreiecks nie kleiner sein kann als die dritte Seitenlänge. Benutzen wir die Vektorschreibweise und für $v \in \mathbf{R}^2$ die Norm $\|v\| = \sqrt{v_1^2 + v_2^2}$, dann ist das nach Fig. 1.5 gleichbedeutend mit der sogenannten Dreiecksungleichung

$$\|\mathbf{v} + \mathbf{w}\| \leqslant \|\mathbf{v}\| + \|\mathbf{w}\|.$$

Aus der Schwarz'schen Ungleichung folgt nun, daß diese Dreiecksungleichung für jede durch ein Skalarprodukt induzierte Norm gilt.

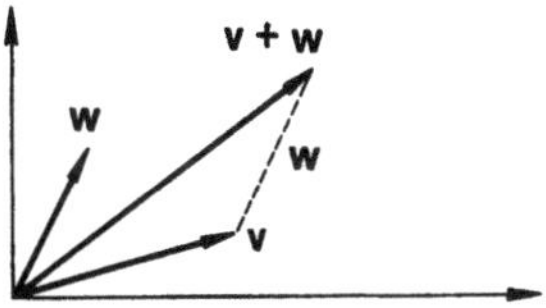

Fig. 1.5
Dreiecksungleichung

Satz 1.27 *Sei $\mathfrak{V}$ ein Vektorraum mit Skalarprodukt $\langle\cdot,\cdot\rangle$ und dadurch induzierter Norm $\|\cdot\|$. Dann gilt für beliebige $\mathbf{v} \in \mathfrak{V}$ und $\mathbf{w} \in \mathfrak{V}$ die Dreiecksungleichung*

$$\|\mathbf{v} + \mathbf{w}\| \leqslant \|\mathbf{v}\| + \|\mathbf{w}\|. \tag{1.19}$$

Beweis:

$$\|\mathbf{v} + \mathbf{w}\|^2 = \langle \mathbf{v} + \mathbf{w}, \mathbf{v} + \mathbf{w}\rangle = \|\mathbf{v}\|^2 + 2\langle \mathbf{v}, \mathbf{w}\rangle + \|\mathbf{w}\|^2$$
$$\leqslant \|\mathbf{v}\|^2 + 2\|\mathbf{v}\| \cdot \|\mathbf{w}\| + \|\mathbf{w}\|^2$$

nach (1.18), d. h.

$$\|\mathbf{v} + \mathbf{w}\|^2 \leqslant (\|\mathbf{v}\| + \|\mathbf{w}\|)^2,$$

womit die Behauptung bewiesen ist. ■

Im $\mathbf{R}^2$ können wir die Aussage von Satz 1.27 noch verschärfen. Sind $\mathbf{v}$ und $\mathbf{w}$ Elemente des $\mathbf{R}^2$ und voneinander linear unabhängig, dann erhalten wir in Fig. 1.5 ein Dreieck mit den Ecken $\mathbf{o}, \mathbf{v}, \mathbf{v} + \mathbf{w}$, die nicht auf einer Geraden liegen. Folglich gilt sogar $\|\mathbf{v} + \mathbf{w}\| < \|\mathbf{v}\| + \|\mathbf{w}\|$. Das Gleichheitszeichen in (1.19) kann also im $\mathbf{R}^2$ höchstens dann auftreten, wenn $\mathbf{v}$ und $\mathbf{w}$ linear abhängig sind. Nach Satz 1.8 sei dann beispielsweise $\mathbf{w} = \alpha\mathbf{v}$. Ist hier $\mathbf{v} \neq \mathbf{o}$ und $\alpha < 0$, so folgt

$$\|\mathbf{v} + \mathbf{w}\| = \|\mathbf{v} + \alpha\mathbf{v}\| = |1 + \alpha|\,\|\mathbf{v}\|$$

und $\quad \|\mathbf{v}\| + \|\mathbf{w}\| = \|\mathbf{v}\| + \|\alpha\mathbf{v}\| = (1 + |\alpha|)\,\|\mathbf{v}\|$

und daher

$$\|\mathbf{v} + \mathbf{w}\| < \|\mathbf{v}\| + \|\mathbf{w}\|,$$

weil $\quad |1 + \alpha| < 1 + |\alpha| \quad$ für $\alpha < 0$ und $\|\mathbf{v}\| > 0$ für $\mathbf{v} \neq \mathbf{o}$.

Ist $\alpha \geqslant 0$, dann erhalten wir

$$\|\mathbf{v} + \mathbf{w}\| = |1 + \alpha|\,\|\mathbf{v}\| = (1 + |\alpha|)\,\|\mathbf{v}\| = \|\mathbf{v}\| + \|\mathbf{w}\|.$$

Zusammengefaßt gilt also im $\mathbf{R}^2$

$$\|\mathbf{v} + \mathbf{w}\| = \|\mathbf{v}\| + \|\mathbf{w}\|$$

nur dann, wenn v und w **positiv linear abhängig** sind, d. h. wenn es eine Zahl $\alpha \geqslant 0$ gibt derart, daß $v = \alpha w$ oder $w = \alpha v$ gilt.

Diese Tatsache gilt nun auch allgemein.

Satz 1.28 *Sei $\mathfrak{V}$ ein Vektorraum mit Skalarprodukt $\langle \cdot, \cdot \rangle$ und dadurch induzierter Norm $\|\cdot\|$. Für $v \in \mathfrak{V}$ und $w \in \mathfrak{V}$ gilt*

$$\|v + w\| = \|v\| + \|w\|$$

genau dann, wenn v und w positiv linear abhängig sind, d. h. wenn es eine Zahl $\alpha \geqslant 0$ gibt derart, daß entweder $v = \alpha w$ oder $w = \alpha v$ gilt.

Beweis: Es gilt

$$\|v + w\| = \|v\| + \|w\|$$

genau dann, wenn

$$\|v + w\|^2 = (\|v\| + \|w\|)^2,$$

d. h. $$\langle v + w, v + w \rangle = \|v\|^2 + 2\langle v, w \rangle + \|w\|^2 = \|v\|^2 + 2\|v\| \cdot \|w\| + \|w\|^2.$$

Die letzte Gleichung gilt genau dann, wenn

$$\langle v, w \rangle = \|v\| \cdot \|w\|. \tag{1.20}$$

Nach Satz 1.26 ist diese Gleichung genau dann erfüllt, wenn $\{v, w\}$ linear abhängig ist. Nach Satz 1.8 ist das gleichbedeutend damit, daß entweder $v = \alpha w$ oder $w = \beta v$ gilt mit einer passenden Zahl α bzw. β. Sei daher $v = \alpha w$. Sei ferner $w \neq o$, da sonst mit $v = w = o$ die Behauptung stimmt.

Dann ist $\langle v, w \rangle = \langle \alpha w, w \rangle = \alpha \|w\|^2$ und $\|v\| \, \|w\| = \|\alpha w\| \cdot \|w\| = |\alpha| \, \|w\|^2$,

woraus wegen $\|w\| > 0$ und (1.20) $\alpha \geqslant 0$ folgt. ∎

Ist $\mathfrak{V}$ irgendein Vektorraum mit Skalarprodukt $\langle \cdot, \cdot \rangle$ und dadurch induzierter Norm $\|\cdot\|$, dann hat diese Norm sicher die folgenden drei Eigenschaften:

a) $\|v\| > 0 \quad \forall\, v \neq o.$

Dies folgt aus Definition 1.10 d) und Definition 1.11.

b) $\|\lambda v\| = |\lambda| \cdot \|v\| \quad \forall\, \lambda \in R$ und $\forall\, v \in \mathfrak{V}.$

Nach Definition 1.10 a) und b) gilt

$$\langle \lambda v, \lambda v \rangle = \lambda \langle v, \lambda v \rangle = \lambda \langle \lambda v, v \rangle = \lambda^2 \langle v, v \rangle$$

und daher nach Definition 1.11

$$\|\lambda v\| = \sqrt{\langle \lambda v, \lambda v \rangle} = \sqrt{\lambda^2 \langle v, v \rangle} = |\lambda| \cdot \|v\|.$$

c) $\|v + w\| \leqslant \|v\| + \|w\| \quad \forall\, v \in \mathfrak{V}$ und $\forall\, w \in \mathfrak{W}.$

Dies ist die Dreiecksungleichung nach Satz 1.27.

Nun arbeitet man in den Anwendungen häufig mit Normen auf Vektorräumen, die nicht entsprechend Definition 1.11 über ein Skalarprodukt bestimmt werden. Man verlangt dann lediglich, daß die obigen drei Eigenschaften, also, a) die Definitheit, b) die Homogenität und c) die Dreiecksungleichung gewahrt sind. Allgemein benutzt man also für Normen die folgende

Definition 1.12 *Ist $\mathfrak{V}$ ein beliebiger Vektorraum, dann ist eine auf $\mathfrak{V}$ definierte reellwertige Funktion $\varphi : \mathfrak{V} \to \mathbf{R}$ eine* Norm *auf $\mathfrak{V}$, wenn gilt:*

a) $\varphi(v) > 0 \quad \forall\, v \in \mathfrak{V}, v \neq o$;

b) $\varphi(\lambda v) = |\lambda| \cdot \varphi(v) \quad \forall\, \lambda \in \mathbf{R}$ *und* $\forall\, v \in \mathfrak{V}$;

c) $\varphi(v + w) \leq \varphi(v) + \varphi(w)$.

Man beachte, daß auch aus dieser Definition einer Norm φ sofort $\varphi(o) = 0$ folgt, wenn wir die Homogenität b) mit $o = 0 \cdot v$ ausnutzen. Somit gilt für jede Norm $\varphi(v) \geq 0$ $\forall\, v \in \mathfrak{V}$ und wegen der Definitheit a) $\varphi(v) = 0$ genau dann, wenn $v = o$ ist.

Wir haben gesehen, daß jede durch ein Skalarprodukt gemäß Definition 1.11 induzierte Norm auch eine Norm im Sinne von Definition 1.12 ist. Damit stellt sich die Frage, ob denn jede Norm letztlich durch ein Skalarprodukt induziert ist, d. h. ob man zu jeder Norm ein geeignetes Skalarprodukt finden kann derart, daß die Norm gemäß Definition 1.11 mit Hilfe des Skalarproduktes bestimmt ist.

Beispiel 1.10 a) Sei $\mathfrak{V} = \mathbf{R}^n$. Das Skalarprodukt $\langle v, w \rangle = \sum_{i=1}^{n} v_i w_i$ induziert die sog. euklidische Norm

$$\|v\| = \sqrt{\sum_{i=1}^{n} v_i^2}\,.$$

Unter dem n-dimensionalen euklidischen Raum versteht man dann den mit der euklidischen Norm versehenen Vektorraum $\mathbf{R}^n$.

Wir können jedoch ohne weiteres andere Normen auf dem $\mathbf{R}^n$ definieren, beispielsweise die Maximumnorm

$$\|v\|_\infty = \max_{1 \leq i \leq n} |v_i|.$$

Der Leser überzeugt sich leicht, daß auch hierfür alle Eigenschaften gemäß Definition 1.12 gegeben sind. Diese Norm ist jedoch für $n \geq 2$ nicht durch ein Skalarprodukt induziert, d. h. es existiert kein Skalarprodukt $\langle \cdot, \cdot \rangle$ auf $\mathbf{R}^n$ derart, daß $\|v\|_\infty = \sqrt{\langle v, v \rangle}$ wäre. Das sieht man leicht folgendermaßen ein:

Sei $n \geq 2$ (für $n = 1$ ist offenbar $\|\cdot\|_\infty = \|\cdot\|$), und seien v und w gegeben gemäß

$$\begin{array}{llll} v_1 = 2, & v_2 = 1, & v_i = 0, & i > 2, \\ w_1 = 2, & w_2 = -1, & w_i = 0, & i > 2. \end{array}$$

Offenbar hat dann $x = v + w$ die Komponenten

$$x_1 = 4, \quad x_2 = 0, \quad x_i = 0, \quad i > 2.$$

Damit gilt

$$\|v\|_\infty = 2, \qquad \|w\|_\infty = 2 \qquad \text{und} \qquad \|x\|_\infty = 4,$$

also $$\|v + w\|_\infty = \|v\|_\infty + \|w\|_\infty .$$

Wäre $\|\cdot\|_\infty$ durch ein Skalarprodukt induziert, dann müßten nach Satz 1.28 die Vektoren v und w positiv linear abhängig sein. Offensichtlich sind jedoch v und w linear unabhängig. Folglich kann die Maximumnorm nicht durch ein Skalarprodukt induziert sein.

b) Sei nun $\mathfrak{V} = C[a, b]$. Definieren wir für $\varphi, \Psi \in C[a, b]$ das Skalarprodukt gemäß Beispiel 1.9 als

$$\langle\varphi, \Psi\rangle = \int_a^b \varphi(t)\Psi(t)\,dt,$$

dann wird dadurch die sog. L_2 - N o r m induziert:

$$\|\varphi\|_2 = \left(\int_a^b \varphi^2(t)\,dt\right)^{\frac{1}{2}}.$$

Auch hier lassen sich unschwer andere Normen definieren, etwa die sog. L_1 - N o r m

$$\|\varphi\|_1 = \int_a^b |\varphi(t)|\,dt$$

oder die S u p r e m u m n o r m

$$\|\varphi\|_\infty = \sup_{a \leqslant t \leqslant b} |\varphi(t)|.$$

Der Leser möge sich überzeugen, daß in beiden Fällen eine Norm gemäß Definition 1.12 vorliegt. Aber beide Normen sind nicht durch Skalarprodukte induziert. Das sieht man wie folgt ein:

Sei – ohne Einschränkung der Allgemeinheit – das Intervall $[a, b] = [-1, +1]$ gewählt, und darauf seien die Funktionen φ und Ψ definiert gemäß

$$\varphi(t) = \begin{cases} +1 & \text{falls } -1 \leqslant t \leqslant 0 \\ 1 - t & \text{falls } \ \ 0 \leqslant t \leqslant 1 \end{cases}$$

und $$\Psi(t) = \begin{cases} 1 + t & \text{falls } -1 \leqslant t \leqslant 0 \\ +1 & \text{falls } \ \ 0 \leqslant t \leqslant 1 . \end{cases}$$

Da $\varphi(t) \geqslant 0$ und $\Psi(t) \geqslant 0$ auf $[-1, 1]$, gilt

$$|\varphi(t)| = \varphi(t), \qquad |\Psi(t)| = \Psi(t)$$

und $$|\varphi(t) + \Psi(t)| = \varphi(t) + \Psi(t) \quad \text{auf } [-1, 1]$$

und folglich

$$\|\varphi + \Psi\|_1 = \|\varphi\|_1 + \|\Psi\|_1 .$$

Gleichzeitig gilt, wie man leicht sieht, auch

$$\|\varphi + \Psi\|_\infty = \|\varphi\|_\infty + \|\Psi\|_\infty .$$

Wären $\|\cdot\|_\infty$ oder $\|\cdot\|_1$ durch ein Skalarprodukt induziert, müßten nach Satz 1.28 die Funktionen φ und Ψ auf $[-1, +1]$ positiv linear abhängig sein. Da es aber keine Konstanten α, β mit $\alpha^2 + \beta^2 > 0$ gibt derart, daß

$$\alpha\varphi(t) + \beta\Psi(t) = 0 \;\forall\, t \in [-1, +1],$$

sind φ und Ψ linear unabhängig. Folglich können weder $\|\cdot\|_1$ noch $\|\cdot\|_\infty$ durch Skalarprodukte induziert sein. ■

Übungsaufgaben

1. Seien $u = (2, 1, -3, 0, 4)$ und $v = (5, -3, -1, 2, 7)$. Berechnen Sie $\langle u, v\rangle = \sum_{i=1}^{5} u_i v_i$, $\|u\|$, $\|v\|$, $\|u - v\|$ und $\|u + v\|_\infty$.

2. a) Zeigen Sie, daß $\langle u, v\rangle := u_1v_1 - u_1v_2 - u_2v_1 + 2u_2v_2$ ein Skalarprodukt im $\mathbf{R}^2$ ist; b) Berechnen Sie die dadurch induzierte Norm von $w = (4, 5)$.

3, a) Sei $\mathfrak{P}^n[0, 1]$ die Menge der Polynome höchstens n-ten Grades auf dem Intervall $[0, 1]$. Zeigen Sie, daß durch $\langle f, g\rangle := \int_0^1 f(t)g(t)dt$ ein Skalarprodukt definiert wird;
b) Seien $f(t) = t + 2$ und $g(t) = t^2 - 2t - 3$. Berechnen Sie $\langle f, g\rangle$ und $\|f\|$.

4. Seien $u, v \in \mathbf{R}^n$. Zeigen Sie, daß $\|u\| = \|v\|$ genau dann gilt, wenn $\langle u + v, u - v\rangle = 0$.

5. Zeigen Sie, daß für alle $x, y \in \mathbf{R}^n$ $|\|x\| - \|y\|| \leqslant \|x - y\|$ gilt.

6. Sei in $\mathfrak{V}$ ein Skalarprodukt definiert und $\|v\|$ die dadurch induzierte Norm. Zeigen Sie, daß dann die Parallelogrammgleichung $\|x + y\|^2 + \|x - y\|^2 = 2(\|x\|^2 + \|y\|^2)$ gilt.

Sind v und w Elemente des $\mathbf{R}^2$ und haben wir das Skalarprodukt

$$\langle v, w\rangle = v_1w_1 + v_2w_2$$

mit der dadurch induzierten euklidischen Norm

$$\|v\| = \sqrt{v_1^2 + v_2^2}\,,$$

dann wissen wir bereits, daß

$$\langle v, w\rangle = \|v\| \cdot \|w\| \cdot \cos\gamma$$

gilt, wobei γ der Winkel zwischen v und w ist entsprechend Fig. 1.4. Sind v und w vom Nullvektor verschieden und folglich $\|v\| > 0$ und $\|w\| > 0$, dann kann $\langle v, w\rangle = 0$ nur gelten, wenn $\cos\gamma = 0$, d. h. wenn v und w zueinander senkrecht stehen. Orthogonalität von zwei Vektoren im $\mathbf{R}^2$ ist also gleichbedeutend mit dem Verschwinden ihres Skalarproduktes. Entsprechend nennt man zwei Vektoren eines beliebigen Vektorraumes mit Skalarprodukt orthogonal zueinander, wenn ihr Skalarprodukt verschwindet.

Definition 1.13 *Sei* $\mathfrak{V}$ *ein Vektorraum mit Skalarprodukt* $\langle\cdot,\cdot\rangle$. *Zwei Vektoren* $v \neq o$ *und* $w \neq o$ *aus* $\mathfrak{V}$ *heißen* orthogonal *zueinander, wenn* $\langle v, w\rangle = 0$.

Man sieht sofort, daß für zwei von o verschiedene Vektoren v, w in einem Vektorraum $\mathfrak{V}$ mit Skalarprodukt aus ihrer Orthogonalität auch ihre lineare Unabhängigkeit folgt. Wäre nämlich $\{v, w\}$ linear abhängig, dann müßte nach Satz 1.8 entweder $v = \alpha w$ oder $w = \beta v$ mit geeigneten $\alpha \in \mathbf{R}$ oder $\beta \in \mathbf{R}$ gelten. Wäre $v = \alpha w$, so wäre

$$\langle v, w\rangle = \langle \alpha w, w\rangle = \alpha\langle w, w\rangle.$$

Somit würde aus $\langle v, w\rangle = 0$ sofort $\alpha = 0$ folgen, da nach Voraussetzung $w \neq o$ und daher $\langle w, w\rangle > 0$. Das wäre aber ein Widerspruch zu $v \neq o$. Analog würde aus $w = \beta v$ auch $\beta = 0$ folgen und somit ein Widerspruch zu $w \neq o$.

Allgemeiner folgt für eine beliebige Menge von Vektoren aus der paarweisen Orthogonalität die lineare Unabhängigkeit der Menge.

Satz 1.29 *Sei* $\mathfrak{V}$ *ein Vektorraum mit Skalarprodukt. Ist* $\mathfrak{B} = \{v_i, i \in I\}$ *eine Teilmenge von* $\mathfrak{V}$ *mit* $v_i \neq o \ \forall\, i \in I$ *und* $\langle v_i, v_j\rangle = 0, i \neq j$, *dann ist* $\mathfrak{B}$ *linear unabhängig.*

Beweis: Sei $\mathfrak{A}$ eine beliebige endliche Teilmenge von $\mathfrak{B}$. Der Einfachheit halber nehmen wir an, es sei $\mathfrak{A} = \{v_1, v_2, \ldots, v_r\}$. Nach Definition 1.4 müssen wir zeigen, daß

$$\sum_{i=1}^{r} \lambda_i v_i = o \quad \text{nur mit} \quad \lambda_i = 0, \quad i = 1, \ldots, r,$$

möglich ist. Sei also

$$\sum_{i=1}^{r} \lambda_i v_i = o.$$

Dann gilt für ein beliebiges v_k, $1 \leq k \leq r$,

$$\begin{aligned} 0 = \langle o, v_k\rangle = \left\langle \sum_{i=1}^{r} \lambda_i v_i, v_k \right\rangle &= \sum_{i=1}^{r} \lambda_i \langle v_i, v_k\rangle \\ &= \lambda_k\langle v_k, v_k\rangle, \end{aligned}$$

da $\langle v_i, v_k\rangle = 0$ für $i \neq k$ nach Voraussetzung. Da ferner nach Voraussetzung $\langle v_k, v_k\rangle > 0$, folgt $\lambda_k = 0$. Weil v_k, $1 \leq k \leq r$, beliebig gewählt werden kann, müssen also demzufolge alle λ_i verschwinden. ∎

Übungsaufgaben

1. a) Stellen Sie $\mathfrak{M} = \{x \mid \langle p, x\rangle \leq 10\}$, wobei $x = (x_1, x_2)$ und $p = (1, 2)$, graphisch dar;
b) Zeigen Sie, daß p auf $x^1 - x^2$ senkrecht steht, falls $x^1, x^2 \in \mathfrak{B} = \{x \mid \langle p, x\rangle = 10\}$.

2. Überprüfen Sie, ob die folgenden Systeme orthogonal sind:
a) $\{u_1, u_2, u_3\}$ mit $u_1 = (2, 1, 1)$, $u_2 = (-1, 1, 1)$ und $u_3 = (0, 1, -1)$;
b) $\{v_1, v_2, v_3\}$ mit $v_1 = (0, 1, 1)$, $v_2 = (1, 0, 1)$ und $v_3 = (1, 1, 0)$.

3. Seien $\mathbf{v}_1$, $\mathbf{v}_2$ und $\mathbf{v}_3$ die in Aufgabe 2b) gegebenen Vektoren und $\mathbf{w}_1 = \mathbf{v}_1$, $\mathbf{w}_2 = \mathbf{v}_2 + r\mathbf{w}_1$ und $\mathbf{w}_3 = \mathbf{v}_3 + s\mathbf{w}_1 + t\mathbf{w}_2$. Bestimmen Sie r, s und t derart, daß w_1, w_2 und w_3 paarweise orthogonal sind.

4. Sei $C[-\pi, \pi]$ die Menge der auf dem Intervall $[-\pi, \pi]$ stetigen Funktionen und $\langle f, g\rangle := \int_{-\pi}^{\pi} f(t)g(t)dt$. Zeigen Sie, daß das System $\{1, \cos t, \sin t\}$ orthogonal ist.

5. Sei $\mathfrak{P}^2[0, 1]$ die Menge der Polynome höchstens zweiten Grades auf dem Intervall $[0, 1]$ und $\langle p(x), q(x)\rangle := \int_0^1 p(x)q(x)dx$. Bestimmen Sie ein zu $p(x) = x$ orthogonales Polynom zweiten Grades $q(x)$.

Für verschiedene praktische Rechnungen erweist es sich als zweckmäßig, ein gegebenes Orthogonalsystem wie in Satz 1.29 zu normalisieren, d. h. die Vektoren des Systems durch Multiplikation mit geeigneten reellen Zahlen auf Eins zu normieren. Ist also $\mathfrak{B} = \{\mathbf{v}_i, i \in I\}$ ein Orthogonalsystem, d. h. $\mathbf{v}_i \neq \mathbf{o}\ \forall\, i \in I$ und $\langle \mathbf{v}_i, \mathbf{v}_j\rangle = 0, i \neq j$, dann ist

$$\mathfrak{C} = \{\mathbf{w}_i, i \in I\} \quad \text{mit } \mathbf{w}_i = \frac{1}{\|\mathbf{v}_i\|}\,\mathbf{v}_i\ \forall\, i \in I$$

ein Orthonormalsystem gemäß

Definition 1.14 *Ist $\mathfrak{V}$ ein Vektorraum mit Skalarprodukt $\langle\cdot,\cdot\rangle$ und dadurch induzierter Norm $\|\cdot\|$, dann heißt $\vartheta = \{\mathbf{u}_i, i \in I\} \subset \mathfrak{V}$ ein Orthonormalsystem – abgekürzt* ONS –, *wenn* $\|\mathbf{u}_i\| = 1\ \forall\, i \in I$ *und* $\langle \mathbf{u}_i, \mathbf{u}_j\rangle = 0, i \neq j$.

Nach Satz 1.29 ist ein ONS linear unabhängig. Hat nun ein Vektorraum $\mathfrak{V}$ ein ONS $\vartheta = \{\mathbf{u}_i, i \in I\}$ als Basis, dann lassen sich für jeden Vektor $\mathbf{v} \in \mathfrak{V}$ seine Komponenten bezüglich dieser Basis gemäß Definition 1.6 besonders leicht bestimmen. Ist nämlich $\mathbf{v}$ irgendein Vektor aus $\mathfrak{V}$, dann gibt es nach Satz 1.10 eine endliche Indexmenge $J \subset I$ derart, daß

$$\mathbf{v} = \sum_{j \in J} \alpha_j \mathbf{u}_j$$

mit eindeutig bestimmten Koeffizienten (Komponenten) α_j. Bilden wir auf beiden Seiten dieser Gleichung das Skalarprodukt mit irgendeinem $\mathbf{u}_k$, $k \in J$, so folgt

$$\begin{aligned}\langle \mathbf{v}, \mathbf{u}_k\rangle &= \langle \sum_{j \in J} \alpha_j \mathbf{u}_j, \mathbf{u}_k\rangle = \sum_{j \in J} \alpha_j \langle \mathbf{u}_j, \mathbf{u}_k\rangle \\ &= \alpha_k \|\mathbf{u}_k\|^2 = \alpha_k,\end{aligned}$$

da ϑ ein ONS ist. Folglich hat ein Vektor $\mathbf{v}$ in dem durch das ONS $\vartheta = \{\mathbf{u}_i, i \in I\}$ erzeugten Vektorraum $\mathfrak{V}$ die Komponenten

$$\alpha_i = \langle \mathbf{v}, \mathbf{u}_i\rangle, \qquad i \in I.$$

Nun ist offenbar nicht jede Basis ein ONS. Beispielsweise sind im $\mathbf{R}^2$ die Vektoren $\mathbf{v} = (1, 1)$ und $\mathbf{w} = (1, 0)$ nicht orthogonal zueinander; aber sie sind linear unabhängig und bilden daher eine Basis des $\mathbb{R}^2$. Die Frage ist jedoch, ob sich aus einer gegebenen Basis eines Vektorraumes, die noch kein ONS ist, ein ONS als Basis konstruieren läßt. Wie der folgende Satz zeigt, ist das für endliche und abzählbar unendliche Basen stets möglich. Der Beweis ist konstruktiv, d. h. aus ihm läßt sich das Schmidt'sche Orthonormierungsverfahren direkt entnehmen.

Satz 1.30 *Sei $\mathfrak{V}$ ein Vektorraum mit Skalarprodukt. Ist $\mathfrak{A} = \{v_1, v_2, v_3, \ldots\} \subset \mathfrak{V}$ eine linear unabhängige endliche oder abzählbare Teilmenge, dann läßt sich daraus ein* ONS *$\mathfrak{B} = \{w_1, w_2, w_3, \ldots\} \subset \mathfrak{V}$ erzeugen.*

Beweis: Ist $\mathfrak{A}$ endlich, dann sei K die Anzahl Elemente von $\mathfrak{A}$. Ist $\mathfrak{A}$ abzählbar unendlich, dann setzen wir $K = \infty$. Wir nehmen an, es sei $K \geqslant 1$; denn sonst wäre $\mathfrak{A}$ leer und wir hätten nichts zu zeigen. Dann konstruieren wir $\mathfrak{B} = \{w_1, w_2, \ldots\}$ nach folgendem Verfahren:

Schritt 1

Setze $k = 1$.

Schritt 2

Berechne

$$\alpha_{kk} = \frac{\delta}{\left\| v_k - \sum_{j=1}^{k-1} \langle w_j, v_k \rangle w_j \right\|} \tag{1.21}$$

mit $\delta = +1$ oder $\delta = -1$ und

$$\alpha_{kj} = -\alpha_{kk} \langle w_j, v_k \rangle \text{ für } j = 1, \ldots, k-1 \tag{1.22}$$

und setze

$$w_k = \sum_{j=1}^{k-1} \alpha_{kj} w_j + \alpha_{kk} v_k. \tag{1.23}$$

Schritt 3

Setze $\quad k := k + 1,$

d. h. erhöhe den Index k um 1.

Falls dann $k > K$, ist das Verfahren zu Ende. Sonst wiederhole Schritt 2.

Wir zeigen nun, daß die mit diesem Verfahren erzeugte Menge $\mathfrak{B} = \{w_1, w_2, \ldots\}$ ein ONS ist. Für $k = 1$ erhalten wir nach Schritt 2

$$w_1 = \alpha_{11} v_1 \quad \text{mit} \quad \alpha_{11} = \frac{\delta}{\|v_1\|} \text{ und } \delta^2 = 1.$$

Folglich gilt

$$\|w_1\|^2 = \langle \alpha_{11} v_1, \alpha_{11} v_1 \rangle = \alpha_{11}^2 \|v_1\|^2 = 1.$$

Ferner gilt für $\ell = 1$ und $k = 2$

$$\begin{aligned}\langle w_\ell, w_k\rangle = \langle w_1, w_2\rangle &= \langle \alpha_{11}v_1, \alpha_{21}w_1 + \alpha_{22}v_2\rangle \\ &= \alpha_{11}\cdot\alpha_{21}\langle v_1, w_1\rangle + \alpha_{11}\alpha_{22}\langle v_1, v_2\rangle \\ &= \alpha_{11}[\alpha_{21}\cdot\alpha_{11}\|v_1\|^2 + \alpha_{22}\langle v_1, v_2\rangle] \\ &= \alpha_{11}[-\alpha_{22}\alpha_{11}\|v_1\|^2\langle w_1, v_2\rangle + \alpha_{22}\langle v_1, v_2\rangle] \\ &= \alpha_{11}[-\alpha_{22}\alpha_{11}^2\|v_1\|^2\langle v_1, v_2\rangle + \alpha_{22}\langle v_1, v_2\rangle] \\ &= 0\end{aligned}$$

unter Verwendung von (1.21)–(1.23).
Schließlich erhalten wir für $k = 2$

$$\begin{aligned}\|w_2\|^2 &= \|\alpha_{21}w_1 + \alpha_{22}v_2\|^2 \\ &= \alpha_{21}^2\|w_1\|^2 + \alpha_{22}^2\|v_2\|^2 + 2\alpha_{21}\alpha_{22}\langle w_1, v_2\rangle \\ &= \alpha_{22}^2\langle w_1, v_2\rangle^2\cdot\|w_1\|^2 + \alpha_{22}^2\|v_2\|^2 - 2\alpha_{22}^2\langle w_1, v_2\rangle^2 \\ &= \alpha_{22}^2\|v_2 - \langle w_1, v_2\rangle w_1\|^2 = 1.\end{aligned}$$

Damit haben wir – als Induktionsanfang – gezeigt, daß

$$\|w_1\|^2 = \|w_2\|^2 = 1 \quad \text{und} \quad \langle w_1, w_2\rangle = 0.$$

Unter der Induktionsvoraussetzung, daß für irgendein $k < K$

$$\|w_\ell\| = 1 \quad \forall\, \ell \leqslant k \quad \text{und} \quad \langle w_j, w_\ell\rangle = 0, j < \ell \leqslant k, \tag{1.24}$$

gilt, erhalten wir dann für jedes beliebige $\ell \leqslant k$

$$\begin{aligned}\langle w_{k+1}, w_\ell\rangle &= \langle \sum_{j=1}^{k} \alpha_{k+1,j}w_j + \alpha_{k+1,k+1}v_{k+1}, w_\ell\rangle \\ &= \sum_{j=1}^{k} \alpha_{k+1,j}\langle w_j, w_\ell\rangle + \alpha_{k+1,k+1}\langle v_{k+1}, w_\ell\rangle \\ &= \alpha_{k+1,\ell} + \alpha_{k+1,k+1}\langle v_{k+1}, w_\ell\rangle\end{aligned}$$

(nach (1.24)), und mit (1.22) folgt

$$\langle w_{k+1}, w_\ell\rangle = -\alpha_{k+1,k+1}\langle w_\ell, v_{k+1}\rangle + \alpha_{k+1,k+1}\langle v_{k+1}, w_\ell\rangle = 0.$$

Schließlich ergibt sich aus (1.24) und Schritt 2

$$\|w_{k+1}\|^2 = \|\sum_{j=1}^{k} \alpha_{k+1,j}w_j + \alpha_{k+1,k+1}v_{k+1}\|^2 = \|\sum_{j=1}^{k} -\alpha_{k+1,k+1}\langle w_j, v_{k+1}\rangle w_j + \alpha_{k+1,k+1}v_{k+1}\|^2$$

$$= \alpha_{k+1,k+1}^2\left[\sum_{j=1}^{k} \langle w_j, v_{k+1}\rangle^2\|w_j\|^2 + \|v_{k+1}\|^2 - 2\sum_{j=1}^{k} \langle w_j, v_{k+1}\rangle^2\right]$$

$$= \alpha_{k+1,k+1}^2\|v_{k+1} - \sum_{j=1}^{k} \langle w_j, v_{k+1}\rangle w_j\|^2 = 1.$$

Man beachte, daß $\|v_{k+1} - \sum_{j=1}^{k} \langle w_j, v_{k+1}\rangle w_j\| > 0$ aus der vorausgesetzten linearen Unabhängigkeit der v_i folgt, da nach (1.23) jedes w_j eine Linearkombination der v_ℓ mit $\ell \leq j$ ist. ∎

Beispiel 1.11 a) Gegeben seien im $\mathbf{R}^4$ die Vektoren

$$v_1 = (1, 6, 3, 4), \qquad v_2 = (2, 5, 4, 7), \qquad v_3 = (3, 4, 6, 2),$$

die einen Unterraum $\mathfrak{V}$ des $\mathbf{R}^4$ erzeugen. Man überzeugt sich leicht (vgl. Satz 1.17 und Beispiel 1.4), daß $\{v_1, v_2, v_3\}$ linear unabhängig ist. Folglich ist $\dim \mathfrak{V} = 3$.
Wir wollen nun aus der Basis $\{v_1, v_2, v_3\}$ ein ONS $\{w_1, w_2, w_3\}$ als Basis von $\mathfrak{V}$ bestimmen. Nach dem Schmidt'schen Orthonormierungsverfahren erhalten wir gemäß (1.21)–(1.23) gerundet

$$\alpha_{11} = \frac{1}{\|v_1\|} = 0{,}12700$$

$$w_1 = \alpha_{11} v_1 = (0{,}127,\ 0{,}762,\ 0{,}381,\ 0{,}508)$$

$$\alpha_{22} = \frac{1}{\|v_2 - \langle w_1, v_2\rangle w_1\|} = 0{,}31028$$

$$\alpha_{21} = -\alpha_{22}\langle w_1, v_2\rangle = -2{,}83719$$

$$w_2 = \alpha_{21} w_1 + \alpha_{22} v_2 = (0{,}260,\ -0{,}611,\ 0{,}160,\ 0{,}731)$$

$$\alpha_{33} = \frac{1}{\|v_3 - \langle w_1, v_3\rangle w_1 - \langle w_2, v_3\rangle w_2\|} = 0{,}22871$$

$$\alpha_{31} = -\alpha_{33}\langle w_1, v_3\rangle = -1{,}53947$$

$$\alpha_{32} = -\alpha_{33}\langle w_2, v_3\rangle = -0{,}17336$$

$$w_3 = \alpha_{31} w_1 + \alpha_{32} w_2 + \alpha_{33} v_3 = (0{,}446,\ -0{,}152,\ 0{,}758,\ -0{,}451).$$

b) Aus Beispiel 1.6 kennen wir bereits den von $\{1, \cos x, \cos 2x, \ldots, \cos nx, \sin x, \sin 2x, \ldots, \sin nx\}$ erzeugten Unterraum $\mathfrak{N}$ des Vektorraumes $\mathfrak{M}$ der auf $[-\pi, \pi]$ stückweise stetigen Funktionen. Auf $\mathfrak{M}$ können wir – analog wie auf $C[a, b]$ – ein Skalarprodukt definieren gemäß

$$\langle \varphi, \psi\rangle = \int_{-\pi}^{\pi} \varphi(t)\psi(t)\,dt; \qquad \varphi, \psi \in \mathfrak{M}.$$

Mit Hilfe der Variablensubstitution (vgl. [1]) $u = (\mu + \nu)x$ bzw. $v = (\mu - \nu)x$ und der Additionstheoreme für trigonometrische Funktionen (vgl. [1]) erhalten wir die unbestimmten Integrale ($\mu \geq 1, \nu \geq 1$)

$$\int \sin \mu x \sin \nu x dx = \begin{cases} \frac{1}{2}\left(\frac{\sin(\mu-\nu)x}{\mu-\nu} - \frac{\sin(\mu+\nu)x}{\mu+\nu}\right), & \mu \neq \nu \\ \frac{1}{2}\left(x - \frac{\sin 2\mu x}{2\mu}\right), & \mu = \nu \end{cases}$$

$$\int \sin \mu x \cos \nu x dx = \begin{cases} -\frac{1}{2}\left(\frac{\cos(\mu+\nu)x}{\mu+\nu} + \frac{\cos(\mu-\nu)x}{\mu-\nu}\right), & \mu \neq \nu \\ -\frac{1}{2}\,\frac{\cos 2\mu x}{2\mu}, & \mu = \nu \end{cases}$$

$$\int \cos \mu x \cos \nu x dx = \begin{cases} \frac{1}{2}\left(\frac{\sin(\mu+\nu)x}{\mu+\nu} + \frac{\sin(\mu-\nu)x}{\mu-\nu}\right), & \mu \neq \nu \\ \frac{1}{2}\left(\frac{\sin 2\mu x}{2\mu} + x\right), & \mu = \nu \end{cases}$$

und damit

$$\int_{-\pi}^{\pi} \sin \mu x \sin \nu x dx = \begin{cases} 0, & \mu \neq \nu \\ \pi, & \mu = \nu \end{cases}$$

$$\int_{-\pi}^{\pi} \sin \mu x \cos \nu x dx = 0$$

$$\int_{-\pi}^{\pi} \cos \mu x \cos \nu x dx = \begin{cases} 0, & \mu \neq \nu \\ \pi, & \mu = \nu \end{cases} .$$

Schließlich gilt, wie man leicht nachrechnet,

$$\int_{-\pi}^{\pi} 1 \cdot \sin \mu x dx = \int_{-\pi}^{\pi} 1 \cdot \cos \nu x dx = 0$$

und $\int_{-\pi}^{\pi} 1 dx = 2\pi.$

Folglich haben wir mit

$$\left\{\frac{1}{\sqrt{2\pi}},\ \frac{1}{\sqrt{\pi}}\cos x,\ \ldots,\ \frac{1}{\sqrt{\pi}}\cos nx,\ \frac{1}{\sqrt{\pi}}\sin x,\ \ldots,\ \frac{1}{\sqrt{\pi}}\sin nx\right\}$$

ein ONS als Basis von $\mathbb{N}$.

c) Offenbar ist $(x^2-1)^n$ ein Polynom vom Grade 2n. Folglich sind die Funktionen φ_n gemäß

$$\varphi_0(x) = 1 \qquad \varphi_n(x) = \frac{1}{2^n n!}\,\frac{d^n[(x^2-1)^n]}{dx^n}, \qquad n \geqslant 1$$

Polynome vom Grade n. Sie werden als Legendre-Polynome bezeichnet. Die ersten fünf Legendre-Polynome sind somit

$$\varphi_0(x) = 1$$

$$\varphi_1(x) = x$$

$$\varphi_2(x) = \frac{3}{2}x^2 - \frac{1}{2}$$

$$\varphi_3(x) = \frac{5}{2}x^3 - \frac{3}{2}x$$

$$\varphi_4(x) = \frac{35}{8}x^4 - \frac{15}{4}x^2 + \frac{3}{8}.$$

Man kann nun ausrechnen[1]), daß

$$\int_{-1}^{1} \varphi_n(x)\varphi_m(x)\,dx = \begin{cases} 0, & m \neq n \\ \dfrac{2}{2n+1}, & m = n. \end{cases}$$

Folglich sind die Legendre-Polynome bezüglich des Skalarproduktes $\langle \varphi, \psi \rangle = \int_{-1}^{1} \varphi(x)\psi(x)\,dx$ orthogonal zueinander, und wir erhalten mit

$$\left\{ \sqrt{\frac{2\nu+1}{2}}\ \varphi_\nu(x); \quad \nu = 0, 1, \ldots, n \right\}$$

ein ONS als Basis des Unterraumes $\mathfrak{P}^n$ der Polynome höchstens n-ten Grades im Vektorraum $C[-1, 1]$ der auf $[-1, 1]$ stetigen Funktionen. ■

In Anwendungen trifft man häufig auf das sogenannte lineare Approximationsproblem, das sich allgemein folgendermaßen formulieren läßt:

Gegeben sei ein Vektorraum $\mathfrak{V}$ mit Norm $\|\cdot\|$ und ein endlich-dimensionaler Unterraum $\mathfrak{W} \subset \mathfrak{V}$. Zu einem beliebigen $\mathbf{v} \in \mathfrak{V}$ ist ein $\mathbf{w}(\mathbf{v}) \in \mathfrak{W}$ mit minimalem Abstand zu $\mathbf{v}$ gesucht, d. h. also ein $\mathbf{w}(\mathbf{v}) \in \mathfrak{W}$ mit $\|\mathbf{w}(\mathbf{v}) - \mathbf{v}\| \leqslant \|\mathbf{w} - \mathbf{v}\|\ \forall\, \mathbf{w} \in \mathfrak{W}$.

Formal können wir daher das lineare Approximationsproblem auch schreiben als

$$\min_{\mathbf{w} \in \mathfrak{W}} \|\mathbf{w} - \mathbf{v}\|. \tag{1.25}$$

Bevor wir uns mit der Lösung dieser Aufgabe beschäftigen, wollen wir zwei Beispiele derartiger Problemstellungen betrachten.

Beispiel 1.12 a) Sei im $\mathbf{R}^2$ als Unterraum $\mathfrak{W}$ eine Gerade durch den Ursprung gegeben. Ist der $\mathbf{R}^2$ mit der euklidischen Norm versehen, dann besteht das lineare Approximations-

[1]) Vgl. Kap. 2, § 8.1 in R. Courant and D. Hilbert: Methods of Mathematical Physics, vol. 1. First English edition, fifth printing. Interscience Publishers, New York (1965).

problem darin, zu einem gegebenen $x \in \mathbf{R}^2$ das nächstgelegene $z \in \mathfrak{W}$ zu bestimmen, was wir, wie wir in der Schule gelernt haben, durch Fällen des Lotes von x auf die Gerade $\mathfrak{W}$ erreichen (vgl. Fig. 1.6).

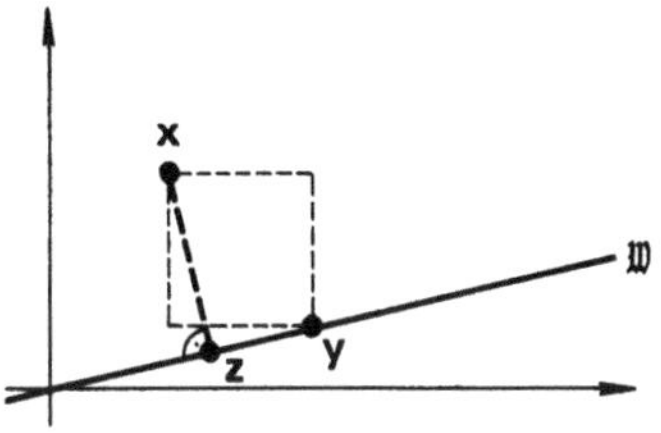

Fig. 1.6
Lineare Approximation im $\mathbf{R}^2$

Ist $\mathbf{R}^2$ mit der Maximumnorm versehen (vgl. Beispiel 1.10), dann suchen wir beim linearen Approximationsproblem einen Punkt $y \in \mathfrak{W}$, der auf dem Rand des kleinsten achsenparallelen Quadrates mit Zentrum x liegt, das mit $\mathfrak{W}$ gemeinsame Punkte hat. Wie Fig. 1.6 zeigt, können die Lösungen des linearen Approximationsproblems für verschiedene Normen sehr voneinander abweichen.

b) Sei $f \in C[-1, 1]$ gemäß

$$f(x) = \frac{1}{x+2}$$

gegeben. Sei $\mathfrak{P}^2 \subset C[-1, 1]$ wie bisher der Unterraum der Polynome höchstens zweiten Grades. Ist $C[-1, 1]$ mit einer Norm $\|..\|$ versehen, dann suchen wir beim linearen Approximationsproblem das Polynom höchstens zweiten Grades $\hat{P}_2$, das bezüglich der Norm $\|...\|$ am nächsten bei f liegt, für das also

$$\|\hat{P}_2 - f\| \leqslant \|P_2 - f\| \qquad \forall\, P_2 \in \mathfrak{P}^2$$

gilt. Ist insbesondere $\|...\|$ die L_2-Norm, also durch $\langle g, h\rangle = \int_{-1}^{1} g(x)h(x)\,dx$ induziert, dann wollen wir $\|P_2 - f\|$ und folglich

$$\|P_2 - f\|^2 = \int_{-1}^{1} (P_2(x) - f(x))^2\,dx$$

minimieren durch geeignete Wahl von P_2. Setzen wir allgemein mit zunächst beliebigen Konstanten α, β, γ

$$P_2(x) = \alpha + \beta x + \gamma x^2,$$

dann wollen wir also

$$I^2(\alpha, \beta, \gamma) = \|P_2 - f\|^2 = \int_{-1}^{1} \left(\frac{1}{x+2} - \alpha - \beta x - \gamma x^2\right)^2 dx$$

$$= \int_{-1}^{1} \left[\frac{1}{(x+2)^2} + \alpha^2 + \beta^2 x^2 + \gamma^2 x^4 - \frac{2\alpha}{x+2} - \frac{2\beta x}{x+2} - \frac{2\gamma x^2}{x+2} + 2\alpha\beta x + 2\alpha\gamma x^2 + 2\beta\gamma x^3\right] dx$$

durch geeignete Wahl von α, β, γ minimal machen. Die Integration ergibt (notfalls unter Verwendung einer Tabelle unbestimmter Integrale[1]))

$$I^2(\alpha,\beta,\gamma) = \frac{2}{3} + 2\alpha^2 + \frac{2}{3}\beta^2 + \frac{2}{5}\gamma^2 - 2\alpha \ln 3$$
$$- 4\beta(1 - \ln 3) + 8\gamma(1 - \ln 3) + \frac{4}{3}\alpha\gamma.$$

Die Minimierung von $I^2(\alpha,\beta,\gamma)$ führt zu den notwendigen Bedingungen (vgl. [1])

(i) $$\frac{\partial I^2}{\partial \alpha} = 4\alpha - 2\ln 3 + \frac{4}{3}\gamma = 0$$

(ii) $$\frac{\partial I^2}{\partial \beta} = \frac{4}{3}\beta - 4(1 - \ln 3) = 0$$

(iii) $$\frac{\partial I^2}{\partial \gamma} = \frac{4}{5}\gamma + 8(1 - \ln 3) + \frac{4}{3}\alpha = 0.$$

Aus (ii) folgt sofort

$$\beta = 3(1 - \ln 3),$$

und aus (i) und (iii) erhalten wir

$$\alpha = \frac{15}{2} - \frac{51}{8}\ln 3 \quad \text{und} \quad \gamma = \frac{165}{8}\ln 3 - \frac{45}{2}.$$

Man prüft leicht nach, daß für diese Werte von α, β, γ auch die hinreichenden Bedingungen für ein Minimum von $I^2(\alpha,\beta,\gamma)$ erfüllt sind; in der Tat ist $I^2(\alpha,\beta,\gamma)$ eine konvexe Funktion (vgl. [1]). Für das minimale mittlere Fehlerquadrat erhalten wir damit

$$I^2(\alpha,\beta,\gamma) = 0{,}00036.$$ ■

Eine Diskussion der Lösbarkeit und der Lösung des linearen Approximationsproblems im allgemeinen, d. h. mit beliebiger Norm, würde hier zu weit führen. Die Situation wird jedoch sehr viel übersichtlicher, wenn die Norm in (1.25) durch ein Skalarprodukt induziert ist. Wird der Unterraum $\mathfrak{W}$ durch ein ONS erzeugt, dann können wir die Lösung des linearen Approximationsproblems sogar explizit angeben.

Satz 1.31 *Sei $\mathfrak{V}$ ein Vektorraum mit Skalarprodukt $\langle\cdot,\cdot\rangle$ und dadurch induzierter Norm $\|\cdot\|$. Ist $\mathfrak{W}$ der durch ein* ONS $\{w_1, \ldots, w_r\} \subset \mathfrak{V}$ *erzeugte Unterraum von $\mathfrak{V}$, dann hat das lineare Approximationsproblem* (1.25) *die eindeutige Lösung*

$$w(v) = \sum_{i=1}^{r} \langle v, w_i\rangle \cdot w_i.$$

[1]) Vgl. Bronstein-Semendjajew: Taschenbuch der Mathematik, 19. Auflage. BSB Teubner, Leipzig (1979).

B e w e i s : Da $\mathfrak{W}$ durch das ONS $\{w_1, \ldots, w_r\}$ erzeugt wird, läßt sich jedes $w \in \mathfrak{W}$ als Linearkombination

$$w = \sum_{i=1}^{r} \alpha_i w_i$$

darstellen. Die Aufgabe (1.25) besteht also darin, Koeffizienten α_i, $i = 1, \ldots, r$, so zu bestimmen, daß $\|\sum_{i=1}^{r} \alpha_i w_i - v\|$ minimal wird, was gleichbedeutend mit der Minimierung von $\|\sum_{i=1}^{r} \alpha_i w_i - v\|^2$ ist. Berücksichtigen wir, daß $\{w_1, \ldots, w_r\}$ ein ONS ist, daß also

$$\langle w_i, w_j\rangle = \begin{cases} 0, & \text{falls } i \neq j \\ 1, & \text{falls } i = j \end{cases}$$

gilt, so erhalten wir

$$\begin{aligned} \|\sum_{i=1}^{r} \alpha_i w_i - v\|^2 &= \langle \sum_{i=1}^{r} \alpha_i w_i - v, \sum_{i=1}^{r} \alpha_i w_i - v\rangle \\ &= \sum_{i=1}^{r} \alpha_i^2 - 2 \sum_{i=1}^{r} \alpha_i \langle w_i, v\rangle + \|v\|^2 \\ &= \sum_{i=1}^{r} (\alpha_i - \langle w_i, v\rangle)^2 + \|v\|^2 - \sum_{i=1}^{r} \langle w_i, v\rangle^2. \end{aligned}$$

Der letzte Ausdruck wird offenbar genau für

$$\alpha_i = \langle w_i, v\rangle, \qquad i = 1, \ldots, r,$$

minimal. ∎

Die unter den Voraussetzungen von Satz 1.31 zu berechnenden Koeffizienten

$$\alpha_i = \langle w_i, v\rangle, \qquad i = 1, \ldots, r,$$

werden als F o u r i e r k o e f f i z i e n t e n bezeichnet.

Beispiel 1.13 a) Sei $f \in \mathfrak{M}$ gemäß Beispiel 1.6, d. h. sei f eine auf $[-\pi, \pi]$ stückweise stetige Funktion, und es solle f möglichst gut – im Sinne der L_2-Norm – durch eine Linearkombination von 1, cos x, cos 2x, …, cos nx, sin x, sin 2x, …, sin nx approximiert werden. Wir suchen also Koeffizienten $\alpha_0, \alpha_1, \ldots, \alpha_n, \beta_1, \ldots, \beta_n$ derart, daß

$$\text{(i)} \qquad \int_{-\pi}^{\pi} \left[f(x) - \sum_{\nu=0}^{n} \alpha_\nu \cos \nu x - \sum_{\mu=1}^{n} \beta_\mu \sin \mu x \right]^2 dx$$

minimal wird.

Nach Beispiel 1.11 b) ist

$$\left\{\frac{1}{\sqrt{2\pi}}, \frac{1}{\sqrt{\pi}} \cos x, \ldots, \frac{1}{\sqrt{\pi}} \cos nx, \frac{1}{\sqrt{\pi}} \sin x, \ldots, \frac{1}{\sqrt{\pi}} \sin nx\right\},$$

ein ONS. Nach Satz 1.31 wird daher

$$\text{(ii)} \qquad \int_{-\pi}^{\pi} \left[f(x) - \widetilde{\alpha}_0 \cdot \frac{1}{\sqrt{2\pi}} - \sum_{\nu=1}^{n} \widetilde{\alpha}_\nu \cdot \frac{1}{\sqrt{\pi}} \cos \nu x - \sum_{\mu=1}^{n} \widetilde{\beta}_\mu \frac{1}{\sqrt{\pi}} \sin \mu x \right]^2 dx$$

minimal für

$$\widetilde{\alpha}_0 = \int_{-\pi}^{\pi} f(x) \cdot \frac{1}{\sqrt{2\pi}} dx = \frac{1}{\sqrt{2\pi}} \langle f, 1 \rangle$$

$$\widetilde{\alpha}_\nu = \int_{-\pi}^{\pi} f(x) \cdot \frac{1}{\sqrt{\pi}} \cos \nu x dx = \frac{1}{\sqrt{\pi}} \langle f, \cos \nu x \rangle, \qquad \nu \geqslant 1$$

$$\widetilde{\beta}_\mu = \int_{-\pi}^{\pi} f(x) \cdot \frac{1}{\sqrt{\pi}} \sin \mu x dx = \frac{1}{\sqrt{\pi}} \langle f, \sin \mu x \rangle, \qquad \mu \geqslant 1.$$

Der Vergleich von (i) und (ii) führt zu

$$\alpha_0 = \widetilde{\alpha}_0 \cdot \frac{1}{\sqrt{2\pi}} = \frac{1}{2\pi} \langle f, 1 \rangle$$

$$\alpha_\nu = \widetilde{\alpha}_\nu \cdot \frac{1}{\sqrt{\pi}} = \frac{1}{\pi} \langle f, \cos \nu x \rangle, \qquad \nu \geqslant 1$$

$$\beta_\mu = \widetilde{\beta}_\mu \cdot \frac{1}{\sqrt{\pi}} = \frac{1}{\pi} \langle f, \sin \mu x \rangle, \qquad \mu \geqslant 1.$$

Diese Approximation durch trigonometrische Funktionen wird häufig verwendet im Zusammenhang mit periodischen Vorgängen wie Schwingungen, saisonalen Schwankungen, Konjunkturzyklen u. ä. Natürlich ist dann das zu Grunde liegende Intervall im allgemeinen nicht gerade $[-\pi, \pi]$, sondern irgendein Intervall $[a, b]$. Mit der einfachen Variablensubstitution

$$\xi = \frac{2\pi}{b-a}(x-a) - \pi$$

läßt sich aber dann das Problem auf das Intervall $[-\pi, \pi]$ übertragen.

b) Nach Beispiel 1.11 c) bilden ψ_0, ψ_1, ψ_2 gemäß

$$\psi_0(x) = \sqrt{\frac{1}{2}}$$

$$\psi_1(x) = \sqrt{\frac{3}{2}}\, x$$

$$\psi_2(x) = \sqrt{\frac{5}{2}}\,(\frac{3}{2}x^2 - \frac{1}{2})$$

in $C[-1, 1]$ ein ONS, das den Unterraum $\mathfrak{P}^2$ der Polynome höchstens zweiten Grades erzeugt. Nach Satz 1.31 lösen wir die Aufgabe von Beispiel 1.12 b) somit auch, indem wir die Fourierkoeffizienten

$$\delta_\nu = \int_{-1}^{1} \frac{1}{x+2} \cdot \psi_\nu(x)\,dx$$

bestimmen. Der Leser möge sich überzeugen, daß dann mit den in Beispiel 1.12 b) berechneten Koeffizienten α, β, γ gilt:

$$\delta_0\psi_0(x) + \delta_1\psi_1(x) + \delta_2\psi_2(x) = \alpha + \beta x + \gamma x^2. \qquad \blacksquare$$

Dieses Beispiel macht deutlich, daß im allgemeinen die Lösung des linearen Approximationsproblems wesentlich einfacher wird, wenn wir als Basis des Unterraumes, in dem wir die beste Approximation suchen, ein ONS verwenden. Mit Satz 1.31 und unter Verwendung des Schmidt'schen Orthonormierungsverfahrens läßt sich nun leicht zeigen, daß das lineare Approximationsproblem eindeutig lösbar ist, sofern die verwendete Norm durch ein Skalarprodukt induziert ist.

Satz 1.32 *Sei $\mathfrak{V}$ ein Vektorraum mit der durch das Skalarprodukt $\langle\cdot,\cdot\rangle$ induzierten Norm $\|\cdot\|$. Sei $\mathfrak{W}$ ein endlichdimensionaler Unterraum von $\mathfrak{V}$. Dann hat das lineare Approximationsproblem*

$$\min_{w \in \mathfrak{W}} \|v - w\| \tag{1.25}$$

für jedes $v \in \mathfrak{V}$ eine eindeutige Lösung $w(v)$.

Beweis: Sei $\dim \mathfrak{W} = r$. Folglich gibt es eine Basis $\{v_1, v_2, \ldots, v_r\}$ von $\mathfrak{W}$. Daraus läßt sich nach Satz 1.30 ein ONS $\{w_1, w_2, \ldots, w_r\}$ konstruieren, das wiederum Basis von $\mathfrak{W}$ ist. Nach Satz 1.31 hat dann (1.25) die eindeutige Lösung

$$w(v) = \sum_{i=1}^{r} \langle v, w_i\rangle w_i. \qquad \blacksquare$$

Man sieht sofort ein, daß der Vektor

$$w^\perp(v) = v - w(v)$$

orthogonal zu $\mathfrak{W}$, d. h. orthogonal zu jedem $w \in \mathfrak{W}$ ist. Wählen wir nämlich wie im obigen Beweis ein ONS $\{w_1, \ldots, w_r\}$ als Basis von $\mathfrak{W}$, so folgt für $j = 1, 2, \ldots, r$

$$\langle w_j, w^\perp(v)\rangle = \langle w_j, v - w(v)\rangle = \langle w_j, v - \sum_{i=1}^{r} \langle v, w_i\rangle w_i\rangle$$
$$= \langle w_j, v\rangle - \langle v, w_j\rangle = 0,$$

d. h. $w^\perp(v)$ ist orthogonal zu jedem Basiselement und folglich zu $\mathfrak{W}$. Analog zur Bezeichnungsweise im euklidischen Raum bezeichnet man deshalb

$$w^{\perp}(v) \text{ als } \textit{Lot} \text{ von } v \text{ auf } \mathfrak{W}$$

und $\quad w(v)$ als Projektion von v auf $\mathfrak{W}$.

$w^{\perp}(v)$ ist also ein Element des sogenannten orthogonalen Komplementes von $\mathfrak{W}$, das folgendermaßen definiert ist.

Definition 1.15 *Sei $\mathfrak{V}$ ein Vektorraum mit Skalarprodukt $\langle\cdot,\cdot\rangle$ und $\mathfrak{W}$ ein Unterraum von $\mathfrak{V}$. Dann heißt*

$$\mathfrak{W}^{\perp} = \{v \mid v \in \mathfrak{V}, \langle v, w\rangle = 0 \ \forall\, w \in \mathfrak{W}\}$$

das orthogonale Komplement *von $\mathfrak{W}$.*

Die lineare Approximation führt also unter den Voraussetzungen von Satz 1.32 zur Zerlegung eines beliebigen Vektors $v \in \mathfrak{V}$ in

$$v = x + y$$

mit $x \in \mathfrak{W}$ und $y \in \mathfrak{W}^{\perp}$. Umgekehrt sieht man leicht ein, daß eine derartige Zerlegung das lineare Approximationsproblem löst (selbst wenn dim $\mathfrak{W}$ nicht endlich ist). Ist nämlich einerseits

$$v = x + y \quad \text{mit } x \in \mathfrak{W} \text{ und } y \in \mathfrak{W}^{\perp}$$

und andererseits

$$v = w + z \quad \text{mit } w \in \mathfrak{W},$$

dann folgt

$$z = (x - w) + y \quad \text{mit } x - w \in \mathfrak{W} \text{ und } y \in \mathfrak{W}^{\perp}$$

und daher

$$\|z\|^2 = \|x - w\|^2 + \|y\|^2, \quad \text{da } \langle x - w, y\rangle = 0.$$

Also ist

$$\|z\| > \|y\|, \quad \text{falls } w \neq x,$$

d. h. x ist die Lösung von (1.25).

Zum Schluß dieses Abschnittes wollen wir noch zwei wesentliche Eigenschaften des orthogonalen Komplementes erwähnen.

Satz 1.33 *Sei $\mathfrak{V}$ ein Vektorraum mit Skalarprodukt $\langle\cdot,\cdot\rangle$ und $\mathfrak{W}$ ein Unterraum von $\mathfrak{V}$.*

a) *$\mathfrak{W}^{\perp}$ ist Unterraum von $\mathfrak{V}$.*

b) *Ist $\mathfrak{V}$ endlichdimensional, dann gilt*

$$\mathfrak{V} = \mathfrak{W} \oplus \mathfrak{W}^{\perp}$$

und $\quad \dim \mathfrak{W}^{\perp} = \dim \mathfrak{V} - \dim \mathfrak{W}$.

Beweis: a) Wir müssen zeigen, daß $\mathfrak{W}^\perp$ ein Vektorraum ist, d. h. daß $\mathfrak{W}^\perp \neq \emptyset$ und daß mit $x \in \mathfrak{W}^\perp$ und $y \in \mathfrak{W}^\perp$ für beliebige reelle Koeffizienten λ und μ auch $\lambda x + \mu y \in \mathfrak{W}^\perp$ gilt. Da $\langle o, v\rangle = 0 \ \forall\, v \in \mathfrak{V}$, ist $o \in \mathfrak{W}^\perp$ und folglich $\mathfrak{W}^\perp \neq \emptyset$. Sind $x \in \mathfrak{W}^\perp$ und $y \in \mathfrak{W}^\perp$, so gilt nach Definition 1.15

$$\langle x, w\rangle = 0 \quad \forall\, w \in \mathfrak{W}, \qquad \langle y, w\rangle = 0 \quad \forall\, w \in \mathfrak{W},$$

und folglich für beliebige $\lambda, \mu \in \mathbf{R}$

$$\langle \lambda x + \mu y, w\rangle = \lambda\langle x, w\rangle + \mu\langle y, w\rangle = 0 \qquad \forall\, w \in \mathfrak{W}.$$

Also ist $\lambda x + \mu y \in \mathfrak{W}^\perp$.

b) Seien $\dim \mathfrak{V} = n$ und $\dim \mathfrak{W} = r$. Falls $r = n$, folgt $\mathfrak{W} = \mathfrak{V}$ und $\mathfrak{W}^\perp = \{o\}$; falls $r = 0$, folgt $\mathfrak{W} = \{o\}$ und $\mathfrak{W}^\perp = \mathfrak{V}$. In diesen Fällen ist also die Behauptung trivialerweise richtig.

Wir nehmen deshalb an, es gelte $0 < r < n$. Ist $\{v_1, \dots, v_r\}$ eine Basis von $\mathfrak{W}$, dann können wir diese nach Satz 1.12 ergänzen zu einer Basis $\{v_1, \dots, v_r, v_{r+1}, \dots, v_n\}$ von $\mathfrak{V}$. Nach dem Schmidt'schen Orthonormierungsverfahren läßt sich daraus ein ONS

$$\{w_1, \dots, w_r, w_{r+1}, \dots, w_n\}$$

konstruieren derart, daß $\{w_1, \dots, w_r\}$ Basis von $\mathfrak{W}$ ist, während $\{w_1, \dots, w_r, w_{r+1}, \dots, w_n\}$ nach Satz 1.29 und Korollar 1.15 Basis von $\mathfrak{V}$ ist. Also gibt es zu jedem $v \in \mathfrak{V}$ eine eindeutige Darstellung

$$v = \sum_{i=1}^{n} \alpha_i w_i = \sum_{i=1}^{r} \alpha_i w_i + \sum_{i=r+1}^{n} \alpha_i w_i$$

mit

$$\sum_{i=1}^{r} \alpha_i w_i \in \mathfrak{W},$$

und wegen $\langle w_i, w_j\rangle = 0$ für $i \leqslant r < j$ gilt

$$\sum_{i=r+1}^{n} \alpha_i w_i \in \mathfrak{W}^\perp.$$

Folglich gilt

$$\mathfrak{V} = \mathfrak{W} + \mathfrak{W}^\perp,$$

und wir haben gemäß Definition 1.9 nur noch zu zeigen, daß

$$\mathfrak{W} \cap \mathfrak{W}^\perp = \{o\}$$

gilt.

Für $u \in \mathfrak{W}^\perp$ muß nach Definition 1.15

$$\langle u, w\rangle = 0 \qquad \forall\, w \in \mathfrak{W}$$

gelten. Für $u \in \mathfrak{W} \cap \mathfrak{W}^\perp$ muß folglich auch

$$\langle u, u\rangle = 0$$

sein, was nur für $\mathbf{u} = \mathbf{o}$ möglich ist (Definition 1.10). Also ist $\mathfrak{W} \cap \mathfrak{W}^\perp = \{\mathbf{o}\}$ und damit $\mathfrak{V} = \mathfrak{W} \oplus \mathfrak{W}^\perp$. Die behauptete Dimensionsbeziehung ergibt sich dann aus Korollar 1.24. ■

Beispiel 1.14 Haben wir im $\mathbf{R}^n$ das Skalarprodukt

$$\langle a, b\rangle = \sum_{i=1}^{n} a_i b_i,$$

dann können wir das homogene lineare Gleichungssystem (1.9) des einführenden Beispiels 1.3 auch schreiben als

$$\langle a_i, x\rangle = 0, \qquad i = 1, \ldots, m. \tag{1.9}$$

Gesucht sind zu gegebenen $a_i \in \mathbf{R}^n$ also alle $x \in \mathbf{R}^n$, die (1.9) erfüllen. Wir haben bereits in Beispiel 1.3 gesehen, daß die Lösungsmenge $\mathfrak{M}$ von (1.9) ein Vektorraum ist, d. h. $\mathfrak{M}$ ist ein Unterraum von $\mathbf{R}^n$. Wir sind in der Lage, dim $\mathfrak{M}$ zu bestimmen.

Sei $\mathfrak{W}$ der durch $\{\mathbf{a}_1, \ldots, \mathbf{a}_m\}$ erzeugte Unterraum von $\mathbf{R}^n$. Dann ist $\dim \mathfrak{W} = \dim\{\mathbf{a}_1, \ldots, \mathbf{a}_m\}$, wenn wir wie früher mit $\dim\{\mathbf{a}_1, \ldots, \mathbf{a}_m\}$ die Maximalzahl linear unabhängiger Vektoren in $\{\mathbf{a}_1, \ldots, \mathbf{a}_m\}$ bezeichnen, die wir ja bestimmen können (vgl. Satz 1.17 und Beispiel 1.4).

Nach (1.9) suchen wir mit $\mathfrak{M}$ die Menge der Vektoren, die zu allen Erzeugenden von $\mathfrak{W}$ orthogonal sind, d. h. wir suchen das orthogonale Komplement von $\mathfrak{W}$. Also ist

$$\mathfrak{M} = \mathfrak{W}^\perp$$

und folglich nach Satz 1.33

$$\dim \mathfrak{M} = n - \dim \mathfrak{W} = n - \dim\{\mathbf{a}_1, \ldots, \mathbf{a}_m\}.$$ ■

Übungsaufgaben

1. Bestimmen Sie mit Hilfe des Schmidt'schen Orthonormierungsverfahrens aus $\{(4, 0, 0), (0, 2, -3), (1, 0, 3)\}$ ein ONS als Basis des $\mathbf{R}^3$.

2. Sei $\mathfrak{V} = \mathbf{R}^3$ und $\mathfrak{W} = \{(x, y, z) \mid x + y + z = 0\}$. Bestimmen Sie:
a) ein ONS als Basis von $\mathfrak{W}$;
b) die Projektion und das Lot von $\mathbf{v} = (4, 4, 4)$ auf $\mathfrak{W}$;
c) das orthogonale Komplement von $\mathfrak{W}$.

3. Sei $\mathfrak{W}$ der durch $\mathbf{u} = (1, 2, 3, -1, 2)$ und $\mathbf{v} = (2, 4, 7, 2, -1)$ erzeugte Unterraum $\mathfrak{W}$ vom $\mathbf{R}^5$. Bestimmen Sie eine Basis von $\mathfrak{W}^\perp$.

4. Sei $\mathfrak{W}$ der durch $\mathbf{u} = (0, 2, 1, 0, 1)$ und $\mathbf{v} = (1, 1, 0, 3, -2)$ erzeugte Unterraum vom $\mathbf{R}^5$. Verifizieren Sie Satz 1.33.

2 Lineare Abbildungen und Gleichungssysteme

Nehmen wir an, ein Produktionsbetrieb könne drei verschiedene Güter A, B und C herstellen, und wir interessieren uns für den dafür auftretenden Verbrauch an elektrischer Energie und den erforderlichen Arbeitseinsatz. Der Energieverbrauch in KWh und der Arbeitseinsatz in Mannstunden je produzierter Gütereinheit seien durch Tab. 2.1 gegeben.

Tab. 2.1 Produktionsbeispiel

	A	B	C
Energie	2	1	3
Arbeit	1	4	2

Sollen von den Gütern A, B, C die Mengen x_1, x_2 und x_3 hergestellt werden, so benötigt man folglich

$$2x_1 + x_2 + 3x_3 \text{ KWh}$$

und $\quad x_1 + 4x_2 + 2x_3$ Mannstunden.

Sehen wir einmal von der Einschränkung ab, daß im allgemeinen bei Produktionsprozessen die Gütermengen x_1, x_2 und x_3 nicht negativ werden dürfen, so wird hier also jedem $\mathbf{x} \in \mathbf{R}^3$ ein $\mathbf{y} \in \mathbf{R}^2$ zugeordnet, wobei y_1 die verbrauchten KWh und y_2 die benötigten Mannstunden angeben. Diese Abbildung ψ vom $\mathbf{R}^3$ in den $\mathbf{R}^2$, symbolisch

$$\psi : \mathbf{R}^3 \rightarrow \mathbf{R}^2,$$

ist mit $\mathbf{a} = (2, 1, 3)$ und $\mathbf{b} = (1, 4, 2)$ gegeben durch

$$\mathbf{y} = (y_1, y_2) = (\langle \mathbf{a}, \mathbf{x} \rangle, \langle \mathbf{b}, \mathbf{x} \rangle),$$

wenn wir das übliche Skalarprodukt $\langle \cdot, \cdot \rangle$ im $\mathbf{R}^3$ benützen.

Im Abschn. 1.5 haben wir das lineare Approximationsproblem untersucht und gesehen, daß bei einem Vektorraum $\mathfrak{V}$ mit Skalarprodukt und dadurch induzierter Norm dieses Problem in einem endlich dimensionalen Unterraum $\mathfrak{W}$ von $\mathfrak{V}$ zu jedem $\mathbf{v} \in \mathfrak{V}$ genau eine Lösung, nämlich die Projektion $\mathbf{w}(\mathbf{v})$ von $\mathbf{v}$ auf $\mathfrak{W}$, hat. Folglich wird hier durch die Approximation eine Abbildung

$$\varphi : \mathfrak{V} \rightarrow \mathfrak{W} \quad \text{gemäß} \quad \varphi(\mathbf{v}) = \mathbf{w}(\mathbf{v})$$

definiert.

In Abschn. 1.2 haben wir schon erwähnt, daß die Mengen $C^1(a, b)$ der auf dem Intervall (a, b) stetig differenzierbaren Funktionen und $C(a, b)$ der auf (a, b) stetigen Funktionen Vektorräume sind.

Differenzieren wir eine Funktion $f \in C^1(a, b)$ – vgl. [1] –, so erhalten wir eine Funktion $g \in C(a, b)$, d. h. die Differentiation vermittelt eine Abbildung

$$\rho : C^1(a, b) \to C(a, b),$$

die durch

$$\rho(f)(x) = \frac{df(x)}{dx}$$

definiert ist.

Die in diesen einführenden Beispielen auftretenden Abbildungen haben sämtlich eine hervorstechende Eigenschaft: Das Bild einer Linearkombination von Vektoren im Definitionsbereich ist die entsprechende Linearkombination der Bildvektoren. Derartige Abbildungen nennt man linear.

Sind zwei Vektorräume $\mathfrak{X}$ und $\mathfrak{Z}$ und eine lineare Abbildung

$$\tau : \mathfrak{X} \to \mathfrak{Z}$$

gegeben, so trifft man in den Anwendungen häufig auf die Aufgabe, zu gegebenem $z \in \mathfrak{X}$ ein (oder alle) $x \in \mathfrak{X}$ zu bestimmen, für die

$$\tau x = z$$

gilt, d. h. die lineare Gleichung (oder das lineare Gleichungssystem)

$$\tau x = z$$

zu lösen. Um diese Aufgabenstellung sinnvoll behandeln zu können, machen wir uns zunächst mit den linearen Abbildungen vertraut.

2.1 Lineare Abbildungen

Gegeben seien zwei Vektorräume $\mathfrak{V}$ und $\mathfrak{W}$ und eine Abbildung $\psi : \mathfrak{V} \to \mathfrak{W}$, d. h. eine Vorschrift, nach der jedem $v \in \mathfrak{V}$ genau ein $\psi(v) \in \mathfrak{W}$ zugeordnet wird. Für das Bild $\psi(v)$ verwendet man häufig auch die Schreibweise ψv.

Definition 2.1 *Die* A b b i l d u n g $\psi : \mathfrak{V} \to \mathfrak{W}$ *heißt* l i n e a r , *wenn für beliebige* $v_i \in \mathfrak{V}$ *und* $\lambda_i \in \mathbf{R}$ *stets*

$$\psi(\lambda_1 v_1 + \lambda_2 v_2) = \lambda_1 \psi(v_1) + \lambda_2 \psi(v_2)$$

gilt.

Aus dieser Definition ergibt sich sofort, daß für eine lineare Abbildung $\psi : \mathfrak{V} \to \mathfrak{W}$ stets

$$\psi(o) = o \tag{2.1}$$

sein muß, was man mit Hilfe von Lemma 1.1 einsieht, und daß für beliebige $v_i \in \mathfrak{V}$, $\lambda_i \in \mathbf{R}$ und jede natürliche Zahl $n \geqslant 1$

$$\psi\left(\sum_{i=1}^{n} \lambda_i v_i\right) = \sum_{i=1}^{n} \lambda_i \psi(v_i) \tag{2.2}$$

gilt, wie man leicht durch vollständige Induktion zeigt.

Beispiel 2.1 a) In unserem einführenden Produktionsbeispiel gemäß Tab. 2.1 haben wir eine Abbildung

$$\psi : \mathbf{R}^3 \to \mathbf{R}^2$$

gemäß

$$\psi(x) = (\langle a, x \rangle, \langle b, x \rangle)$$

mit $a = (2, 1, 3)$ und $b = (1, 4, 2)$ eingeführt, die zu jeder Güterproduktion $x \geqslant 0$, d. h. $x_i \geqslant 0$ für $i = 1, 2, 3$, den Energieverbrauch $\langle a, x \rangle$ und den Arbeitseinsatz $\langle b, x \rangle$ bestimmt. Für diese Abbildung gilt, bei beliebigen $x_i \in \mathbf{R}^3$ und $\lambda_i \in \mathbf{R}$,

$$\begin{aligned}\psi(\lambda_1 x_1 + \lambda_2 x_2) &= (\langle a, \lambda_1 x_1 + \lambda_2 x_2 \rangle, \langle b, \lambda_1 x_1 + \lambda_2 x_2 \rangle) \\ &= (\lambda_1 \langle a, x_1 \rangle + \lambda_2 \langle a, x_2 \rangle, \lambda_1 \langle b, x_1 \rangle + \lambda_2 \langle b, x_2 \rangle) \\ &= \lambda_1 (\langle a, x_1 \rangle, \langle b, x_1 \rangle) + \lambda_2 (\langle a, x_2 \rangle, \langle b, x_2 \rangle) \\ &= \lambda_1 \psi(x_1) + \lambda_2 \psi(x_2).\end{aligned}$$

Folglich ist diese Abbildung linear.

b) Seien a_i, $i = 1, \ldots, m$, vorgegebene Vektoren des $\mathbf{R}^n$, wobei $m \geqslant 1$ und $n \geqslant 1$ beliebige feste natürliche Zahlen sind. Dann ist durch

$$\varphi(x) = (\langle a_1, x \rangle, \langle a_2, x \rangle, \ldots, \langle a_m, x \rangle)$$

eine lineare Abbildung

$$\varphi : \mathbf{R}^n \to \mathbf{R}^m$$

definiert, wie man analog zu Beispiel a) verifiziert.

c) Sei $\mathfrak{V}$ ein beliebiger Vektorraum mit der durch das Skalarprodukt $\langle \cdot, \cdot \rangle$ induzierten Norm $\|\cdot\|$ und $\mathfrak{W}$ ein endlichdimensionaler Unterraum von $\mathfrak{V}$. Nach Satz 1.32 hat das lineare Approximationsproblem für jedes $v \in \mathfrak{V}$ als eindeutige Lösung die Projektion $\tau(v)$ von v auf $\mathfrak{W}$. Daß die Projektion $\tau : \mathfrak{V} \to \mathfrak{W}$ eine lineare Abbildung ist, sieht man wie folgt. Nach Satz 1.30 können wir als Basis von $\mathfrak{W}$ ein ONS $\{w_1, \ldots, w_r\}$ wählen; nach Satz 1.32 bzw. 1.31 gilt dann

$$\tau(v) = \sum_{i=1}^{r} \langle v, w_i \rangle w_i .$$

Für $u, v \in \mathfrak{V}$ und $\lambda, \mu \in \mathbf{R}$ folgt hieraus

$$\begin{aligned}\tau(\lambda u + \mu v) &= \sum_{i=1}^{r} \langle \lambda u + \mu v, w_i \rangle w_i = \sum_{i=1}^{r} (\lambda \langle u, w_i \rangle + \mu \langle v, w_i \rangle) w_i \\ &= \lambda \sum_{i=1}^{r} \langle u, w_i \rangle w_i + \mu \sum_{i=1}^{r} \langle v, w_i \rangle w_i = \lambda \tau(u) + \mu \tau(v).\end{aligned}$$ ■

Wir haben einleitend schon darauf hingewiesen, daß wir uns mit linearen Abbildungen beschäftigen, um dadurch einen Überblick über Lösbarkeit und Lösungsmenge linearer Gleichungen zu gewinnen. Ist $\varphi : \mathfrak{V} \to \mathfrak{W}$ eine lineare Abbildung und $w \in \mathfrak{W}$ fest vorgegeben, dann ist die Gleichung

$$\varphi(\mathbf{v}) = \mathbf{w}$$

offenbar nur dann lösbar, wenn $\mathbf{w}$ als Bild überhaupt vorkommt, d. h. wenn in $\mathfrak{V}$ wenigstens ein $\hat{\mathbf{v}}$ existiert mit $\varphi(\hat{\mathbf{v}}) = \mathbf{w}$. Das ist keineswegs selbstverständlich, denn die Voraussetzung, daß φ den Vektorraum $\mathfrak{V}$ i n den Vektorraum $\mathfrak{W}$ abbildet, bedeutet noch nicht, daß jedes $\mathbf{w} \in \mathfrak{W}$ als Bild vorkommt. Ist letzteres der Fall, dann sagt man, φ bilde $\mathfrak{V}$ a u f $\mathfrak{W}$ ab. Geben wir beispielsweise im $\mathbf{R}^3$ die Vektoren

$$\mathbf{a} = (1, 2, 3)$$
$$\mathbf{b} = (3, 2, 1)$$
$$\mathbf{c} = (0, 4, 8)$$

vor und definieren damit die lineare Abbildung (vgl. Beispiel 2.1 b) $\psi : \mathbf{R}^3 \to \mathbf{R}^3$ durch

$$\psi(\mathbf{x}) = (\langle \mathbf{a}, \mathbf{x} \rangle, \langle \mathbf{b}, \mathbf{x} \rangle, \langle \mathbf{c}, \mathbf{x} \rangle),$$

dann prüft man leicht nach, daß

$$\mathbf{y} = (1, 0, 0) \in \mathbf{R}^3$$

als Bild unter der Abbildung ψ nicht vorkommt, d. h. daß $\psi(\mathbf{x}) = \mathbf{y}$ nicht lösbar ist. Aus $\langle \mathbf{c}, \mathbf{x} \rangle = 0$ folgt nämlich

$$4x_2 + 8x_3 = 0 \quad \text{und daraus} \quad x_2 = -2x_3.$$

Setzen wir das in die beiden verbleibenden Gleichungen

$$\langle \mathbf{a}, \mathbf{x} \rangle = 1 \quad \text{und} \quad \langle \mathbf{b}, \mathbf{x} \rangle = 0$$

ein, so erhalten wir

$$x_1 - 4x_3 + 3x_3 = x_1 - x_3 = 1$$

und $$3x_1 - 4x_3 + x_3 = 3(x_1 - x_3) = 0,$$

also zwei offensichtlich miteinander unverträgliche Gleichungen.

Ist andererseits bereits bekannt, daß für ein festes $\mathbf{w} \in \mathfrak{W}$ und die lineare Abbildung $\varphi : \mathfrak{V} \to \mathfrak{W}$ die Gleichung

$$\varphi(\mathbf{v}) = \mathbf{w}$$

lösbar ist und sind $\mathbf{v}_1$ und $\mathbf{v}_2$ zwei Lösungen dieser Gleichung, d. h. $\varphi(\mathbf{v}_1) = \varphi(\mathbf{v}_2) = \mathbf{w}$, so folgt aus der Linearität von φ

$$\varphi(\mathbf{v}_2 - \mathbf{v}_1) = \varphi(\mathbf{v}_2) - \varphi(\mathbf{v}_1) = \mathbf{o}.$$

Gilt umgekehrt für $\mathbf{u} \in \mathfrak{V}$ die Gleichung $\varphi(\mathbf{u}) = \mathbf{o}$ und ist $\mathbf{v}_1$ eine Lösung der Gleichung $\varphi(\mathbf{v}) = \mathbf{w}$, dann ist auch $\mathbf{v}_1 + \mathbf{u}$ eine Lösung derselben Gleichung, da wegen der Linearität von φ

$$\varphi(\mathbf{v}_1 + \mathbf{u}) = \varphi(\mathbf{v}_1) + \varphi(\mathbf{u}) = \mathbf{w} + \mathbf{o} = \mathbf{w}.$$

Somit sind für jede lineare Abbildung zwei Mengen von besonderem Interesse, die wir besonders bezeichnen wollen.

Definition 2.2 *Ist* $\varphi : \mathfrak{V} \to \mathfrak{W}$ *eine lineare Abbildung, dann heißen*

$$\varphi(\mathfrak{V}) = \{\mathbf{w} \in \mathfrak{W} \mid \exists\, \mathbf{v} \in \mathfrak{V} : \varphi(\mathbf{v}) = \mathbf{w}\}$$

das B i l d v o n $\mathfrak{V}$ u n t e r d e r A b b i l d u n g φ *und*

$$\text{kern}\,\varphi = \{\mathbf{v} \in \mathfrak{V} \mid \varphi(\mathbf{v}) = \mathbf{o}\}$$

der K e r n d e r A b b i l d u n g φ.

Nach den obigen Überlegungen über Lösbarkeit und Lösungsmenge einer linearen Gleichung ist der folgende Satz evident:

Satz 2.1 *Sei* $\varphi : \mathfrak{V} \to \mathfrak{W}$ *eine lineare Abbildung und* $\mathbf{w} \in \mathfrak{W}$ *fest vorgegeben. Für die Lösungsmenge* $\mathfrak{M}$ *der linearen Gleichung* $\varphi(\mathbf{v}) = \mathbf{w}$, *symbolisch* $\mathfrak{M} = \{\mathbf{v} \in \mathfrak{V} \mid \varphi(\mathbf{v}) = \mathbf{w}\}$, *gilt:*

a) $\mathfrak{M} \neq \emptyset \iff \mathbf{w} \in \varphi(\mathfrak{V})$;

b) *Ist* $\mathbf{v}_1 \in \mathfrak{M}$ *(d. h.* $\mathfrak{M} \neq \emptyset$*), dann ist* $\mathfrak{M} = \{\mathbf{v}_1\} + \text{kern}\,\varphi = \{\mathbf{v}_1 + \mathbf{u} \mid \mathbf{u} \in \text{kern}\,\varphi\}$.

Um die Lösbarkeit einer linearen Gleichung $\varphi(\mathbf{v}) = \mathbf{w}$ zu prüfen, muß man also untersuchen, ob die „rechte Seite“ $\mathbf{w}$ zur Menge $\varphi(\mathfrak{V})$ gehört. Ist das der Fall, so erhält man die gesamte Lösungsmenge $\mathfrak{M}$ als algebraische Summe einer „partikulären“ Lösung $\mathbf{v}_1$ und des Kerns der Abbildung φ. Zunächst stellen wir fest, daß die uns hier interessierenden Mengen $\varphi(\mathfrak{V})$ und kern φ Vektorräume sind.

Satz 2.2 *Sei* $\varphi : \mathfrak{V} \to \mathfrak{W}$ *eine lineare Abbildung. Dann ist* $\varphi(\mathfrak{V})$ *ein Unterraum von* $\mathfrak{W}$ *und* kern φ *ein Unterraum von* $\mathfrak{V}$.

B e w e i s : Da kern $\varphi \supset \{\mathbf{o}\}$ nach (2.1), sind kern φ und $\varphi(\mathfrak{V})$ nicht leer. Wir haben lediglich zu zeigen, daß jede dieser Mengen mit zwei Elementen auch deren Linearkombinationen enthalten.
Seien $\mathbf{u} \in \text{kern}\,\varphi$, $\mathbf{v} \in \text{kern}\,\varphi$ und $\lambda, \mu \in \mathbf{R}$. Dann folgt, da φ linear ist,

$$\varphi(\lambda\mathbf{u} + \mu\mathbf{v}) = \lambda\varphi(\mathbf{u}) + \mu\varphi(\mathbf{v}) = \lambda \cdot \mathbf{o} + \mu \cdot \mathbf{o} = \mathbf{o};$$

also ist auch $\lambda\mathbf{u} + \mu\mathbf{v} \in \text{kern}\,\varphi$.
Sind $\mathbf{w} \in \varphi(\mathfrak{V})$ und $\mathbf{z} \in \varphi(\mathfrak{V})$, dann gibt es ein

$$\mathbf{u} \in \mathfrak{V} \quad \text{mit } \varphi(\mathbf{u}) = \mathbf{w}$$

und ein $\mathbf{v} \in \mathfrak{V}$ mit $\varphi(\mathbf{v}) = \mathbf{z}$.

Für beliebige $\lambda, \mu \in \mathbf{R}$ folgt für $\lambda\mathbf{u} + \mu\mathbf{v} \in \mathfrak{V}$

$$\varphi(\lambda\mathbf{u} + \mu\mathbf{v}) = \lambda\varphi(\mathbf{u}) + \mu\varphi(\mathbf{v}) = \lambda\mathbf{w} + \mu\mathbf{z},$$

d. h. $\lambda\mathbf{w} + \mu\mathbf{z} \in \varphi(\mathfrak{V})$. ■

Es gibt lineare Abbildungen $\varphi : \mathfrak{V} \to \mathfrak{W}$, bei denen zwei verschiedene Elemente $\mathbf{v}_i \in \mathfrak{V}$, $i = 1, 2$, dasselbe Bild haben können. Ein typischer Repräsentant solcher Abbildungen ist die in Beispiel 2.1 c) behandelte Projektion τ. Wie in Fig. 2.1 angedeutet, hat jedes orthogonal zu $\mathfrak{W}$ über (oder unter) $\tau(\mathbf{v})$ liegende Element $\mathbf{u} \in \mathfrak{V}$ dieselbe Projektion $\tau(\mathbf{u})$ auf $\mathfrak{W}$.

Andererseits gibt es natürlich auch lineare Abbildungen, die je zwei verschiedenen Elementen auch zwei verschiedene Bilder zuordnen. Es ist für unsere weiteren Untersuchungen zweckmäßig, diese beiden Typen von linearen Abbildungen begrifflich deutlich zu unterscheiden.

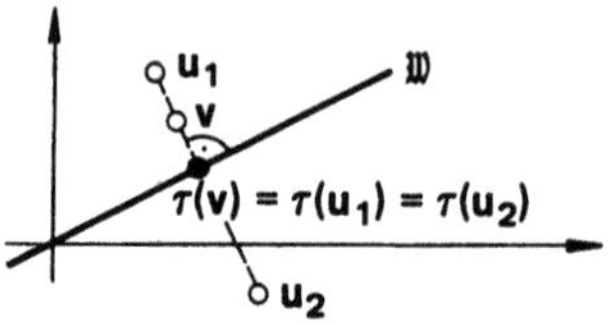

Fig. 2.1
Projektion als singuläre Abbildung

Definition 2.3 *Sei $\varphi : \mathfrak{V} \to \mathfrak{W}$ eine lineare Abbildung. Gibt es Elemente $v_i \in \mathfrak{V}$ mit $v_1 \neq v_2$ und $\varphi(v_1) = \varphi(v_2)$, dann heißt φ* singulär.
Gilt für je zwei Elemente $v_i \in \mathfrak{V}$ mit $v_1 \neq v_2$ stets $\varphi(v_1) \neq \varphi(v_2)$, dann heißt φ regulär oder nichtsingulär (auch injektiv).
Ist φ regulär und $\mathfrak{W} = \varphi(\mathfrak{V})$ (man nennt φ dann auch bijektiv*), dann heißt die Abbildung $\varphi^{-1} : \mathfrak{W} \to \mathfrak{V}$, die durch $\varphi^{-1}(w) = \{v \mid \varphi(v) = w\}$ definiert ist, die* Inverse *von φ.*

Denken wir wieder an die Aufgabe, die lineare Gleichung $\varphi(v) = w$ zu lösen, und ist hier φ regulär und $\mathfrak{W} = \varphi(\mathfrak{V})$, dann erhalten wir mit Hilfe der Inversen die Lösung als $v = \varphi^{-1}(w)$. Es gilt hier aber zu beachten, daß die Inverse $\varphi^{-1} : \mathfrak{W} \to \mathfrak{V}$ nur definiert ist, wenn φ regulär und $\mathfrak{W} = \varphi(\mathfrak{V})$ ist. Ist zwar φ regulär, aber $\varphi(\mathfrak{V}) \neq \mathfrak{W}$, dann können wir, da nach Satz 2.2 $\varphi(\mathfrak{V})$ ein Vektorraum ist, die lineare Abbildung $\varphi : \mathfrak{V} \to \varphi(\mathfrak{V})$ betrachten, zu der dann die Inverse $\varphi^{-1} : \varphi(\mathfrak{V}) \to \mathfrak{V}$ definiert ist. Die Inverse φ^{-1} ist nicht nur definitionsgemäß eine Abbildung, d. h. eine eindeutige Zuordnung von Elementen $v \in \mathfrak{V}$ zu Elementen $w \in \mathfrak{W}$; vielmehr gilt

Satz 2.3 *Sei $\varphi : \mathfrak{V} \to \mathfrak{W}$ eine lineare Abbildung mit der Inversen φ^{-1}. Dann ist $\varphi^{-1} : \mathfrak{W} \to \mathfrak{V}$ wiederum eine reguläre lineare Abbildung.*

Beweis: Wäre φ^{-1} singulär, dann gäbe es wenigstens zwei Elemente $w_i \in \mathfrak{W}$ mit $w_1 \neq w_2$ und $\hat{v} = \varphi^{-1}(w_1) = \varphi^{-1}(w_2)$. Nach Definition der Inversen müßte also $\varphi(\hat{v}) = w_1$ und $\varphi(\hat{v}) = w_2$ gelten, d. h. $\hat{v}$ hätte zwei verschiedene Bilder. Das ist aber ausgeschlossen, da wir (vgl. Beginn dieses Abschn. 2.1) nur eindeutige Abbildungen zulassen.

Seien $w_i \in \mathfrak{W}$ beliebige Elemente und

$$v_i = \varphi^{-1}(w_i), \quad \text{d. h.} \quad w_i = \varphi(v_i).$$

Mit $\lambda, \mu \in \mathbf{R}$ folgt, da φ linear ist,

$$\lambda w_1 + \mu w_2 = \lambda\varphi(v_1) + \mu\varphi(v_2) = \varphi(\lambda v_1 + \mu v_2).$$

Somit ist $\lambda w_1 + \mu w_2$ das Bild von $\lambda v_1 + \mu v_2$ unter der Abbildung φ, und daher ist

$$\lambda v_1 + \mu v_2 = \varphi^{-1}(\lambda w_1 + \mu w_2).$$

Also gilt

$$\varphi^{-1}(\lambda w_1 + \mu w_2) = \lambda\varphi^{-1}(w_1) + \mu\varphi^{-1}(w_2)$$ ■

Die Regularität einer linearen Abbildung läßt sich an ihrem Kern feststellen.

Satz 2.4 *Sei $\varphi : \mathfrak{V} \to \mathfrak{W}$ eine lineare Abbildung. φ ist regulär dann und nur dann, wenn* $\ker \varphi = \{o\}$.

B e w e i s : Ist φ regulär, dann gilt für alle $v_i \in \mathfrak{V}$ mit $v_1 \neq v_2$ stets $\varphi(v_1 - v_2) = \varphi(v_1) - \varphi(v_2) \neq o$. Folglich ist – setzen wir $v = v_1$ und $v_2 = o$ –

$$\varphi(v) \neq o \ \forall\, v \neq o.$$

Also ist $\ker \varphi = \{o\}$. Diese Argumentation kann man auch rückwärts durchlaufen, woraus die Behauptung folgt. ■

Nach diesem Satz läßt sich also die Regularität einer linearen Abbildung $\varphi : \mathfrak{V} \to \mathfrak{W}$ für einen beliebigen Vektorraum $\mathfrak{V}$ am Kern der Abbildung feststellen. Für einen endlich-dimensionalen Vektorraum $\mathfrak{V}$ gibt auch das Bild von $\mathfrak{V}$ Auskunft über die Regularität oder Singularität von φ.

Satz 2.5 *Sei* $\dim \mathfrak{V} = n$ *und $\varphi : \mathfrak{V} \to \mathfrak{W}$ eine lineare Abbildung. Dann gilt* $\dim \varphi(\mathfrak{V}) \leqslant n$, *und φ ist regulär genau dann, wenn* $\dim \varphi(\mathfrak{V}) = n$.

B e w e i s : Sei $\{v_1, \ldots, v_n\}$ eine Basis von $\mathfrak{V}$. Ist $w \in \varphi(\mathfrak{V})$, dann gibt es (mindestens) ein $v \in \mathfrak{V}$ derart, daß $\varphi(v) = w$ ist. Mit Hilfe der Basis $\{v_1, \ldots, v_n\}$ läßt sich v nach Satz 1.10 eindeutig als

$$v = \sum_{i=1}^{n} \lambda_i v_i$$

darstellen. Nach (2.2) gilt dann

$$w = \varphi(v) = \sum_{i=1}^{n} \lambda_i \varphi(v_i).$$

Da w ein beliebiges Element von $\varphi(\mathfrak{V})$ war, ist demnach

$$\{\varphi(v_1), \ldots, \varphi(v_n)\}$$

eine Menge von Erzeugenden von $\varphi(\mathfrak{V})$ und somit $\dim \varphi(\mathfrak{V}) \leqslant n$.

Nach Satz 2.4 ist φ regulär genau dann, wenn aus $\varphi(v) = o$ stets $v = o$ folgt. Stellen wir v mit Hilfe der Basis $\{v_1, \ldots, v_n\}$ als

$$v = \sum_{i=1}^{n} \mu_i v_i$$

dar, so ist also φ regulär genau dann, wenn aus

$$o = \varphi(v) = \sum_{i=1}^{n} \mu_i \varphi(v_i)$$

stets $\quad v = \sum_{i=1}^{n} \mu_i v_i = o,$

d. h. wegen der linearen Unabhängigkeit von $\{v_1, \ldots, v_n\}$

$$\mu_i = 0 \quad \text{für } i = 1, \ldots, n$$

folgt, was mit der linearen Unabhängigkeit von $\{\varphi(v_1), \ldots, \varphi(v_n)\}$, dem Erzeugendensystem von $\varphi(\mathfrak{V})$, gleichbedeutend ist. Folglich ist φ regulär genau dann, wenn $\dim \varphi(\mathfrak{V}) = n$. ∎

Beispiel 2.2 a) Wie im Beispiel 2.1 b) ausgeführt, läßt sich mit Hilfe von fest vorgegebenen Vektoren $a_i \in \mathbf{R}^n$, $i = 1, \ldots, m$, eine lineare Abbildung

$$\varphi : \mathbf{R}^n \to \mathbf{R}^m$$

definieren durch

$$\varphi(x) = (\langle a_1, x\rangle, \langle a_2, x\rangle, \ldots, \langle a_m, x\rangle).$$

Da $\varphi(\mathbf{R}^n) \subset \mathbf{R}^m$ und deshalb nach Satz 1.18

$$\dim \varphi(\mathbf{R}^n) \leqslant \dim \mathbf{R}^m = m,$$

ist eine solche Abbildung φ nach Satz 2.5 sicher singulär, wenn $m < n = \dim \mathbf{R}^n$ gilt.
Ist $m \geqslant n$, dann ist φ nach Satz 2.4 genau dann regulär, wenn $\text{kern}\, \varphi = \{o\}$ ist, was mit $\dim \text{kern}\, \varphi = 0$ gleichbedeutend ist. Nun stimmt $\text{kern}\, \varphi = \{x \in \mathbf{R}^n \mid \varphi(x) = o\}$ offenbar mit der in Beispiel 1.14 betrachteten Lösungsmenge $\mathfrak{M}$ des homogenen linearen Gleichungssystems

$$\langle a_i, x\rangle = 0, \qquad i = 1, \ldots, m,$$

überein, und wir haben dort mit Hilfe von Satz 1.33 gefunden daß

$$\dim \mathfrak{M} = \dim \text{kern}\, \varphi = n - \dim \{a_1, \ldots, a_m\}$$

gilt. Folglich ist φ regulär, d. h. $\dim \text{kern}\, \varphi = 0$, genau dann, wenn in $\{a_1, \ldots, a_m\}$ eine Teilmenge von n linear unabhängigen Vektoren enthalten ist.
Ist $m > n$, so folgt aus Satz 2.5 überdies sofort, daß es keine lineare Abbildung $\varphi : \mathbf{R}^n \to \mathbf{R}^m$ gibt, die den $\mathbf{R}^n$ a u f den $\mathbf{R}^m$ abbildet, d. h. für die $\varphi(\mathbf{R}^n) = \mathbf{R}^m$ gilt. Es ist also beispielsweise unmöglich, den $\mathbf{R}^2$ (anschaulich eine Ebene) linear a u f den $\mathbf{R}^3$ (den anschaulichen dreidimensionalen Raum) abzubilden, während man umgekehrt ohne weiteres den $\mathbf{R}^3$ auf einen zweidimensionalen Teilraum desselben linear abbilden kann, z. B. durch die in Beispiel 2.1 c) behandelte Projektion, die dann nach dem oben Gesagten sicher singulär ist.

b) Ist $C^1[a, b]$ wie schon eingangs erwähnt die Menge der auf dem Intervall $[a, b]$ stetig differenzierbaren Funktionen, dann ist mit $y \in C^1[a, b]$, d. h. $y : [a, b] \to \mathbf{R}$ und daher $y' = \frac{dy}{dx} \in C[a, b]$, durch

$$\rho(y) = y' + \alpha y$$

mit einer beliebigen, aber festen Konstanten α eine Abbildung

$$\rho : C^1[a, b] \to C[a, b]$$

definiert, die offensichtlich linear ist.

Nach Satz 2.4 ist ρ genau dann singulär, wenn dim kern $\rho > 0$ gilt. Nun ist kern ρ die Menge aller stetig differenzierbaren Funktionen $y : [a, b] \to \mathbf{R}$, für die

$$y' + \alpha y = o, \tag{2.3}$$

d. h. $\quad y'(x) + \alpha y(x) \equiv 0, \quad x \in [a, b],$

gilt. Diese Gleichung nennt man eine *homogene lineare Differentialgleichung mit konstanten Koeffizienten*.

Gleichungen dieser Art treten beispielsweise bei Wachstumsprozessen (z. B. Kapitalverzinsung, Bevölkerungswachstum) auf. Man sieht ohne weiteres, daß die Funktion

$$y(x) = \gamma e^{-\alpha x} \tag{2.4}$$

die Differentialgleichung (2.3) löst, wobei γ eine beliebig wählbare Konstante ist. Somit ist dim kern $\rho \geqslant 1$.

Wie wir aus Satz 2.2 wissen, ist kern ρ, also die Lösungsmenge von (2.3), ein Unterraum von $C^1[a, b]$. Es fragt sich, wie „groß" denn dieser Unterraum ist, d. h. wie groß dim kern ρ sein kann. Entsprechend (2.4) ist $\hat{y}(x) = e^{-\alpha x}$ eine Lösung von (2.3) mit $y \neq o$. Sei $z \in C^1[a, b]$ eine weitere Lösung von (2.3). Folglich gilt (vgl. [1]), sofern $z \neq o$, nach (2.3)

$$\int^x \frac{z'(\xi)}{z(\xi)}\, d\xi = -\int^x \alpha d\xi$$

und daher mit Variablensubstitution und der beliebigen Integrationskonstanten δ

$$\int^{z(x)} \frac{dz}{z} = \ln z(x) = \delta - \alpha \cdot x$$

und somit

$$z(x) = e^{\delta} \cdot e^{-\alpha x},$$

d. h. z ist ein Vielfaches von $\hat{y}$. Folglich gibt es in kern ρ keine zwei linear unabhängigen Elemente; damit gilt dim kern $\rho = 1$. Mit (2.4) haben wir also die allgemeine Lösung von (2.3). Geben wir noch den sog. *Anfangswert* y(a) vor, dann muß in (2.4) $\gamma = y(a) \cdot e^{\alpha a}$ sein, womit dann die Lösung von (2.3) eindeutig ist. Damit haben wir gezeigt: Die Differentialgleichung (2.3) hat bei vorgegebenem Anfangswert y(a) genau eine Lösung in $C^1[a, b]$. ■

Satz 2.6 Sei $\varphi : \mathfrak{V} \to \mathfrak{W}$ linear und $\mathfrak{V}$ endlich dimensional. Dann gilt

$$\dim \mathfrak{V} = \dim \varphi(\mathfrak{V}) + \dim \operatorname{kern} \varphi.$$

B e w e i s : Sei dim $\mathfrak{V} = n$ und dim kern $\varphi = r$. Wäre $r = n$, dann wäre $\varphi(\mathbf{v}) = \mathbf{o}\ \forall\ \mathbf{v} \in \mathfrak{V}$ und folglich $\varphi(\mathfrak{V}) = \{\mathbf{o}\}$, d. h. dim $\varphi(\mathfrak{V}) = 0$. Wäre $r = 0$, so wäre φ regulär und folglich dim $\varphi(\mathfrak{V}) = n$ (Sätze 2.4 und 2.5).

Wir nehmen daher an, es sei $1 \leqslant r < n$. Sei $\{\mathbf{v}_1, \ldots, \mathbf{v}_r\}$ eine Basis von kern φ, die wir nach Satz 1.12 zu einer Basis $\{\mathbf{v}_1, \ldots, \mathbf{v}_r, \ldots, \mathbf{v}_n\}$ von $\mathfrak{V}$ ergänzen. Dann ist, wie wir im Beweis von Satz 2.5 gesehen haben, $\{\varphi(\mathbf{v}_1), \ldots, \varphi(\mathbf{v}_r), \ldots, \varphi(\mathbf{v}_n)\}$ ein Erzeugendensystem von $\varphi(\mathfrak{V})$. Nach der Voraussetzung $\{\mathbf{v}_1, \ldots, \mathbf{v}_r\} \subset$ kern φ gilt $\varphi(\mathbf{v}_i) = \mathbf{o}$, $1 \leqslant i \leqslant r$.

Sei $$\sum_{i=r+1}^{n} \alpha_i \varphi(\mathbf{v}_i) = \mathbf{o}.$$

Dann folgt

$$\varphi\left(\sum_{i=r+1}^{n} \alpha_i \mathbf{v}_i\right) = \mathbf{o} \quad \text{und somit} \quad \sum_{i=r+1}^{n} \alpha_i \mathbf{v}_i \in \text{kern}\ \varphi.$$

Also gibt es dafür eine eindeutige Darstellung mit Hilfe der Basis von kern φ:

$$\sum_{i=r+1}^{n} \alpha_i \mathbf{v}_i = \sum_{i=1}^{r} \beta_i \mathbf{v}_i.$$

Da $\{\mathbf{v}_1, \ldots, \mathbf{v}_n\}$ Basis von $\mathfrak{V}$ und daher linear unabhängig ist, folgt $\alpha_i = 0$, $i = r + 1, \ldots, n$. Somit ist

$$\{\varphi(\mathbf{v}_{r+1}), \ldots, (\mathbf{v}_n)\}$$

linear unabhängig und folglich dim $\varphi(\mathfrak{V}) = n - r$. ∎

Ähnlich wie Funktionen kann man lineare Abbildungen sinnvoll miteinander verknüpfen. Tatsächlich haben wir davon in Beispiel 2.2 b) Gebrauch gemacht. Bezeichnen wir für einen beliebigen Vektorraum $\mathfrak{V}$ mit id : $\mathfrak{V} \to \mathfrak{V}$ die sog. I d e n t i t ä t , die jedes Element auf sich selbst abbildet, also $\text{id}(\mathbf{v}) = \mathbf{v}\ \forall\ \mathbf{v} \in \mathfrak{V}$, dann ist damit auch für jeden $\mathfrak{V}$ enthaltenden Vektorraum $\mathfrak{W}$, d. h. $\mathfrak{W} \supset \mathfrak{V}$, eine (reguläre) lineare Abbildung id : $\mathfrak{V} \to \mathfrak{W}$ definiert. Ist auf $C^1[a, b]$ $\eta : C^1[a, b] \to C[a, b]$ diejenige Abbildung, die jeder Funktion in $C^1[a, b]$ ihre Ableitung zuordnet, dann ist die in Beispiel 2.2 b) behandelte Abbildung $\rho : C^1[a, b] \to C[a, b]$ gegeben durch

$$\rho(y) = \eta(y) + \alpha \cdot \text{id}(y), \qquad y \in C^1[a, b].$$

Diesen Sachverhalt bringt man in der Form

$$\rho = \eta + \alpha \cdot \text{id}$$

zum Ausdruck.

Sehr oft tritt eine weitere Art der Verknüpfung auf. Wir haben in Beispiel 2.1 a) dargelegt, daß in Zusammenhang mit dem Produktionsbeispiel Tab. 2.1 eine lineare Abbildung $\psi : \mathbf{R}^3 \to \mathbf{R}^2$ gemäß

$$\psi(\mathbf{x}) = (\langle \mathbf{a}, \mathbf{x} \rangle, \langle \mathbf{b}, \mathbf{x} \rangle), \qquad \mathbf{x} \in \mathbf{R}^3,$$

mit $\mathbf{a} = (2, 1, 3)$ und $\mathbf{b} = (1, 4, 2)$ definiert ist.

Nehmen wir nun an, ein zweiter Betrieb stelle die Produkte P und Q aus den im ersten Betrieb produzierten Gütern A, B und C her, wobei der Güterverbrauch je Produkteinheit der Tab. 2.2 entsprechen möge.

Tab. 2.2 Produktionsbeispiel

	P	Q
A	7	5
B	9	8
C	6	7

Dann ist damit analog eine lineare Abbildung

$$\varphi : \mathbf{R}^2 \to \mathbf{R}^3$$

gemäß $\varphi(\mathbf{y}) = (\langle \mathbf{c}, \mathbf{y} \rangle, \langle \mathbf{d}, \mathbf{y} \rangle, \langle \mathbf{e}, \mathbf{y} \rangle), \qquad \mathbf{y} \in \mathbf{R}^2,$

mit $\mathbf{c} = (7, 5), \quad \mathbf{d} = (9, 8), \quad \mathbf{e} = (6, 7)$

definiert, die zu jedem Produktionsbündel $\mathbf{y} \geqslant 0$ (vgl. Beispiel 2.1 a) angibt, wieviel von den Gütern A, B und C dafür verbraucht wird. Dem Produktebündel $\mathbf{y}$ wird also das zu seiner Herstellung benötigte Güterbündel $\varphi(\mathbf{y})$ zugeordnet, dem dann wiederum das Faktorbündel (Energieverbrauch, Arbeitseinsatz) $\psi(\varphi(\mathbf{y}))$ zugeordnet ist.

Um z. B. das Produktbündel $\mathbf{y} = (2, 3)$, also zwei Einheiten von P und drei Einheiten von Q herzustellen, benötigen wir

$\langle \mathbf{c}, \mathbf{y} \rangle = 29$ Einheiten von A,
$\langle \mathbf{d}, \mathbf{y} \rangle = 42$ Einheiten von B,
$\langle \mathbf{e}, \mathbf{y} \rangle = 33$ Einheiten von C

und damit, mit $\mathbf{x} = (29, 42, 33)$,

$\langle \mathbf{a}, \mathbf{x} \rangle = 199$ KWh Energie

und $\langle \mathbf{b}, \mathbf{x} \rangle = 263$ Mannstunden Arbeit.

Die durch $\psi(\varphi(\mathbf{y})), \mathbf{y} \in \mathbf{R}^2$, gegebene Abbildung bezeichnen wir mit $\psi \circ \varphi : \mathbf{R}^2 \to \mathbf{R}^2$.
Allgemein halten wir die hier erläuterten Verknüpfungen linearer Abbildungen fest in

Definition 2.4 a) *Sei $\varphi : \mathfrak{V} \to \mathfrak{W}$ eine lineare Abbildung. Dann ist für eine beliebige Konstante $\alpha \in \mathbf{R}$ die Abbildung*

$$(\alpha \cdot \varphi) : \mathfrak{V} \to \mathfrak{W}$$

definiert durch

$$(\alpha \cdot \varphi)(\mathbf{v}) = \alpha \cdot [\varphi(\mathbf{v})], \qquad \mathbf{v} \in \mathfrak{V}.$$

b) *Sind $\varphi : \mathfrak{V} \to \mathfrak{W}$ und $\psi : \mathfrak{V} \to \mathfrak{W}$ lineare Abbildungen, dann ist*

$$(\varphi + \psi) : \mathfrak{V} \to \mathfrak{W}$$

definiert durch

$$(\varphi + \psi)(v) = \varphi(v) + \psi(v), \qquad v \in \mathfrak{V}.$$

c) *Sind* $\varphi : \mathfrak{V} \to \mathfrak{W}$ *und* $\rho : \mathfrak{W} \to \mathfrak{X}$ *lineare Abbildungen, dann ist*

$$(\rho \circ \varphi) : \mathfrak{V} \to \mathfrak{X}$$

definiert durch

$$(\rho \circ \varphi)(v) = \rho(\varphi(v)), \qquad v \in \mathfrak{V}.$$

Alle diese Verknüpfungen linearer Abbildungen führen wieder zu linearen Abbildungen.

Satz 2.7 Die Abbildungen $\alpha \cdot \varphi$, $\varphi + \psi$ und $\rho \circ \varphi$ gemäß Definition 2.4 sind linear.

Beweis: Wir führen den Beweis für $\rho \circ \varphi$. Seien $v_i \in \mathfrak{V}$ und $\lambda_i \in \mathbb{R}$, $i = 1, 2$, beliebig gewählt. Unter Ausnutzung der Linearität von φ und ρ erhalten wir

$$\begin{aligned}
&(\rho \circ \varphi)(\lambda_1 v_1 + \lambda_2 v_2) \\
&= \rho(\varphi(\lambda_1 v_1 + \lambda_2 v_2)) = \rho(\lambda_1 \varphi(v_1) + \lambda_2 \varphi(v_2)) \\
&= \lambda_1 \rho(\varphi(v_1)) + \lambda_2 \rho(\varphi(v_2)) = \lambda_1 \cdot (\rho \circ \varphi)(v_1) + \lambda_2 \cdot (\rho \circ \varphi)(v_2).
\end{aligned}$$

Also ist $\rho \circ \varphi$ nach Definition 2.1 linear. Der Beweis der Behauptung für $\alpha \cdot \varphi$ und $\varphi + \psi$ sei dem Leser als Übungsaufgabe überlassen. ■

Es zeigt sich nun, daß – anders als beliebige Abbildungen oder Funktionen – lineare Abbildungen bereits vollständig festgelegt sind, wenn man die Abbildungsvorschrift auf geeigneten Teilmengen des Definitionsbereichs kennt. Das erleichtert die Handhabung linearer Abbildungen insbesondere im endlichdimensionalen Fall ganz beträchtlich. Genau gilt

Satz 2.8 *Sei* $\mathfrak{V}$ *ein Vektorraum mit einem Erzeugendensystem* $\mathfrak{M}$ *und* $\mathfrak{W}$ *ein weiterer Vektorraum. Sei* $\hat{\varphi} : \mathfrak{M} \to \mathfrak{W}$ *eine Abbildung. Eine lineare Abbildung* $\varphi : \mathfrak{V} \to \mathfrak{W}$ *mit der Eigenschaft, daß* $\varphi(u) = \hat{\varphi}(u)\ \forall\, u \in \mathfrak{M}$ *gilt, existiert genau dann, wenn* $\hat{\varphi}$ *der folgenden Bedingung genügt:*

Für jede (endliche) Linearkombination von Elementen $u_i \in \mathfrak{M}$, *für die* $\Sigma\, \alpha_i u_i = o$ *gilt, ist auch* $\Sigma\, \alpha_i \hat{\varphi}(u_i) = o$.

Dann ist die lineare Abbildung $\varphi : \mathfrak{V} \to \mathfrak{W}$ *durch die Abbildung* $\hat{\varphi} : \mathfrak{M} \to \mathfrak{W}$ *eindeutig bestimmt.*

Beweis: Die Bedingung ist notwendig dafür, daß eine lineare Abbildung $\varphi : \mathfrak{V} \to \mathfrak{W}$ mit der Eigenschaft $\varphi(u) = \hat{\varphi}(u)\ \forall\, u \in \mathfrak{M}$ existiert. Ist nämlich φ eine derartige lineare Abbildung und gilt für eine endliche Linearkombination von Elementen $u_i \in \mathfrak{M}$ die Gleichung

$$\Sigma\, \alpha_i u_i = o,$$

dann gilt nach Definition 2.1 und (2.1) für die lineare Abbildung φ

$$o = \varphi(o) = \varphi(\Sigma\, \alpha_i u_i) = \Sigma\, \alpha_i \varphi(u_i).$$

Da nach Annahme $\varphi(u) = \hat{\varphi}(u)\ \forall\, u \in \mathfrak{M}$, folgt

$$\Sigma\, \alpha_i \hat{\varphi}(u_i) = o.$$

Die genannte Bedingung ist aber auch hinreichend. Gelte also stets

$$\Sigma\, \alpha_i \hat{\varphi}(u_i) = o, \quad \text{falls } \Sigma\, \alpha_i u_i = o,\ u_i \in \mathfrak{M}. \tag{2.5}$$

Sei $v \in \mathfrak{V}$ irgend ein beliebiger Vektor. Da $\mathfrak{M}$ ein Erzeugendensystem von $\mathfrak{V}$ ist, gibt es endlich viele $u_i \in \mathfrak{M}$ und reelle Koeffizienten α_i derart, daß

$$v = \Sigma\, \alpha_i u_i$$

gilt. Dann definieren wir $\varphi : \mathfrak{V} \to \mathfrak{W}$ durch

$$\varphi(v) = \Sigma\, \alpha_i \hat{\varphi}(u_i).$$

Wir zeigen:

a) Diese Definition ist eindeutig.

b) Die Abbildung φ ist linear.

c) Es gibt keine andere lineare Abbildung $\psi : \mathfrak{V} \to \mathfrak{W}$ mit $\psi(u) = \hat{\varphi}(u)\ \forall\, u \in \mathfrak{M}$.

a) Ist $v \in \mathfrak{V}$ irgendein beliebiger Vektor, dann kann es (bei linearer Abhängigkeit von $\mathfrak{M}$) verschiedene Darstellungen geben, z. B.

$$v = \Sigma\, \lambda_i u_i, \qquad u_i \in \mathfrak{M}, \lambda_i \in \mathbf{R}$$

und $$v = \Sigma\, \mu_i v_i, \qquad v_i \in \mathfrak{M}, \mu_i \in \mathbf{R}.$$

Dann ist nach Definition

$$\varphi(v) - \varphi(v) = \Sigma\, \alpha_i \hat{\varphi}(u_i) - \Sigma\, \mu_i \hat{\varphi}(v_i) = o$$

nach (2.5), da

$$\Sigma\, \alpha_i u_i - \Sigma\, \mu_i v_i = v - v = o.$$

Also ist unsere Definition von φ eindeutig.

b) Seien $v \in \mathfrak{V}$ und $\tilde{v} \in \mathfrak{V}$ dargestellt als

$$v = \Sigma\, \lambda_i u_i, \qquad u_i \in \mathfrak{M}, \lambda_i \in \mathbf{R},$$
$$\tilde{v} = \Sigma\, \mu_i \tilde{u}_i, \qquad \tilde{u}_i \in \mathfrak{M}, \mu_i \in \mathbf{R}.$$

Nach unserer Definition von φ gilt dann für beliebige reelle Koeffizienten α und β

$$\begin{aligned}\varphi(\alpha v + \beta \tilde{v}) &= \varphi(\Sigma\, \alpha\lambda_i u_i + \Sigma\, \beta\mu_i \tilde{u}_i)\\ &= \Sigma\, \alpha\lambda_i \hat{\varphi}(u_i) + \Sigma\, \beta\mu_i \hat{\varphi}(\tilde{u}_i)\\ &= \alpha\, \Sigma\, \lambda_i \hat{\varphi}(u_i) + \beta\, \Sigma\, \mu_i \hat{\varphi}(\tilde{u}_i)\\ &= \alpha\varphi(v) + \beta\varphi(\tilde{v}).\end{aligned}$$

Also ist φ eine lineare Abbildung.

c) Sei $\psi : \mathfrak{V} \to \mathfrak{W}$ eine lineare Abbildung, die die Eigenschaft

$$\psi(u) = \hat{\varphi}(u) \qquad \forall\, u \in \mathfrak{M}$$

besitzt. Die von uns oben definierte lineare Abbildung φ hat offenbar dieselbe Eigenschaft. Ist $v \in \mathfrak{V}$ beliebig und hat etwa die Darstellung $v = \Sigma\, \lambda_i u_i$, $u_i \in \mathfrak{M}$, $\lambda_i \in \mathbf{R}$, dann folgt

$$\begin{aligned} \psi(v) - \varphi(v) &= \psi(\Sigma\, \lambda_i u_i) - \varphi(\Sigma\, \lambda_i u_i) \\ &= \Sigma\, \lambda_i \psi(u_i) - \Sigma\, \lambda_i \varphi(u_i) \\ &= \Sigma\, \lambda_i \hat{\varphi}(u_i) - \Sigma\, \lambda_i \hat{\varphi}(u_i) = o. \end{aligned}$$

Also gilt für jedes beliebige $v \in \mathfrak{V}$

$$\psi(v) = \varphi(v).$$

■

Aus Satz 2.8 folgt sofort das für das Rechnen mit linearen Abbildungen auf endlichdimensionalen Vektorräumen zentrale

Korollar 2.9 *Ist $\varphi : \mathfrak{V} \to \mathfrak{W}$ eine lineare Abbildung und $\mathfrak{B}$ eine Basis von $\mathfrak{V}$, dann ist φ durch die Bilder der Basiselemente, also durch $\varphi(u_i)$, $u_i \in \mathfrak{B}$, vollständig bestimmt.*

Offenbar haben wir hier nichts mehr zu beweisen, denn gegenüber Satz 2.8 ist hier lediglich ein beliebiges Erzeugendensystem $\mathfrak{M}$ durch eine Basis $\mathfrak{B}$, also gewissermaßen durch ein minimales Erzeugendensystem, ersetzt worden.

Übungsaufgaben

1. Sei $\mathfrak{W}$ die Menge der differenzierbaren Funktionen einer reellen Variablen. Zeigen Sie, daß für $v \in \mathfrak{W}$ die Abbildungen $\varphi(v) = \dfrac{dv(t)}{dt}$ und $\psi(v) = \int_0^1 v(t)\,dt$ linear sind.

2. Überprüfen Sie, ob folgende Abbildungen linear sind, und bestimmen Sie allenfalls deren Kern:
a) $\varphi : \mathbf{R}^2 \to \mathbf{R}^3$ definiert durch $\varphi(x, y) = (x + y + 1, x, x - y)$;
b) $\varphi : \mathbf{R}^3 \to \mathbf{R}^4$ definiert durch $\varphi(x, y, z) = (x + z, x + y, z - y, 2x + y + z)$;
c) $\varphi : \mathbf{R}^3 \to \mathbf{R}^2$ definiert durch $\varphi(x, y, z) = (x^2, y + z)$.

3. Sei φ die Abbildung von Aufgabe 2b). Prüfen Sie, ob Kern φ bzw. $\varphi(\mathbf{R}^3)$ ein Unterraum von $\mathbf{R}^3$ bzw. $\mathbf{R}^4$ ist.
Bestimmen Sie gegebenenfalls eine Basis von Kern φ bzw. von $\varphi(\mathbf{R}^3)$.

4. Überprüfen Sie, ob folgende Abbildungen singulär sind:
a) $\varphi : \mathbf{R}^2 \to \mathbf{R}^2$ definiert durch $\varphi(x, y) = (x + y, x - y)$;
b) $\varphi : \mathbf{R}^3 \to \mathbf{R}^3$ definiert durch $\varphi(x, y, z) = (2x + y, x + z, y - 2z)$.

5. Sei $\mathfrak{P}^n$ die Menge der Polynome höchstens vom Grade n und φ die lineare Abbildung $\varphi : \mathfrak{P}^n \to \mathfrak{P}^{n+1}$ gemäß $\varphi(p) = q \cdot p$, $p \in \mathfrak{P}^n$ beliebig, $q \in \mathfrak{P}^n$ gemäß $q(t) = t$.
Zeigen Sie, daß:
a) φ regulär ist;
b) φ^{-1} nicht existiert.

6. Sei $\varphi : \mathbf{R}^4 \to \mathbf{R}^3$ eine lineare Abbildung, definiert durch $\varphi(w, x, y, z) = (w - x + y + z, w + 2y - z, w + x + 3y - 3z)$.
Bestimmen Sie eine Basis von $\varphi(\mathbf{R}^4)$ und von Kern φ und verifizieren Sie Satz 2.6.

7. Gegeben seien die linearen Abbildungen
$\varphi : \mathbf{R}^2 \to \mathbf{R}^2$ definiert durch $\varphi(x, y) = (y, 2x)$ und
$\psi : \mathbf{R}^3 \to \mathbf{R}^2$ definiert durch $\psi(x, y, z) = (y, x + z)$.
Verifizieren Sie anhand dieser Abbildungen die in Satz 2.7 bezüglich der zusammengesetzten Abbildung $\varphi \circ \psi$ gemachte Aussage.

8. Für die lineare Abbildung $\varphi : \mathbf{R}^2 \to \mathbf{R}^2$ gelte $\varphi(3, 1) = (2, -4)$ und $\varphi(1, 1) = (0, 2)$. Bestimmen Sie $\varphi(\mathbf{a})$, $\mathbf{a} \in \mathbf{R}^2$.

9. Bestimmen Sie eine lineare Abbildung $\varphi : \mathbf{R}^3 \to \mathbf{R}^4$, deren Bildraum durch die Vektoren $(1, 2, 0, -4)$ und $(2, 0, -1, -3)$ erzeugt wird.

2.2 Matrizen

Sind zwei endlichdimensionale Vektorräume $\mathfrak{V}$ und $\mathfrak{W}$ mit

$$\dim \mathfrak{V} = n \quad \text{und} \quad \dim \mathfrak{W} = m$$

und eine lineare Abbildung

$$\varphi : \mathfrak{V} \to \mathfrak{W}$$

gegeben, so wird die Abbildung φ durch die Bilder einer Basis von $\mathfrak{V}$ gemäß Korollar 2.9 vollständig festgelegt.

Sei nun $\mathfrak{B} = \{e_1, e_2, \ldots, e_n\}$ eine Basis von $\mathfrak{V}$ und $v \in \mathfrak{V}$ (2.6)

irgendein Vektor. Dann ist v eindeutig bestimmt durch seine Komponenten bezüglich $\mathfrak{B}$ (vgl. Definition 1.6), und umgekehrt sind die Komponenten von v bezüglich $\mathfrak{B}$ eindeutig festgelegt. Bezeichnen wir die Komponenten von v bezüglich $\mathfrak{B}$ der Einfachheit halber mit v_i, $i = 1, \ldots, n$, so können wir demnach v mit dem reellen n-Tupel seiner Komponenten identifizieren, das wir nun zweckmäßigerweise als Spalte (auch: Spaltenvektor, Komponentenvektor) schreiben:

$$v = \begin{pmatrix} v_1 \\ v_2 \\ \vdots \\ v_n \end{pmatrix} \tag{2.7}$$

Wir müssen uns dabei bewußt sein, daß sich die Darstellung des Vektors v gemäß (2.7) auf die Basis $\mathfrak{B}$ bezieht und bedeutet, daß

$$v = v_1 e_1 + v_2 e_2 + \ldots + v_n e_n$$

gilt. Wählen wir in $\mathfrak{V}$ eine andere Basis, so wird das im allgemeinen zu einem anderen Komponentenvektor für v in (2.7) führen, wie das folgende Beispiel deutlich macht.

Beispiel 2.3 Seien in $\mathbf{R}^2$

$$e_1 = \begin{pmatrix}1\\0\end{pmatrix}, \quad e_2 = \begin{pmatrix}0\\1\end{pmatrix}; \quad f_1 = \begin{pmatrix}1\\1\end{pmatrix}, \quad f_2 = \begin{pmatrix}-1\\1\end{pmatrix}.$$

Verwenden wir das übliche Skalarprodukt, so folgt aus Satz 1.29, daß

$$\mathfrak{B} = \{e_1, e_2\} \quad \text{und} \quad \mathfrak{C} = \{f_1, f_2\}$$

linear unabhängig sind und somit je eine Basis des $\mathbf{R}^2$ darstellen, die in Fig. 2.2 eingezeichnet sind.

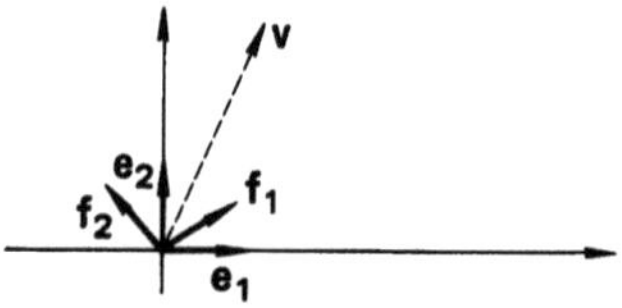

Fig. 2.2
Komponentenvektoren bezüglich verschiedenen Basen

Wählen wir nun $v \in \mathbf{R}^2$ als $v = \begin{pmatrix}1\\3\end{pmatrix}$, dann hat v die Komponentenvektoren

$$v = \begin{pmatrix}1\\3\end{pmatrix} \text{ bezüglich } \mathfrak{B} \quad \text{und} \quad v = \begin{pmatrix}2\\1\end{pmatrix} \text{ bezüglich } \mathfrak{C},$$

da $$1 \cdot e_1 + 3 \cdot e_3 = \begin{pmatrix}1\\3\end{pmatrix} \quad \text{und} \quad 2f_1 + 1 \cdot f_2 = \begin{pmatrix}1\\3\end{pmatrix}.$$ ■

Wir nehmen also nach wie vor an, für den Vektorraum $\mathfrak{V}$ sei die Basis

$$\mathfrak{B} = \{e_1, e_2, \ldots, e_n\}$$

gegeben. Sei ferner

$$\mathfrak{C} = \{f_1, f_2, \ldots, f_m\} \text{ eine Basis von } \mathfrak{W}. \tag{2.8}$$

Die eingangs als gegeben angenommene lineare Abbildung

$$\varphi : \mathfrak{V} \to \mathfrak{W}$$

ist, wie wir wissen, durch die Bilder

$$\varphi(e_i), \qquad i = 1, \ldots, n,$$

der Basis $\mathfrak{B}$ vollständig bestimmt. Da $\varphi(e_i) \in \mathfrak{W}$ gilt, läßt sich analog zu (2.7) $\varphi(e_i)$ durch einen Komponentenvektor bezüglich der Basis $\mathfrak{C}$ darstellen, also

$$\varphi(e_i) = \begin{pmatrix}\alpha_{1i}\\ \alpha_{2i}\\ \vdots \\ \alpha_{mi}\end{pmatrix}, \qquad i = 1, \ldots, n, \tag{2.9}$$

wenn $\varphi(e_i) = \sum_{k=1}^{m} \alpha_{ki} f_k$, $i = 1, \ldots, n$, gilt.

Somit ist φ vollständig durch das Zahlenschema

$$A = \begin{pmatrix} \alpha_{11} & \alpha_{12} & \dots & \alpha_{1n} \\ \alpha_{21} & \alpha_{22} & \dots & \alpha_{2n} \\ \vdots & \vdots & & \vdots \\ \alpha_{m1} & \alpha_{m2} & \dots & \alpha_{mn} \end{pmatrix} \tag{2.10}$$

bestimmt, wobei offensichtlich die i-te Spalte dieses Schemas übereinstimmt mit dem Komponentenvektor des Bildes $\varphi(e_i)$ bezüglich $\mathfrak{C}$.

Definition 2.5 *Ein rechteckiges Zahlenschema wie in* (2.10) *mit* m *Zeilen und* n *Spalten nennt man eine* M a t r i x , *präziser auch eine* (m x n) - M a t r i x. *Als Schreibweise benutzen wir auch*

$$A = (\alpha_{ij};\ 1 \leqslant i \leqslant m,\ 1 \leqslant j \leqslant n).$$

Bei gegebenen Basen $\mathfrak{B}$ von $\mathfrak{V}$ und $\mathfrak{C}$ von $\mathfrak{W}$ gemäß (2.6) und (2.8) wird also die lineare Abbildung $\varphi : \mathfrak{V} \to \mathfrak{W}$ durch die Matrix **A** gemäß (2.10) vollständig beschrieben, genauer: Die Spalten der Matrix **A** sind die Komponentenvektoren der Bilder $\varphi(e_i)$ bezüglich der Basis $\mathfrak{C}$. Damit sind uns vorläufig durch die Matrix A nur die Bilder der Basisvektoren von $\mathfrak{B}$ bekannt. Da **A** die Abbildung φ vollständig beschreibt, stellt sich sofort die Frage, wie wir denn mit Hilfe von **A** für einen beliebigen Vektor $v \in \mathfrak{V}$ dessen Bildvektor $w = \varphi(v) \in \mathfrak{W}$ bestimmen können.

Wie in (2.7) stellen wir v durch seinen Komponentenvektor bezüglich $\mathfrak{B}$ dar, also

$$v = \begin{pmatrix} v_1 \\ v_2 \\ \vdots \\ v_n \end{pmatrix},$$

was bedeutet, daß

$$v = \sum_{i=1}^{n} v_i e_i$$

gilt. Da φ eine lineare Abbildung ist, muß danach

$$\varphi(v) = \sum_{i=1}^{n} v_i \varphi(e_i)$$

sein, woraus wegen (2.9)

$$\varphi(v) = \sum_{i=1}^{n} v_i \sum_{k=1}^{m} \alpha_{ki} f_k = \sum_{k=1}^{m} \left(\sum_{i=1}^{n} \alpha_{ki} v_i \right) f_k$$

folgt. Somit hat $w = \varphi(v)$ bezüglich $\mathfrak{C}$ den Komponentenvektor

$$w = \begin{pmatrix} w_1 \\ w_2 \\ \vdots \\ w_m \end{pmatrix} = \begin{pmatrix} \sum_{i=1}^{n} \alpha_{1i} v_i \\ \sum_{i=1}^{n} \alpha_{2i} v_i \\ \vdots \\ \sum_{i=1}^{n} \alpha_{mi} v_i \end{pmatrix}. \tag{2.11}$$

Definition 2.6 *Ist* A *eine* (m x n)*-Matrix mit den Elementen* α_{ij}, *also*

$$A = \begin{pmatrix} \alpha_{11} & \alpha_{12} & \cdots & \alpha_{1n} \\ \alpha_{21} & \alpha_{22} & \cdots & \alpha_{2n} \\ \vdots & \vdots & & \vdots \\ \alpha_{m1} & \alpha_{m2} & \cdots & \alpha_{mn} \end{pmatrix}$$

und $x \in \mathbb{R}^n$ *ein Spaltenvektor, dann ist das* P r o d u k t $A \cdot x$ (*oder einfach* Ax) *der* M a t r i x A *mit dem* V e k t o r x *ein Spaltenvektor* $y \in \mathbb{R}^m$, *also*

$$y = Ax, \quad \textit{wobei} \quad y_i = \sum_{j=1}^{n} \alpha_{ij} x_j, \quad i = 1, \ldots, m.$$

Wenn wir einen Vektor $v \in \mathfrak{V}$ – wie in (2.7) – mit seinem Komponentenvektor bezüglich $\mathfrak{B}$ identifizieren, dann erhalten wir somit nach Definition 2.6 und (2.11) den Komponentenvektor w des Bildes $\varphi(v)$ bezüglich $\mathfrak{C}$ als Produkt der Matrix A mit dem Vektor v, d. h.

$$w = \varphi(v) = Av.$$

Gleichbedeutend damit können wir auch sagen, w ergebe sich als Linearkombination der Spalten von A mit den Komponenten von v, oder die Komponente w_i von w sei das Skalarprodukt (gemäß $\langle x, y \rangle = \sum_{j=1}^{n} x_i \cdot y_i$ im $\mathbb{R}^n$) der i-ten Zeile von A mit dem Komponentenvektor v.

B e m e r k u n g : Ein Matrix-Vektor-Produkt gemäß Definition 2.6 kann nur gebildet werden, wenn die Spaltenzahl der Matrix mit der Anzahl der Komponenten des Vektors übereinstimmt. Die Anzahl der Komponenten des Produktes ist gleich der Zeilenzahl der Matrix.

Sind $\varphi : \mathfrak{V} \to \mathfrak{W}$, $\psi : \mathfrak{V} \to \mathfrak{W}$ und $\rho : \mathfrak{W} \to \mathfrak{X}$ lineare Abbildungen und γ eine feste reelle Zahl, dann sind nach dem Satz 2.7 die in Definition 2.4 eingeführten Verknüpfungen $(\gamma \cdot \varphi) : \mathfrak{V} \to \mathfrak{W}$, $(\varphi + \psi) : \mathfrak{V} \to \mathfrak{W}$ und $(\rho \circ \varphi) : \mathfrak{V} \to \mathfrak{X}$ wieder lineare Abbildungen. Sind die Vektorräume endlichdimensional, dann lassen sich die diesen Verknüpfungen bezüglich fest gewählter Basen zugeordneten Matrizen leicht aus den Matrizen der gegebenen Abbildungen φ, ψ und ρ bestimmen.

Sind dim $\mathfrak{V} = n$, dim $\mathfrak{W} = m$ und dim $\mathfrak{X} = p$, und haben wir

$$\mathfrak{B} = \{e_1, e_2, \ldots, e_n\} \text{ als Basis von } \mathfrak{V},$$
$$\mathfrak{C} = \{f_1, f_2, \ldots, f_m\} \text{ als Basis von } \mathfrak{W}$$
und
$$\mathfrak{D} = \{d_1, d_2, \ldots, d_p\} \text{ als Basis von } \mathfrak{X}$$

gewählt, dann seien bezüglich dieser Basen

φ durch die Matrix $A = (\alpha_{ij}; 1 \leqslant i \leqslant m, 1 \leqslant j \leqslant n)$,
ψ durch die Matrix $B = (\beta_{ij}; 1 \leqslant i \leqslant m, 1 \leqslant j \leqslant n)$
und ρ durch die Matrix $D = (\delta_{rj}; 1 \leqslant r \leqslant p, 1 \leqslant j \leqslant m)$

beschrieben.
Somit gelten also in Analogie zu (2.9) die Gleichungen

$$\varphi(e_i) = \sum_{k=1}^{m} \alpha_{ki} f_k, \qquad i = 1, \ldots, n, \tag{2.12}$$

$$\psi(e_i) = \sum_{k=1}^{m} \beta_{ki} f_k, \qquad i = 1, \ldots, n, \tag{2.13}$$

und
$$\rho(f_j) = \sum_{r=1}^{p} \delta_{rj} d_r, \qquad j = 1, \ldots, m. \tag{2.14}$$

Ist γ eine beliebige, aber fest gewählte reelle Zahl, so wird die lineare Abbildung $\gamma \cdot \varphi$ durch die Bilder der Elemente von $\mathfrak{B}$, also nach (2.12) durch

$$\gamma \cdot \varphi(e_i) = \gamma \sum_{k=1}^{m} \alpha_{ki} f_k = \sum_{k=1}^{m} (\gamma \cdot \alpha_{ki}) f_k \tag{2.15}$$

bestimmt.

Definition 2.7 *Eine Matrix*

$$A = \begin{pmatrix} \alpha_{11} & \alpha_{12} & \ldots & \alpha_{1n} \\ \alpha_{21} & \alpha_{22} & \ldots & \alpha_{2n} \\ \vdots & \vdots & & \vdots \\ \alpha_{m1} & \alpha_{m2} & \ldots & \alpha_{mn} \end{pmatrix}$$

wird mit einer reellen Zahl γ multipliziert, indem man jedes Element α_{ij} von **A** *mit γ multipliziert, also*

$$\gamma \cdot A = \begin{pmatrix} \gamma\alpha_{11} & \gamma\alpha_{12} & \ldots & \gamma\alpha_{1n} \\ \gamma\alpha_{21} & \gamma\alpha_{22} & \ldots & \gamma\alpha_{2n} \\ \vdots & \vdots & & \vdots \\ \gamma\alpha_{m1} & \gamma\alpha_{m2} & \ldots & \gamma\alpha_{mn} \end{pmatrix}.$$

Aus (2.15) folgt dann mit dieser Definition sofort

Satz 2.10 *Haben die endlichdimensionalen Vektorräume $\mathfrak{V}$ und $\mathfrak{W}$ die Basen $\mathfrak{B}$ bzw. $\mathfrak{C}$, und wird die lineare Abbildung $\varphi: \mathfrak{V} \to \mathfrak{W}$ bezüglich dieser Basen durch die Matrix* **A** *beschrieben, dann entspricht für ein beliebiges $\gamma \in \mathbb{R}$ der linearen Abbildung $\gamma \cdot \varphi: \mathfrak{V} \to \mathfrak{W}$ die Matrix $\gamma \cdot \mathbf{A}$.*

Um die Abbildung $(\varphi + \psi): \mathfrak{V} \to \mathfrak{W}$ vollständig zu beschreiben, müssen wir die n Bilder der Basisvektoren $\mathbf{e}_i$, i = 1, ..., n, kennen. Nach (2.12) und (2.13) erhalten wir

$$\begin{aligned}(\varphi + \psi)(\mathbf{e}_i) = \varphi(\mathbf{e}_i) + \psi(\mathbf{e}_i) &= \sum_{k=1}^{m} \alpha_{ki}\mathbf{f}_k + \sum_{k=1}^{m} \beta_{ki}\mathbf{f}_k \\ &= \sum_{k=1}^{m} (\alpha_{ki} + \beta_{ki})\mathbf{f}_k.\end{aligned} \tag{2.16}$$

Definition 2.8 *Sind zwei Matrizen*

$$\mathbf{A} = \begin{pmatrix} \alpha_{11} & \alpha_{12} & \cdots & \alpha_{1n} \\ \alpha_{21} & \alpha_{22} & \cdots & \alpha_{2n} \\ \vdots & \vdots & & \vdots \\ \alpha_{m1} & \alpha_{m2} & \cdots & \alpha_{mn} \end{pmatrix}$$

und

$$\mathbf{B} = \begin{pmatrix} \beta_{11} & \beta_{12} & \cdots & \beta_{1n} \\ \beta_{21} & \beta_{22} & \cdots & \beta_{2n} \\ \vdots & \vdots & & \vdots \\ \beta_{m1} & \beta_{m2} & \cdots & \beta_{mn} \end{pmatrix}$$

gegeben, dann bezeichnet man die Matrix

$$\mathbf{C} = \begin{pmatrix} \alpha_{11} + \beta_{11} & \alpha_{12} + \beta_{12} & \cdots & \alpha_{1n} + \beta_{1n} \\ \alpha_{21} + \beta_{21} & \alpha_{22} + \beta_{22} & \cdots & \alpha_{2n} + \beta_{2n} \\ \vdots & & & \\ \alpha_{m1} + \beta_{m1} & \alpha_{m2} + \beta_{m2} & \cdots & \alpha_{mn} + \beta_{mn} \end{pmatrix}$$

als deren Summe und schreibt $\mathbf{C} = \mathbf{A} + \mathbf{B}$.

Danach werden zwei Matrizen addiert, indem die einander entsprechenden Elemente addiert werden; folglich kann man auf Grund dieser Definition Matrizen nur dann addieren, wenn sie übereinstimmende Zeilenzahlen und übereinstimmende Spaltenzahlen haben.

Aus (2.16) folgt mit Definition 2.8 unmittelbar

Satz 2.11 *Haben die endlichdimensionalen Vektorräume $\mathfrak{V}$ und $\mathfrak{W}$ die Basen $\mathfrak{B}$ bzw. $\mathfrak{C}$, und werden bezüglich dieser Basen die linearen Abbildungen $\varphi: \mathfrak{V} \to \mathfrak{W}$ durch die Matrix* **A** *und $\psi: \mathfrak{V} \to \mathfrak{W}$ durch die Matrix* **B** *beschrieben, dann ist die lineare Abbildung $(\varphi + \psi): \mathfrak{V} \to \mathfrak{W}$ durch die Matrix $\mathbf{C} = \mathbf{A} + \mathbf{B}$ bestimmt.*

Schließlich müssen wir uns noch überlegen, wie wir die zu der linearen Abbildung $(\rho \circ \varphi) : \mathfrak{V} \to \mathfrak{X}$ gehörende Matrix bestimmen, d. h. wie wir die Komponenten der Bilder der Basisvektoren e_i, $i = 1, \ldots, n$, bezüglich der Basis $\mathfrak{D}$ von $\mathfrak{X}$ finden. Aus (2.12) und (2.14) erhalten wir, da ρ nach Voraussetzung linear ist,

$$
\begin{aligned}
(\rho \circ \varphi)(e_i) &= \rho(\varphi(e_i)) = \rho\left(\sum_{k=1}^{m} \alpha_{ki} f_k\right) \\
&= \sum_{k=1}^{m} \alpha_{ki}\rho(f_k) = \sum_{k=1}^{m} \alpha_{ki} \sum_{r=1}^{p} \delta_{rk} d_r = \sum_{r=1}^{p}\left(\sum_{k=1}^{m} \delta_{rk}\alpha_{ki}\right) d_r.
\end{aligned}
\tag{2.17}
$$

Definition 2.9 *Sind die Matrizen*

$$
A = \begin{pmatrix} \alpha_{11} & \alpha_{12} & \cdots & \alpha_{1n} \\ \alpha_{21} & \alpha_{22} & \cdots & \alpha_{2n} \\ \vdots & \vdots & & \vdots \\ \alpha_{m1} & \alpha_{m2} & \cdots & \alpha_{mn} \end{pmatrix}
$$

und $$D = \begin{pmatrix} \delta_{11} & \delta_{12} & \cdots & \delta_{1m} \\ \delta_{21} & \delta_{22} & \cdots & \delta_{2m} \\ \vdots & \vdots & & \vdots \\ \delta_{p1} & \delta_{p2} & \cdots & \delta_{pm} \end{pmatrix}$$

gegeben, dann bezeichnet man die Matrix

$$
P = \begin{pmatrix} \pi_{11} & \pi_{12} & \cdots & \pi_{1n} \\ \pi_{21} & \pi_{22} & \cdots & \pi_{2n} \\ \vdots & \vdots & & \vdots \\ \pi_{p1} & \pi_{p2} & \cdots & \pi_{pn} \end{pmatrix}
$$

mit $$\pi_{ij} = \sum_{k=1}^{m} \delta_{ik}\alpha_{kj}, \qquad i = 1, \ldots, p; j = 1, \ldots, n;$$

als das P r o d u k t *aus* **D** *und* **A** *und schreibt*

$$P = D \cdot A \quad \textit{oder auch} \quad P = DA.$$

Danach ist also ein beliebiges Element π_{ij} des Matrixproduktes $D \cdot A$ das Skalarprodukt der i-ten Zeile von **D** mit der j-ten Spalte von **A**, was zur Folge hat, daß das Matrixprodukt $D \cdot A$ nach dieser Definition nur gebildet werden kann, wenn die Spaltenzahl von **D**, d. h. des ersten Faktors, mit der Zeilenzahl von **A**, also des zweiten Faktors, übereinstimmt. Schließlich ist die Zeilenzahl des Produktes gleich der Zeilenzahl des e r s t e n Faktors, und die Spaltenzahl des Produktes ist gleich der Spaltenzahl des z w e i t e n Faktors.

Aus (2.17) und Definition 2.9 ergibt sich

Satz 2.12 *Haben die endlichdimensionalen Vektorräume $\mathfrak{V}$, $\mathfrak{W}$ und $\mathfrak{X}$ die Basen $\mathfrak{B}$, $\mathfrak{C}$ bzw. $\mathfrak{D}$, und werden bezüglich dieser Basen die linearen Abbildungen $\varphi : \mathfrak{V} \to \mathfrak{W}$ durch die Matrix* **A** *und $\rho : \mathfrak{W} \to \mathfrak{X}$ durch die Matrix* **D** *beschrieben, dann ist die lineare Abbildung $(\rho \circ \varphi) : \mathfrak{V} \to \mathfrak{X}$ durch die Matrix $\mathbf{P} = \mathbf{D} \cdot \mathbf{A}$ bestimmt.*

Vom Rechnen mit reellen Zahlen sind uns Eigenschaften der Grundrechenarten geläufig, die die Ausführung von Rechenarbeiten sehr erleichtern können. Insbesondere gilt für beliebige reelle Zahlen α, β, γ

$\alpha + \beta = \beta + \alpha$	(Kommutativität der Addition),
$(\alpha + \beta) + \gamma = \alpha + (\beta + \gamma)$	(Assoziativität der Addition),
$\alpha \cdot \beta = \beta \cdot \alpha$	(Kommutativität der Multiplikation),
$(\alpha \cdot \beta) \cdot \gamma = \alpha \cdot (\beta \cdot \gamma)$	(Assoziativität der Multiplikation),
$\alpha \cdot (\beta + \gamma) = \alpha \cdot \beta + \alpha \cdot \gamma$	(Distributivität).

Es zeigt sich nun, daß für die Addition und die Multiplikation von Matrizen gemäß den Definitionen 2.8 und 2.9 diese Eigenschaften alle bis auf eine, nämlich die Kommutativität der Multiplikation, erhalten bleiben. Damit wird das Rechnen mit Matrizen fast so einfach wie dasjenige mit reellen Zahlen.

Satz 2.13 *Seien die nachfolgend benutzten Matrizen jeweils so gewählt (in Bezug auf ihre Zeilen- und Spaltenzahlen), daß die jeweiligen Operationen gemäß den* Definitionen 2.8 *und* 2.9 *durchführbar sind. Dann gilt:*

a) *Die Addition von Matrizen ist assoziativ und kommutativ, d. h.*

$$(\mathbf{A} + \mathbf{B}) + \mathbf{C} = \mathbf{A} + (\mathbf{B} + \mathbf{C}) \quad \text{und} \quad \mathbf{A} + \mathbf{B} = \mathbf{B} + \mathbf{A}.$$

b) *Die Multiplikation von Matrizen ist assoziativ, also*

$$(\mathbf{A} \cdot \mathbf{B}) \cdot \mathbf{C} = \mathbf{A} \cdot (\mathbf{B} \cdot \mathbf{C}).$$

c) *Für Multiplikation und Addition von Matrizen gilt das Distributivgesetz, d. h.*

$$\mathbf{A}(\mathbf{B} + \mathbf{C}) = \mathbf{A} \cdot \mathbf{B} + \mathbf{A} \cdot \mathbf{C} \quad \text{und} \quad (\mathbf{B} + \mathbf{C}) \cdot \mathbf{D} = \mathbf{B} \cdot \mathbf{D} + \mathbf{C} \cdot \mathbf{D}.$$

B e w e i s : Teil a) der Behauptung folgt mit Definition 2.8 unmittelbar aus Assoziativität und Kommutativität der Addition reeller Zahlen.

Teil b) zeigen wir wie folgt: Seien

A eine (m x n)-Matrix mit den Elementen α_{ij},
B eine (n x p)-Matrix mit den Elementen β_{ij},
C eine (p x r)-Matrix mit den Elementen γ_{ij}.

Damit ist nach Definition 2.9 $\mathbf{A} \cdot \mathbf{B}$ eine (m x p)-Matrix und folglich $(\mathbf{A} \cdot \mathbf{B}) \cdot \mathbf{C}$ definiert. Zum anderen ist $\mathbf{B} \cdot \mathbf{C}$ eine (n x r)-Matrix und daher $\mathbf{A} \cdot (\mathbf{B} \cdot \mathbf{C})$ definiert.

Das Element in der μ-ten Zeile und ν-ten Spalte ($1 \leqslant \mu \leqslant m$; $1 \leqslant \nu \leqslant r$) von $(\mathbf{A} \cdot \mathbf{B}) \cdot \mathbf{C}$ ist nach Definition 2.9

$$\sum_{j=1}^{p} \left(\sum_{k=1}^{n} \alpha_{\mu k} \beta_{kj} \quad \gamma_{j\nu} = \sum_{k=1}^{n} \alpha_{\mu k} \left(\sum_{j=1}^{p} \beta_{kj} \gamma_{j\nu} \right), \right.$$

also gleich dem Element der μ-ten Zeile und ν-ten Spalte von $\mathbf{A} \cdot (\mathbf{B} \cdot \mathbf{C})$, womit Teil b) bewiesen ist.
Teil c) läßt sich unter Verwendung der Definition 2.8 und 2.9 und des Distributivgesetzes für reelle Zahlen ebenso leicht verifizieren; das sei dem Leser als Übung überlassen. ■

Daß die Multiplikation von Matrizen im allgemeinen nicht kommutativ sein kann, ergibt sich schon allein daraus, daß nach Vertauschung der Faktoren das dann zu bildende Produkt nach Definition 2.9 gar nicht in jedem Fall erklärt ist. Sind etwa $\mathbf{A}$ eine (5×3)-Matrix und $\mathbf{B}$ eine (3×7)-Matrix, dann ist nach Definition 2.9 das Produkt $\mathbf{A} \cdot \mathbf{B}$ bestimmt; hingegen kann danach das Produkt $\mathbf{B} \cdot \mathbf{A}$ überhaupt nicht gebildet werden.
Aber auch wenn nach den Ordnungen (Zeilen- und Spaltenzahlen) der Matrizen $\mathbf{A}$ und $\mathbf{B}$ die beiden Produkte $\mathbf{A} \cdot \mathbf{B}$ und $\mathbf{B} \cdot \mathbf{A}$ definiert sind, stimmen sie im allgemeinen nicht überein, wie das folgende Beispiel zeigt.

Beispiel 2.4 Für die beiden (2×2)-Matrizen

$$\mathbf{A} = \begin{pmatrix} 1 & 3 \\ 2 & 5 \end{pmatrix} \quad \text{und} \quad \mathbf{B} = \begin{pmatrix} 2 & 4 \\ 1 & 3 \end{pmatrix}$$

erhalten wir die Produkte

$$\mathbf{A} \cdot \mathbf{B} = \begin{pmatrix} 5 & 13 \\ 9 & 23 \end{pmatrix} \quad \text{und} \quad \mathbf{B} \cdot \mathbf{A} = \begin{pmatrix} 10 & 26 \\ 7 & 18 \end{pmatrix},$$

also $\quad \mathbf{A} \cdot \mathbf{B} \neq \mathbf{B} \cdot \mathbf{A}$. ■

Bei der Behandlung von linearen Abbildungen $\varphi : \mathfrak{V} \to \mathfrak{W}$ haben wir bereits gesehen, daß die Unterräume $\varphi(\mathfrak{V}) \subset \mathfrak{W}$ und $\operatorname{kern} \varphi \subset \mathfrak{V}$ für die Beurteilung verschiedener Fragestellungen von wesentlicher Bedeutung sind. Wir wissen bereits, daß eine lineare Abbildung $\varphi : \mathfrak{V} \to \mathfrak{W}$ genau dann regulär ist, wenn $\operatorname{kern} \varphi = \{\mathbf{o}\}$ ist (Satz 2.4), und daß letzteres für einen endlichdimensionalen Vektorraum $\mathfrak{V}$ gleichbedeutend ist mit $\dim \varphi(\mathfrak{V}) = \dim \mathfrak{V}$ (Satz 2.5), da dann $\dim \mathfrak{V} = \dim \varphi(\mathfrak{V}) + \dim \operatorname{kern} \varphi$ gilt (Satz 2.6). Da die Gleichung $\varphi(\mathbf{v}) = \mathbf{w}$ für ein gegebenes $\mathbf{w} \in \mathfrak{W}$ genau dann lösbar ist, wenn $\mathbf{w} \in \varphi(\mathfrak{V})$ gilt, und da mit einer (beliebigen) Lösung $\mathbf{v}_1$, also $\varphi(\mathbf{v}_1) = \mathbf{w}$, die gesamte Lösungsmenge $\mathfrak{M} = \{\mathbf{v} \mid \varphi(\mathbf{v}) = \mathbf{w}, \mathbf{v} \in \mathfrak{V}\}$ von der Form $\mathfrak{M} = \{\mathbf{v}_1\} + \operatorname{kern} \varphi$ ist (Satz 2.1), ist die Gleichung $\varphi(\mathbf{v}) = \mathbf{w}$ für jedes $\mathbf{w} \in \mathfrak{W}$ lösbar, wenn $\varphi(\mathfrak{V}) = \mathfrak{W}$ gilt, und sie ist eindeutig lösbar, wenn zusätzlich $\operatorname{kern} \varphi = \{\mathbf{o}\}$, d. h. $\dim \operatorname{kern} \varphi = 0$ ist.
Sind $\mathfrak{V}$ und $\mathfrak{W}$ endlichdimensional, und sind wie in (2.6) und (2.8)

$$\mathfrak{B} = \{\mathbf{e}_1, \mathbf{e}_2, \ldots, \mathbf{e}_n\} \text{ eine Basis von } \mathfrak{V}$$

und $\quad \mathfrak{C} = \{\mathbf{f}_1, \mathbf{f}_2, \ldots, \mathbf{f}_m\}$ eine Basis von $\mathfrak{W}$,

dann wird, wie wir wissen, eine lineare Abbildung $\varphi : \mathfrak{V} \to \mathfrak{W}$ bezüglich dieser Basen vollständig durch eine Matrix

$$A = \begin{pmatrix} \alpha_{11} & \alpha_{12} & \dots & \alpha_{1n} \\ \alpha_{21} & \alpha_{22} & \dots & \alpha_{2n} \\ \vdots & \vdots & & \vdots \\ \alpha_{m1} & \alpha_{m2} & \dots & \alpha_{mn} \end{pmatrix}$$

beschrieben, wobei die Spalte

$$\mathbf{a}_i = \begin{pmatrix} \alpha_{1i} \\ \alpha_{2i} \\ \vdots \\ \alpha_{mi} \end{pmatrix}$$

der Matrix **A** der Komponentenvektor von $\varphi(\mathbf{e}_i)$ bezüglich der Basis $\mathfrak{C}$ ist, also

$$\varphi(\mathbf{e}_i) = \sum_{j=1}^{m} \alpha_{ji} \mathbf{f}_j, \qquad i = 1, \dots, n.$$

Ist I eine nichtleere Teilmenge der Indizes $i = 1, \dots, n$, dann ist die Menge der Bildvektoren

$$\{\varphi(\mathbf{e}_i) \mid i \in I\}$$

linear abhängig genau dann (vgl. Definition 1.4), wenn Koeffizienten $\lambda_i \in \mathbf{R}$ mit $\sum_{i \in I} \lambda_i^2 > 0$ existieren derart, daß

$$\sum_{i \in I} \lambda_i \varphi(\mathbf{e}_i) = \mathbf{o},$$

d. h. also

$$\sum_{i \in I} \lambda_i \sum_{j=1}^{m} \alpha_{ji} \mathbf{f}_j = \sum_{j=1}^{m} \sum_{i \in I} \lambda_i \alpha_{ji} \mathbf{f}_j = \mathbf{o}$$

gilt, was wegen der linearen Unabhängigkeit der Basiselemente $\mathbf{f}_j$ gleichbedeutend mit

$$\sum_{i \in I} \lambda_i \alpha_{ji} = 0, \qquad j = 1, \dots, m,$$

und somit äquivalent mit der linearen Abhängigkeit der Komponentenvektoren $\{\mathbf{a}_i \mid i \in I\}$ ist. Demzufolge ist umgekehrt auch die lineare Unabhängigkeit von $\{\varphi(\mathbf{e}_i) \mid i \in I\}$ gleichbedeutend mit der linearen Unabhängigkeit von $\{\mathbf{a}_i \mid i \in I\}$. Bezeichnen wir wie früher (vgl. Satz 1.17) für endlich viele Vektoren $\mathbf{w}_1, \dots, \mathbf{w}_k$ mit $\dim \{\mathbf{w}_1, \dots, \mathbf{w}_k\}$ die Maximalzahl linear unabhängiger Vektoren in $\{\mathbf{w}_1, \dots, \mathbf{w}_k\}$, dann ist angesichts der Tatsache, daß $\{\varphi(\mathbf{e}_1), \dots, \varphi(\mathbf{e}_n)\}$ ein Erzeugendensystem von $\varphi(\mathfrak{V})$ ist, nach dem eben Gesagten

$$\dim \varphi(\mathfrak{V}) = \dim \{\varphi(\mathbf{e}_1), \dots, \varphi(\mathbf{e}_n)\} = \dim \{\mathbf{a}_1, \dots, \mathbf{a}_n\}; \tag{2.18}$$

mit anderen Worten: Die Dimension des Bildes von $\mathfrak{V}$ unter der Abbildung φ stimmt mit der Maximalzahl linear unabhängiger Spalten in der zu φ gehörenden Matrix **A** überein.

Definition 2.10 a) *Sind* $\mathfrak{V}$ *und* $\mathfrak{W}$ *endlichdimensionale Vektorräume und* $\varphi : \mathfrak{V} \to \mathfrak{W}$ *eine lineare Abbildung, dann ist*

$$\mathrm{rg}(\varphi) = \dim \varphi(\mathfrak{V})$$

der R a n g *der Abbildung* φ.

b) *Der* S p a l t e n r a n g *der Matrix*

$$A = \begin{pmatrix} \alpha_{11} & \alpha_{12} & \dots & \alpha_{1n} \\ \alpha_{21} & \alpha_{22} & \dots & \alpha_{2n} \\ \vdots & \vdots & & \vdots \\ \alpha_{m1} & \alpha_{m2} & \dots & \alpha_{mn} \end{pmatrix}$$

ist die Maximalzahl linear unabhängiger Spalten in **A** *und wird mit* s(**A**) *bezeichnet.*

c) *Die Maximalzahl linear unabhängiger Zeilen der Matrix* **A** *nennen wir den* Z e i l e n - r a n g *von* **A** *und bezeichnen ihn mit* z(**A**).

Mit Definition 2.10 können wir (2.18) auch formulieren als

Lemma 2.14 *Sind* $\mathfrak{V}$ *und* $\mathfrak{W}$ *endlichdimensional und wird die lineare Abbildung* $\varphi : \mathfrak{V} \to \mathfrak{W}$ *bezüglich gegebener Basen von* $\mathfrak{V}$ *und* $\mathfrak{W}$ *durch die Matrix* **A** *beschrieben, dann gilt* rg(φ) = s(**A**).

Dem Zeilenrang der Matrix **A** können wir noch keine entsprechende Deutung für eine lineare Abbildung geben. Dazu benötigen wir den Begriff der Transponierten einer Matrix.

Definition 2.11 *Die* T r a n s p o n i e r t e *der Matrix*

$$A = \begin{pmatrix} \alpha_{11} & \alpha_{12} & \dots & \alpha_{1n} \\ \alpha_{21} & \alpha_{22} & \dots & \alpha_{2n} \\ \vdots & \vdots & & \vdots \\ \alpha_{m1} & \alpha_{m2} & \dots & \alpha_{mn} \end{pmatrix}$$

ist die Matrix

$$A^T = \begin{pmatrix} \alpha_{11} & \alpha_{21} & \dots & \alpha_{m1} \\ \alpha_{12} & \alpha_{22} & \dots & \alpha_{m2} \\ \vdots & \vdots & & \vdots \\ \alpha_{1n} & \alpha_{2n} & \dots & \alpha_{mn} \end{pmatrix} .$$

Wir erhalten also $\mathbf{A}^T$ aus **A**, indem wir die i-te Spalte von **A** als i-te Zeile von $\mathbf{A}^T$ definieren, i = 1, ..., n. Ebenso ist die j-te Spalte von $\mathbf{A}^T$ gleich der j-ten Zeile von **A**, j = 1, ..., m. Anders ausgedrückt: Wird das Element in der i-ten Zeile und j-ten Spalte von $\mathbf{A}^T$ mit β_{ij} bezeichnet, dann gilt

$$\beta_{ij} = \alpha_{ji}; \qquad i = 1, \dots, n; j = 1, \dots, m. \tag{2.19}$$

Sind dim $\mathfrak{V}$ = n, dim $\mathfrak{W}$ = m, und haben wir feste Basen $\mathfrak{B}$ von $\mathfrak{V}$ und $\mathfrak{C}$ von $\mathfrak{W}$, dann ist bezüglich dieser Basen durch **A** eine lineare Abbildung $\varphi : \mathfrak{V} \to \mathfrak{W}$ und durch $\mathbf{A}^T$ eine lineare Abbildung $\psi : \mathfrak{W} \to \mathfrak{V}$ beschrieben. Nach Lemma 2.14 und unter Verwendung von Definition 2.11 erhalten wir sofort

$$\mathrm{rg}(\varphi) = s(\mathbf{A}),$$
$$\mathrm{rg}(\psi) = s(\mathbf{A}^T) = z(\mathbf{A}).$$

Es wird sich nun zeigen, daß $\mathrm{rg}(\varphi) = \mathrm{rg}(\psi)$ gilt und somit der Zeilen- und der Spaltenrang einer Matrix übereinstimmen.

Zuvor wollen wir für das Transponieren von Matrizen noch folgende Rechenregeln festhalten:

Lemma 2.15 *Seien die Matrizen* **C, D, F, G,** *so gewählt, daß das Produkt* **CD** *und die Summe* **F + G** *definiert sind. Dann gilt* $(\mathbf{CD})^T = \mathbf{D}^T\mathbf{C}^T$ *und* $(\mathbf{F} + \mathbf{G})^T = \mathbf{F}^T + \mathbf{G}^T$.

Der Beweis ergibt sich sofort aus den Definitionen des Matrixproduktes, der Summe von Matrizen und der Transponierten einer Matrix – insbesondere (2.19) – und sei dem Leser als Übungsaufgabe überlassen.

Satz 2.16 *Sei* **A** *eine* (m × n)*-Matrix mit Spaltenrang* s(**A**) *und Zeilenrang* z(**A**). *Dann gilt* s(**A**) = z(**A**).

Beweis: Durch die Matrix **A** wird eine lineare Abbildung

$$\varphi : \mathbf{R}^n \to \mathbf{R}^m \quad \text{gemäß} \quad \varphi(\mathbf{x}) = \mathbf{A}\mathbf{x} \quad \forall\, \mathbf{x} \in \mathbf{R}^n$$

definiert. Analog definiert die Matrix $\mathbf{A}^T$ eine lineare Abbildung

$$\psi : \mathbf{R}^m \to \mathbf{R}^n \quad \text{gemäß} \quad \psi(\mathbf{y}) = \mathbf{A}^T\mathbf{y} \quad \forall\, \mathbf{y} \in \mathbf{R}^m.$$

Sei $\quad k = \dim \mathrm{kern}\, \varphi \quad$ und $\quad \{\mathbf{v}_1, \ldots, \mathbf{v}_k\}$ eine Basis von kern φ.

(Offenbar muß $0 \leqslant k \leqslant n$ gelten; k = n bedeutet, wie man leicht sieht, daß **A** = **o**, also die sog. Nullmatrix, in der alle Elemente gleich Null sind, ist, wofür dann trivalerweise s(**A**) = z(**A**) = 0 gilt.) Sei k < n. Dann läßt sich die Basis von kern φ nach Satz 1.12 erweitern zu einer Basis

$$\{\mathbf{v}_1, \ldots, \mathbf{v}_k, \mathbf{v}_{k+1}, \ldots, \mathbf{v}_n\}$$

des $\mathbf{R}^n$. Da nach Konstruktion $\varphi(\mathbf{v}_i) = \mathbf{o}$, i = 1, ..., k, folgt $\mathrm{rg}(\varphi) = \dim \{\varphi(\mathbf{v}_{k+1}), \ldots, \varphi(\mathbf{v}_n)\} \leqslant n - k$ und somit wegen $\mathrm{rg}(\varphi) = s(\mathbf{A})$

$$s(\mathbf{A}) \leqslant n - k = n - \dim \mathrm{kern}\, \varphi,$$

was mit

$$\dim \mathrm{kern}\, \varphi \leqslant n - s(\mathbf{A}) \tag{2.20}$$

übereinstimmt. Analog erhalten wir für die Abbildung ψ

$$\dim \mathrm{kern}\, \psi \leqslant m - s(\mathbf{A}^T) = m - z(\mathbf{A}). \tag{2.21}$$

Sei $\mathfrak{A}$ das Bild von $\mathbf{R}^n$ unter φ, also

$$\mathfrak{A} = \varphi(\mathbf{R}^n), \quad \text{und somit} \quad \dim \mathfrak{A} = \mathrm{rg}(\varphi) = \mathrm{s}(A).$$

Da wir das Skalarprodukt $\langle y, z\rangle = \sum_{i=1}^{m} y_i z_i$ der Spaltenvektoren y und z im $\mathbf{R}^m$ auch als $\langle y, z\rangle = y^T z$ schreiben können, wenn wir y und z als (m x 1)-Matrizen auffassen, erhalten wir nach Definition 1.15 für das orthogonale Komplement von $\mathfrak{A}$ mit Lemma 2.15

$$\begin{aligned}\mathfrak{A}^\perp &= \{y \mid y \in \mathbf{R}^m, \langle y, \varphi(x)\rangle = 0 \ \forall\, x \in \mathbf{R}^n\}\\ &= \{y \mid y \in \mathbf{R}^m, y^T(Ax) = 0 \ \forall\, x \in \mathbf{R}^n\}\\ &= \{y \mid y \in \mathbf{R}^m, (y^T A)x = 0 \ \forall\, x \in \mathbf{R}^n\}\\ &= \{y \mid y \in \mathbf{R}^m, (A^T y)^T x = 0 \ \forall\, x \in \mathbf{R}^n\}\\ &= \{y \mid y \in \mathbf{R}^m, \langle A^T y, x\rangle = 0 \ \forall\, x \in \mathbf{R}^n\}.\end{aligned}$$

Da mit $v \in \mathbf{R}^n$ die Bedingung $\langle v, x\rangle = 0 \ \forall\, x \in \mathbf{R}^n$ offenbar nur für $v = o$ erfüllbar ist, folgt

$$\mathfrak{A}^\perp = \{y \mid y \in \mathbf{R}^m, A^T y = o\} = \mathrm{kern}\, \psi.$$

Nach Satz 1.33 gilt daher

$$\dim \mathrm{kern}\, \psi = \dim \mathfrak{A}^\perp = \dim \mathbf{R}^m - \dim \mathfrak{A} = m - \mathrm{s}(A). \tag{2.22}$$

Analog erhalten wir mit Hilfe des orthogonalen Komplementes von $\psi(\mathbf{R}^m)$

$$\dim \mathrm{kern}\, \varphi = n - \mathrm{z}(A). \tag{2.23}$$

Aus (2.20) und (2.23) folgt

$$n - \mathrm{z}(A) \leqslant n - \mathrm{s}(A), \quad \text{d. h.} \quad \mathrm{s}(A) \leqslant \mathrm{z}(A);$$

und (2.21) und (2.22) liefern

$$m - \mathrm{s}(A) \leqslant m - \mathrm{z}(A), \quad \text{d. h.} \quad \mathrm{z}(A) \leqslant \mathrm{s}(A).$$

Somit gilt $\mathrm{s}(A) = \mathrm{z}(A)$. ∎

Auf Grund dieses Satzes können wir den Rang einer Matrix einführen durch

Definition 2.12 *Ist* A *eine* (m x n)*-Matrix mit dem Spaltenrang* s(A) *und dem Zeilenrang* z(A), *dann ist*

$$\mathrm{rg}(A) = \mathrm{s}(A) = \mathrm{z}(A)$$

der R a n g *der* M a t r i x A.

Um den Rang einer Matrix zu bestimmen, muß man also die Maximalzahl linear unabhängiger Spalten (-Vektoren) oder Zeilen (-Vektoren) dieser Matrix ermitteln. Eine Methode, nach der die Dimension einer endlichen Menge von Vektoren, also die Maximalzahl linear unabhängiger Elemente dieser Menge, bestimmt werden kann, haben wir im Satz 1.17 und Beispiel 1.4 bereits kennengelernt, so daß die Rangbestimmung von Matrizen kein neues Problem mehr darstellt.

Beispiel 2.5 Gesucht sei der Rang der Matrix

$$\mathbf{A} = \begin{pmatrix} 4 & 3 & 10 & 11 \\ 2 & 6 & 14 & 10 \\ 1 & 5 & 11 & 7 \end{pmatrix}.$$

Ziehen wir die dritte Zeile zweimal von der zweiten Zeile und vier Mal von der ersten Zeile ab, so erhalten wir die Matrix

$$\begin{pmatrix} 0 & -17 & -34 & -17 \\ 0 & -4 & -8 & -4 \\ 1 & 5 & 11 & 7 \end{pmatrix}.$$

Ziehen wir hier die erste Spalte fünf Mal von der zweiten, elf Mal von der dritten und sieben Mal von der vierten Spalte ab, so entsteht die Matrix

$$\begin{pmatrix} 0 & -17 & -34 & -17 \\ 0 & -4 & -8 & -4 \\ 1 & 0 & 0 & 0 \end{pmatrix}.$$

Subtrahieren wir jetzt die zweite Spalte einmal von der vierten und zweimal von der dritten Spalte, so folgt

$$\begin{pmatrix} 0 & -17 & 0 & 0 \\ 0 & -4 & 0 & 0 \\ 1 & 0 & 0 & 0 \end{pmatrix}.$$

Division der ersten Zeile durch (−17) und der zweiten Zeile durch (−4) liefert

$$\begin{pmatrix} 0 & 1 & 0 & 0 \\ 0 & 1 & 0 & 0 \\ 1 & 0 & 0 & 0 \end{pmatrix},$$

und durch Subtraktion der ersten von der zweiten Zeile erhalten wir die Matrix

$$\mathbf{B} = \begin{pmatrix} 0 & 1 & 0 & 0 \\ 0 & 0 & 0 & 0 \\ 1 & 0 & 0 & 0 \end{pmatrix}.$$

Da die Einheitsvektoren – im $\mathbf{R}^3$ –

$$\begin{pmatrix} 0 \\ 0 \\ 1 \end{pmatrix} \text{ und } \begin{pmatrix} 1 \\ 0 \\ 0 \end{pmatrix}$$

linear unabhängig sind, ist $\text{rg}(\mathbf{B}) = 2$.

Der Leser möge sich klarmachen, daß alle hier ausgeführten Operationen nach Satz 1.17 den Rang der nacheinander berechneten Matrizen unverändert lassen, d. h. daß

$$\text{rg}(\mathbf{A}) = \text{rg}(\mathbf{B}) = 2. \qquad \blacksquare$$

Sei **A** wiederum eine (m x n)-Matrix. Sind $\mathfrak{V}$ und $\mathfrak{W}$ Vektorräume mit $\dim \mathfrak{V} = n$, dim $\mathfrak{W}$ = m und den Basen $\mathfrak{B}$ von $\mathfrak{V}$ und $\mathfrak{C}$ von $\mathfrak{W}$, dann beschreibt, wie wir wissen, die Matrix **A** bezüglich dieser Basen eine lineare Abbildung

$$\varphi : \mathfrak{V} \to \mathfrak{W}.$$

Nach Satz 2.5 ist diese Abbildung genau dann regulär, wenn

$$\dim \varphi(\mathfrak{V}) = \dim \mathfrak{V} = n$$

gilt. In diesem Fall existiert eine Basis $\mathfrak{D}$ von $\varphi(\mathfrak{V}) \subset \mathfrak{W}$ mit genau n Elementen und wir können jeden Vektor in $\varphi(\mathfrak{V})$ ebenso gut durch seine Komponenten bezüglich dieser Basis $\mathfrak{D}$ wie durch seine m Komponenten bezüglich der Basis $\mathfrak{C}$ von $\mathfrak{W}$ darstellen. Demzufolge können wir φ auch als Abbildung

$$\varphi : \mathfrak{V} \to \varphi(\mathfrak{V})$$

auffassen und bezüglich der Basen $\mathfrak{B}$ und $\mathfrak{D}$ durch eine (n x n)-Matrix **B** darstellen. Da $\varphi : \mathfrak{V} \to \mathfrak{W}$ als regulär angenommen wurde, ist $\varphi : \mathfrak{V} \to \varphi(\mathfrak{V})$ bijektiv (vgl. Definition 2.3) und besitzt somit eine Inverse

$$\varphi^{-1} : \varphi(\mathfrak{V}) \to \mathfrak{V}.$$

Diese Erwägungen führen zur folgenden

Definition 2.13 a) *Eine* (n x n)-*Matrix* **B** *heißt* r e g u l ä r , *wenn* $\text{rg}(\mathbf{B}) = n$ *gilt. Ist in diesem Fall* $\psi : \mathbf{R}^n \to \mathbf{R}^n$ *die durch* $\psi(\mathbf{x}) = \mathbf{Bx}, \mathbf{x} \in \mathbf{R}^n$, *gegebene lineare Abbildung, dann bezeichnen wir mit* $\mathbf{B}^{-1}$ *die zur inversen Abbildung* $\psi^{-1} : \mathbf{R}^n \to \mathbf{R}^n$ *gehörende* (n x n)-*Matrix und nennen* $\mathbf{B}^{-1}$ *die* I n v e r s e *der Matrix* **B**.
b) *Jede Matrix, die nicht regulär ist, nennen wir* s i n g u l ä r.

Wenn wir also von einer Matrix sagen, sie sei regulär, folgt nach dieser Definition notwendigerweise, daß für diese Matrix Zeilenzahl und Spaltenzahl übereinstimmen, also beide gleich einer positiven natürlichen Zahl n sind. Statt „(m x n)-Matrix" verwenden wir dann auch die Bezeichnung „n - r e i h i g e Matrix".
Wir haben bereits früher die identische Abbildung kennengelernt als Abbildung id : $\mathfrak{V} \to \mathfrak{V}$ mit $\text{id}(\mathbf{v}) = \mathbf{v}\ \forall\ \mathbf{v} \in \mathfrak{V}$. Ist dim $\mathfrak{V}$ = n und $\mathfrak{B} = \{\mathbf{e}_1, \mathbf{e}_2, \ldots, \mathbf{e}_n\}$ eine Basis von $\mathfrak{V}$, dann gilt also insbesondere

$$\text{id}(\mathbf{e}_j) = \mathbf{e}_j, \qquad j = 1, \ldots, n,$$

und dadurch ist bekanntlich die lineare Abbildung id vollständig bestimmt. Offenbar hat der Basisvektor $\mathbf{e}_j$ bezüglich $\mathfrak{B}$ den Komponentenvektor

$$j\left\{\begin{pmatrix} 0 \\ \vdots \\ 0 \\ 1 \\ 0 \\ \vdots \\ 0 \end{pmatrix}\right. ,$$

d. h. die j-te Komponente ist gleich Eins, und alle übrigen Komponenten sind gleich Null. Somit wird die Abbildung id : $\mathfrak{V} \to \mathfrak{V}$ durch die n-reihige Matrix

$$\mathbf{I} = \begin{pmatrix} 1 & 0 & 0 & \dots & 0 \\ 0 & 1 & 0 & \dots & 0 \\ 0 & 0 & 1 & \dots & 0 \\ \vdots & \vdots & \vdots & & \vdots \\ 0 & 0 & 0 & \dots & 1 \end{pmatrix} \tag{2.24}$$

beschrieben, die wir als – n-reihige – Einheitsmatrix bezeichnen. Offenbar gilt $rg(\mathbf{I}) = n$, d. h. die Einheitsmatrix ist regulär. Ferner rechnet man leicht nach, daß

$$\mathbf{I} \cdot \mathbf{D} = \mathbf{D}$$

für jede Matrix **D** mit n Zeilen und

$$\mathbf{F} \cdot \mathbf{I} = \mathbf{F}$$

für jede Matrix **F** mit n Spalten gilt.

Lemma 2.17 *Ist* **A** *eine n-reihige reguläre Matrix, dann gelten*

$$\mathbf{A}^{-1}\mathbf{A} = \mathbf{I} \tag{2.25}$$

und

$$\mathbf{A} \cdot \mathbf{A}^{-1} = \mathbf{I}. \tag{2.26}$$

Beweis: Sei $\psi : \mathbb{R}^n \to \mathbb{R}^n$ die durch $\psi(x) = \mathbf{A}x$, $x \in \mathbb{R}^n$, gegebene lineare Abbildung. Mit **A** ist auch ψ regulär und besitzt eine Inverse ψ^{-1}, der die Matrix $\mathbf{A}^{-1}$ gemäß Definition 2.13 zugeordnet ist. Der Definition 2.3 entnimmt man ohne weiteres, daß

$$\psi^{-1} \circ \psi = \mathrm{id}$$

gelten muß, so daß mit Satz 2.12 für die zugehörigen Matrizen

$$\mathbf{A}^{-1}\mathbf{A} = \mathbf{I}$$

folgt.

Andererseits ist nach Definition 2.3

$$\psi^{-1}(x) = \{y \in \mathbb{R}^n \mid \psi(y) = x\} \quad \forall\, x \in \mathbb{R}^n$$

und folglich

$$\psi(\psi^{-1}(x)) = x \quad \forall\, x \in \mathbb{R}^n, \quad \text{also} \quad \psi \circ \psi^{-1} = \mathrm{id},$$

woraus sich mit Satz 2.12 sofort

$$\mathbf{A} \cdot \mathbf{A}^{-1} = \mathbf{I}$$

ergibt. ∎

Die Beziehungen (2.25) und (2.26) gelten also notwendigerweise für reguläre Matrizen und ihre Inversen. Darüber hinaus gilt aber auch

Satz 2.18 *Für n-reihige Matrizen* **A** *und* **B** *folgt aus der Gleichung*

$$\mathbf{AB} = \mathbf{I}, \tag{2.27}$$

daß **A** *und* **B** *regulär sind und* $\mathbf{A} = \mathbf{B}^{-1}$ *sowie* $\mathbf{B} = \mathbf{A}^{-1}$ *gelten.*

B e w e i s : Seien die linearen Abbildungen

$$\psi : \mathbf{R}^n \to \mathbf{R}^n \quad \text{durch } \psi(x) = \mathbf{A}x, x \in \mathbf{R}^n,$$

und $\varphi : \mathbf{R}^n \to \mathbf{R}^n$ durch $\varphi(x) = \mathbf{B}x, x \in \mathbf{R}^n$,

gegeben. Somit ist nach Satz 2.12

$$\psi \circ \varphi : \mathbf{R}^n \to \mathbf{R}^n \quad \text{durch } \psi(\varphi(x)) = \mathbf{AB}x, x \in \mathbf{R}^n,$$

bestimmt. Wenn (2.27) gilt, muß $\psi \circ \varphi = \mathrm{id}$ sein und somit

$$\dim \psi \circ \varphi(\mathbf{R}^n) = n, \quad \text{da } \mathrm{rg}(\mathrm{id}) = \mathrm{rg}(\mathbf{I}) = n.$$

Andererseits gilt nach Satz 2.5

$$\dim \psi \circ \varphi(\mathbf{R}^n) \leqslant \dim \varphi(\mathbf{R}^n) \leqslant \dim \mathbf{R}^n = n,$$

wobei hier Gleichheit nur auftritt, wenn φ und ψ regulär sind. Folglich müssen wegen

$$\mathrm{rg}(\psi) = \mathrm{rg}(\mathbf{A}) \quad \text{und} \quad \mathrm{rg}(\varphi) = \mathrm{rg}(\mathbf{B})$$

A und **B** regulär sein.
Multiplizieren wir nun (2.27) von links mit $\mathbf{A}^{-1}$, so folgt mit (2.25)

$$\mathbf{B} = \mathbf{A}^{-1},$$

während die Multiplikation von (2.27) von rechts mit $\mathbf{B}^{-1}$ nach (2.26)

$$\mathbf{A} = \mathbf{B}^{-1}$$

ergibt. ∎

Aus Satz 2.18 ergeben sich sofort zwei Folgerungen, die häufig benutzt werden und deshalb hier als Korollar festgehalten werden sollen.

Korollar 2.19 *Ist* **A** *eine reguläre n-reihige Matrix, dann ist auch* $\mathbf{A}^T$ *regulär, und es gilt*

$$(\mathbf{A}^T)^{-1} = (\mathbf{A}^{-1})^T.$$

B e w e i s : Nach Lemma 2.17 gilt

$$\mathbf{A}^{-1}\mathbf{A} = \mathbf{I}.$$

Wegen $\mathbf{I}^T = \mathbf{I}$ und Lemma 2.15 folgt hieraus

$$\mathbf{A}^T \cdot (\mathbf{A}^{-1})^T = \mathbf{I}$$

und somit nach Satz 2.18

$$(\mathbf{A}^{-1})^T = (\mathbf{A}^T)^{-1}.$$

∎

Korollar 2.20 *Sind* **A** *und* **B** *reguläre* n-*reihige Matrizen, dann ist* **A · B** *ebenfalls regulär, und es gilt*

$$(\mathbf{AB})^{-1} = \mathbf{B}^{-1} \cdot \mathbf{A}^{-1}.$$

B e w e i s : Da offensichtlich

$$(\mathbf{B}^{-1} \cdot \mathbf{A}^{-1})(\mathbf{A} \cdot \mathbf{B}) = \mathbf{B}^{-1} \cdot (\mathbf{A}^{-1} \cdot \mathbf{A}) \cdot \mathbf{B} = \mathbf{B}^{-1} \cdot \mathbf{I} \cdot \mathbf{B} = \mathbf{B}^{-1} \cdot \mathbf{B} = \mathbf{I}$$

gilt, folgt aus Satz 2.18

$$\mathbf{B}^{-1} \cdot \mathbf{A}^{-1} = (\mathbf{A} \cdot \mathbf{B})^{-1}.$$

■

Übungsaufgaben

1. Gegeben sei die Matrix $\mathbf{A} = \begin{pmatrix} 1 & 1 \\ 0 & 1 \end{pmatrix}$. Bestimmen Sie die Menge aller Matrizen $\mathbf{B} = \begin{pmatrix} x & y \\ z & w \end{pmatrix}$, für die $\mathbf{AB} = \mathbf{BA}$ gilt.

2. Verifizieren Sie Satz 2.13 anhand folgender Matrizen:

$$\mathbf{A} = \begin{pmatrix} 2 & 1 & 3 \\ 0 & 4 & 5 \\ 3 & 1 & 7 \end{pmatrix}, \quad \mathbf{B} = \begin{pmatrix} 1 & 0 & 3 \\ 2 & 4 & 7 \\ 0 & 5 & 2 \end{pmatrix}, \quad \mathbf{C} = \begin{pmatrix} 4 & 3 & 0 \\ 6 & 1 & 2 \\ 0 & 7 & 3 \end{pmatrix}.$$

3. Seien

$$\mathbf{A} = \begin{pmatrix} 1 & -1 & 2 \\ 0 & 3 & 4 \\ 1 & 4 & 6 \end{pmatrix}, \quad \mathbf{B} = \begin{pmatrix} 4 & 0 & -3 \\ -1 & -2 & 3 \end{pmatrix},$$

$$\mathbf{C} = \begin{pmatrix} -1 & -3 & 0 & 1 \\ 0 & -1 & -4 & 2 \\ 1 & 0 & 0 & 3 \end{pmatrix}, \quad \mathbf{D} = \begin{pmatrix} 2 \\ -1 \\ 3 \end{pmatrix}.$$

Berechnen Sie – falls definiert – die Produkte **AB**, **AC**, **AD**, **BC**, **BD**, **CD** und bestimmen Sie deren Zeilen- und Spaltenrang.

4. Sei $\varphi : \mathbf{R}^n \to \mathbf{R}^m$, $\varphi(\mathbf{x}) = \mathbf{Ax}$, $\mathbf{x} \in \mathbf{R}^n$ und **A** eine (m x n)-Matrix. Welche Bedingungen muß **A** erfüllen, damit:

a) $\operatorname{kern} \varphi = \{\mathbf{o}\}$; b) $\varphi(\mathbf{R}^n) = \mathbf{R}^m$?

5. Sei $\varphi : \mathbf{R}^3 \to \mathbf{R}^3$ definiert durch $\varphi(x, y, z) = (x \cos\theta - y \sin\theta, x \sin\theta + y \cos\theta, z)$, wobei θ eine feste Zahl ist.

a) Zeigen Sie, daß φ linear ist;

b) Bestimmen Sie die zu φ gehörende Matrix **A** bezüglich der Basis der E i n h e i t s v e k - t o r e n $\mathbf{e}_1 = (1, 0, 0)$, $\mathbf{e}_2 = (0, 1, 0)$ und $\mathbf{e}_3 = (0, 0, 1)$.

c) Zeigen Sie, daß **A** regulär ist.

6. Bestimmen Sie die Inversen folgender Matrizen:

$$\mathbf{A} = \begin{pmatrix} 1 & 0 & 2 \\ 0 & 1 & -1 \\ 1 & 0 & 0 \end{pmatrix}, \quad \mathbf{B} = \begin{pmatrix} 1 & 1 & 0 \\ 0 & 1 & 1 \\ 1 & 0 & 1 \end{pmatrix}.$$

7. In einem Betrieb werden aus 2 Rohstoffen R_1 und R_2 3 Zwischenprodukte Z_1, Z_2 und Z_3 hergestellt, die zu 2 Endprodukten E_1 und E_2 weiterverarbeitet werden. Seien die Mengeneinheiten der beiden Rohstoffe mit r_1, r_2 bezeichnet, jene der Zwischenprodukte mit z_1, z_2, z_3 und jene der Endprodukte mit e_1, e_2.
Für die Herstellung der Zwischen- bzw. Endprodukte gelten folgende Verbrauchsnormen:
e_1 Einheiten E_1 und e_2 Einheiten E_2 erfordern
$e_1 + 2e_2$ Einheiten Z_1
$e_1 + e_2$ Einheiten Z_2
$3e_1 + e_2$ Einheiten Z_3;
z_1 Einheiten Z_1, z_2 Einheiten Z_2 und z_3 Einheiten Z_3 erfordern
$z_1 + 2z_2$ Einheiten R_1
$z_2 + z_3$ Einheiten R_2.
a) Wie lautet die Gesamtrohstoffverbrauchsmatrix **A** der Endprodukte E_1 und E_2, die den direkten Rohstoffverbrauch pro Einheit E_1 und E_2 angibt? Wie groß ist der Rohstoffbedarf für die Produktion von 1000 Einheiten E_1 und 800 Einheiten E_2?
b) Wie lautet die Matrix **B**, die das Gleichungssystem $\mathbf{e} = \mathbf{Br}$ erfüllt? Bestimmen Sie mit Hilfe der Matrix **B** ein Produktionsprogramm **e**, das die vorhandenen Rohstoffmengen $r_1 = 7000$ und $r_2 = 8000$ voll ausnutzt.

8. Verifizieren Sie Korollar 2.20 anhand der Matrizen

$$\mathbf{A} = \begin{pmatrix} 3 & 1 \\ 0 & 2 \end{pmatrix} \quad \text{und} \quad \mathbf{B} = \begin{pmatrix} 1 & 4 \\ 2 & 3 \end{pmatrix}.$$

2.3 Lineare Gleichungssysteme – Lösbarkeit

Wir haben bereits im einführenden Beispiel 1.3 lineare Gleichungssysteme (LGS) erwähnt und bemerkt, daß es in der Regel darum geht, Unbekannte $x_1, x_2, \ldots, x_n$ so zu bestimmen, daß die linearen Gleichungen

$$\left.\begin{array}{l} a_{11}x_1 + a_{12}x_2 + \ldots + a_{1n}x_n = b_1 \\ a_{21}x_1 + a_{22}x_2 + \ldots + a_{2n}x_n = b_2 \\ \vdots \\ a_{m1}x_1 + a_{m2}x_2 + \ldots + a_{mn}x_n = b_m \end{array}\right\} \tag{2.28}$$

sämtlich erfüllt sind, wobei die Koeffizienten a_{ij}, $i = 1, \ldots, m$, $j = 1, \ldots, n$ und die Größen $b_1, \ldots, b_m$ gegebene reelle Zahlen sind.
Ein derartiges Gleichungssystem können wir jetzt kürzer in Matrix-Vektor-Schreibweise darstellen, denn offensichtlich ist mit der Matrix $\mathbf{A} = (a_{ij};\ 1 \leqslant i \leqslant m,\ 1 \leqslant j \leqslant n)$, der „rechten Seite" $\mathbf{b} \in \mathbf{R}^m$ mit den Komponenten $b_1, \ldots, b_m$ und dem Vektor der Unbekannten $\mathbf{x} \in \mathbf{R}^n$ mit den Komponenten $x_1, \ldots, x_n$ das LGS (2.28) gleichbedeutend mit der Vektorgleichung

$$\mathbf{Ax} = \mathbf{b}. \tag{2.29}$$

Wir werden deshalb im folgenden je nach Zweckmäßigkeit für ein LGS die elementweise Darstellung (2.28) oder die Matrix-Vektor-Schreibweise (2.29) benutzen.

Betrachten wir die lineare Abbildung

$$\phi : \mathbf{R}^n \to \mathbf{R}^m,$$

die durch

$$\phi(x) = Ax, \qquad x \in \mathbf{R}^n,$$

gegeben ist, dann ist die Lösungsmenge des LGS (2.29) die Menge

$$\mathfrak{M} = \{x \in \mathbf{R}^n \mid \phi(x) = b\}.$$

Nach Satz 2.1 ist $\mathfrak{M} \neq \emptyset$ genau dann, wenn $b \in \phi(\mathbf{R}^n)$, mit anderen Worten wenn **b** in dem durch die Spalten von **A** erzeugten Unterraum des $\mathbf{R}^m$ liegt. Letzteres bedeutet, daß **b** eine Linearkombination der Spalten von **A** ist, was wir auch (2.29) direkt entnehmen können. Ist $rg(A) = k$, dann enthält **A** eine Teilmenge von k linear unabhängigen Spalten, und je ℓ Spalten von **A** sind linear abhängig, wenn $\ell > k$ gilt. Ist **b** eine Linearkombination der Spalten von **A**, also von den Spalten von **A** linear abhängig, dann hat auch die um **b** erweiterte Matrix

$$(A, b) = \begin{pmatrix} a_{11} & \dots & a_{1n} & b_1 \\ \vdots & & & \\ a_{m1} & \dots & a_{mn} & b_m \end{pmatrix}$$

eine Maximalzahl von k linear unabhängigen Spalten, also $rg(A, b) = rg(A)$. Umgekehrt folgt aus der Gleichung $rg(A, b) = rg(A)$ offenbar, daß **b** von den Spalten von **A** linear abhängig ist, also $b \in \phi(\mathbf{R}^n)$ gilt.

Da $\ker \phi = \{y \in \mathbf{R}^n \mid \phi(y) = o\} = \{y \in \mathbf{R}^n \mid Ay = o\}$, folgt aus Satz 2.1 nunmehr ohne weiteres

Satz 2.21 a) *Das* LGS (2.29) *ist lösbar genau dann, wenn* $rg(A, b) = rg(A)$ *gilt.*

b) *Ist das* LGS (2.29) *lösbar und* $\hat{x}$ *eine* partikuläre *– also irgendeine speziell ausgewählte – Lösung von* (2.29), *dann ist die gesamte Lösungsmenge* $\mathfrak{M}$ *gegeben als*

$$\mathfrak{M} = \{\hat{x}\} + \{y \in \mathbf{R}^n \mid Ay = o\}.$$

Aus dem Beweis von Satz 2.16 (vgl. (2.23)) wissen wir, daß

$$\dim \ker \phi = \dim \{y \in \mathbf{R}^n \mid Ay = o\} = n - rg(A)$$

gilt. Mithin ist die Lösung von (2.29) eindeutig genau dann, wenn $rg(A, b) = rg(A) = n$ gilt, da nur dann $\dim \ker \phi = 0$, d. h. $\ker \phi = \{o\}$ ist.

Wenn $rg(A, b) = rg(A) = n$ gilt, muß $m \geqslant n$ sein, da sonst nach Korollar 1.16 die n Spalten von **A** linear abhängig wären. Ferner folgt, daß es in (**A**, **b**) eine Maximalzahl von n linear unabhängigen Zeilen gibt, von denen – falls $m > n$ – die übrigen $m - n$ Zeilen linear abhängig sind. Also bestimmen diese n linear unabhängigen Zeilen die Lösung von (2.29), und wir können uns auf die entsprechenden n Gleichungen beschränken.

Die Lösungsmenge $\mathfrak{B}$ des homogenen linearen Gleichungssystems (HLGS)

$$Ay = o, \tag{2.30}$$

also $\mathfrak{B} = \{y \in \mathbf{R}^n \mid Ay = o\} = \text{kern}\, \phi$, ist, wie wir nach Satz 2.2 wissen, ein Unterraum des $\mathbf{R}^n$ und enthält deshalb den Nullvektor. Somit können wir nach Satz 2.21 die Lösungsmenge $\mathfrak{M}$ des LGS (2.29) wie folgt veranschaulichen:

$\mathfrak{M}$ entsteht aus der Lösungsmenge $\mathfrak{B}$ des HLGS (2.30), indem wir $\mathfrak{B}$ um irgendeine partikuläre Lösung $\hat{x}$ von (2.29) parallel verschieben, wie das in Fig. 2.3 gezeigt wird.

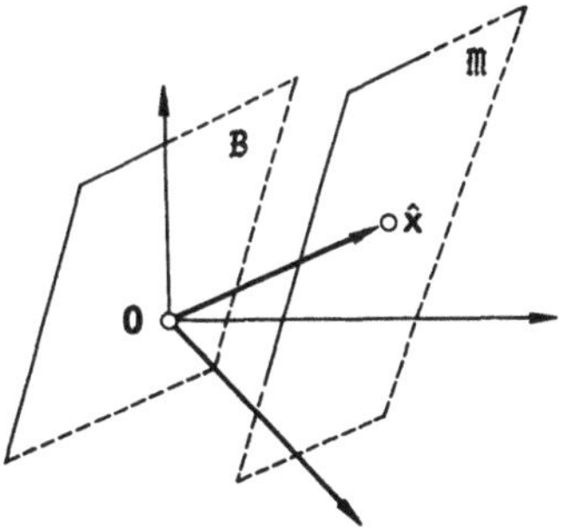

Fig. 2.3
Lösungsmenge eines LGS

Gebilde dieser Art nennen wir l i n e a r e M a n n i g f a l t i g k e i t e n.

Definition 2.14 *Ist $\mathfrak{W}$ ein Unterraum des Vektorraumes $\mathfrak{V}$ und $\hat{v} \in \mathfrak{V}$ ein fest gewählter Vektor, dann heißt $\mathfrak{N} = \{\hat{v}\} + \mathfrak{W}$ eine* l i n e a r e M a n n i g f a l t i g k e i t *in $\mathfrak{V}$. Ist $\mathfrak{W}$ endlichdimensional, so definieren wir als Dimension von $\mathfrak{N}$*

$$\dim \mathfrak{N} = \dim \mathfrak{W}.$$

Somit ist nach Satz 2.21 und (2.23) die Lösungsmenge $\mathfrak{M}$ des LGS (2.29), sofern $\text{rg}(\mathbf{A}, \mathbf{b}) = \text{rg}(\mathbf{A})$ gilt, eine lineare Mannigfaltigkeit in $\mathbf{R}^n$ mit der Dimension $\dim \mathfrak{M} = n - \text{rg}(\mathbf{A})$. Insbesondere ist das HLGS (2.30) stets lösbar, da $\mathbf{o}$ immer eine Lösung ist, und die Lösungsmenge $\mathfrak{B}$ ist ein Unterraum des $\mathbf{R}^n$ mit der Dimension $\dim \mathfrak{B} = n - \text{rg}(\mathbf{A})$.

Wir wissen bereits, daß die Lösung von (2.29) genau dann eindeutig ist, wenn $\text{rg}(\mathbf{A}, \mathbf{b}) = \text{rg}(\mathbf{A}) = n$ ist. Ist $\mathbf{A}$ insbesondere eine n-reihige Matrix, erhalten wir damit sofort

Satz 2.22 *Sei* $\mathbf{A}$ *eine* n*-reihige reguläre Matrix. Dann hat* (2.29) *die eindeutige Lösung*

$$\hat{\mathbf{x}} = \mathbf{A}^{-1}\mathbf{b}.$$

B e w e i s : Da in (2.29) die Komponentenzahl von $\mathbf{b}$ mit der Zeilenzahl von $\mathbf{A}$ übereinstimmt, ist $\mathbf{b} \in \mathbf{R}^n$. Nach Voraussetzung gilt $\text{rg}(\mathbf{A}) = n$, so daß aus Korollar 1.16 $\text{rg}(\mathbf{A}, \mathbf{b}) = \text{rg}(\mathbf{A})$ folgt. Multipliziert man (2.29) von links mit $\mathbf{A}^{-1}$, dann erhält man

$$\mathbf{A}^{-1}\mathbf{A}\mathbf{x} = \mathbf{A}^{-1}\mathbf{b}$$

woraus wegen Lemma 2.17 die Behauptung folgt. ∎

Beispiel 2.6 Gegeben sei das LGS

$$2x_1 + 3x_2 + x_3 = 8$$
$$5x_1 + 4x_2 - x_3 = 13.$$

Damit ist

$$\mathbf{A} = \begin{pmatrix} 2 & 3 & 1 \\ 5 & 4 & -1 \end{pmatrix} \quad \text{und} \quad \mathbf{b} = \begin{pmatrix} 8 \\ 13 \end{pmatrix}.$$

Die Rangbestimmung analog zu Beispiel 2.5 liefert, wovon sich der Leser überzeugen möge, $\mathrm{rg}(\mathbf{A}, \mathbf{b}) = \mathrm{rg}(\mathbf{A}) = 2$. Folglich ist unser LGS lösbar und hat eine Lösungsmenge $\mathfrak{M}$ der Dimension $\dim \mathfrak{M} = n - \mathrm{rg}(\mathbf{A}) = 3 - 2 = 1$.

Da, wie man leicht nachrechnet,

$$\hat{\mathbf{x}} = \begin{pmatrix} 3 \\ 0 \\ 2 \end{pmatrix}$$

eine partikuläre Lösung des LGS und

$$\mathfrak{B} = \left\{ \mathbf{y} \mid \mathbf{y} = \lambda \begin{pmatrix} -1 \\ 1 \\ -1 \end{pmatrix} \text{ mit } \lambda \in \mathbf{R} \text{ beliebig} \right\}$$

die Lösungsmenge des zugehörigen HLGS ist, folgt aus Satz 2.21

$$\mathfrak{M} = \{ \mathbf{x} \mid \mathbf{x} = \begin{pmatrix} 3 \\ 0 \\ 2 \end{pmatrix} + \lambda \begin{pmatrix} -1 \\ 1 \\ -1 \end{pmatrix}, \lambda \in \mathbf{R} \}.$$ ■

Übungsaufgaben

1. Sei $\phi : \mathbf{R}^3 \to \mathbf{R}^4$ die lineare Abbildung definiert durch $\phi(x, y, z) = (x + z, x + y, z - y, 2x + y + z)$.

a) Bestimmen Sie die Matrix $\mathbf{A}$ von ϕ bezüglich der Basen $\{(1, 0, 0), (0, 1, 0), (0, 0, 1)\}$ von $\mathbf{R}^3$ und $\{(1, 0, 0, 0), \ldots, (0, 0, 0, 1)\}$ von $\mathbf{R}^4$;

b) Verifizieren Sie folgende Aussagen:
$\underset{\sim}{\mathbf{b}} = (-1, 1, -2, 0) \in \phi(\mathbf{R}^3)$ und $\mathrm{rg}(\mathbf{A}) = \mathrm{rg}(\mathbf{A}, \underset{\sim}{\mathbf{b}})$,
$\tilde{\mathbf{b}} = (0, 0, 1, 1) \notin \phi(\mathbf{R}^3)$ und $\mathrm{rg}(\mathbf{A}) \neq \mathrm{rg}(\mathbf{A}, \tilde{\mathbf{b}})$;

c) Sei $\hat{\mathbf{x}} := (0, 1, -1)$. Verifizieren Sie folgende Aussage:
Für alle $\tilde{\mathbf{x}} \in \mathrm{Kern}\,\phi$ gilt, daß $\tilde{\mathbf{x}} + \hat{\mathbf{x}}$ eine Lösung des linearen Gleichungssystems $\mathbf{A}\mathbf{x} = \mathbf{b}$ ist.

2. Seien

$$\mathbf{A}_1 = \begin{pmatrix} 3 & 6 & 5 & 2 & 1 \\ 4 & 1 & 3 & 5 & 9 \\ 2 & 11 & 7 & -1 & -7 \end{pmatrix}, \quad \mathbf{b}_1 = \begin{pmatrix} 2 \\ 3 \\ 7 \end{pmatrix},$$

$$\mathbf{A}_2 = \begin{pmatrix} 4 & 3 & 2 & 1 \\ 5 & 4 & 9 & 10 \end{pmatrix}, \quad \mathbf{b}_2 = \begin{pmatrix} 1 \\ 2 \end{pmatrix},$$

$$\mathbf{A}_3 = \begin{pmatrix} 1 & 4 & 7 \\ 2 & 8 & 14 \end{pmatrix}, \quad \mathbf{b}_3 = \begin{pmatrix} 3 \\ 6 \end{pmatrix}$$

a) Sind die Gleichungssysteme $\mathbf{A}_i\mathbf{x} = \mathbf{b}_i$, $i = 1, 2, 3$ lösbar?

b) Bestimmen Sie $\dim \mathfrak{B}_i$, wobei $\mathfrak{B}_i := \{\mathbf{x} \mid \mathbf{A}_i\mathbf{x} = \mathbf{o}\}$, $i = 1, 2, 3$.

3. Sei $\mathbf{A} = \begin{pmatrix} 1 & 0 & -3 \\ 1 & 2 & k \\ 2 & k & -1 \end{pmatrix}$, $\mathbf{b} = \begin{pmatrix} -3 \\ 1 \\ -2 \end{pmatrix}$.

Für welche k hat das LGS $\mathbf{Ax} = \mathbf{b}$

a) keine Lösung;

b) eine Lösung;

c) eine eindeutige Lösung?

4. Bestimmen Sie mittels Berechnung der Inversen die Lösungen folgender LGS $\mathbf{Ax} = \mathbf{b}$:

a) $\mathbf{A} = \begin{pmatrix} -2 & 3 \\ 10 & -10 \end{pmatrix}$, $\mathbf{b} = \begin{pmatrix} -8 \\ 30 \end{pmatrix}$;

b) $\mathbf{A} = \begin{pmatrix} 2 & -5 & 2 \\ 1 & 2 & -4 \\ 3 & -4 & -6 \end{pmatrix}$, $\mathbf{b} = \begin{pmatrix} 7 \\ 3 \\ 5 \end{pmatrix}$.

2.4 Lineare Gleichungssysteme – Lösungsverfahren

Nachdem wir nun auf Grund von Satz 2.21 genau wissen, wann ein LGS lösbar ist und wie gegebenenfalls seine Lösungsmenge beschrieben werden kann, fehlen uns noch Methoden, mit deren Hilfe wir ein beliebiges LGS tatsächlich lösen können, sofern es überhaupt lösbar ist. Denn selbst, wenn die Matrix $\mathbf{A}$ des LGS (2.29) regulär ist, ist die Angabe der dann eindeutigen Lösung in Satz 2.22 zunächst nur von theoretischer Bedeutung, da wir $\mathbf{A}^{-1}$ im allgemeinen nicht kennen und die Bestimmung der Inversen einer Matrix eine aufwendige Rechenaufgabe darstellt. Wir müssen uns hier allerdings auf die Behandlung zweier grundlegender Eliminationsmethoden beschränken. Eine Fülle weiterer Methoden findet man in jeder mathematischen Bibliothek unter der Rubrik „Numerische Lineare Algebra". Zum besseren Verständnis wollen wir zunächst ein Beispiel behandeln.

Beispiel 2.7 Gegeben sei das LGS

$$\left.\begin{aligned} 3x_1 + 9x_2 - 3x_3 + 6x_4 &= 24 \\ 4x_1 + 14x_2 + 4x_4 &= 42 \\ 3x_1 + 11x_2 + 5x_3 + 14x_4 &= 58. \end{aligned}\right\} \tag{2.31}$$

Die Eliminationsmethode von Gauß, die vielfach schon in der Schule behandelt wird, läuft darauf hinaus, daß man zunächst die erste Gleichung nach x_1 auflöst und den so erhaltenen Ausdruck in der zweiten und dritten Gleichung an Stelle von x_1 einsetzt. Das ist gleichbedeutend damit, daß man die erste Gleichung durch den Koeffizienten von x_1, also durch 3 dividiert und anschließend die so modifizierte erste Gleichung so oft von den nachfolgenden beiden Gleichungen subtrahiert, daß dort gerade x_1 verschwindet (d. h. eliminiert wird), daß also in den modifizierten nachfolgenden Gleichungen die Koeffizienten von x_1 gerade gleich Null werden.

Dividieren wir die erste Gleichung durch 3, erhalten wir

$$x_1 + 3x_2 - x_3 + 2x_4 = 8. \tag{2.32}$$

Diese Gleichung ziehen wir 4 Mal von der zweiten Gleichung und 3 Mal von der dritten Gleichung ab und erhalten so

$$\begin{aligned} 2x_2 + 4x_3 - 4x_4 &= 10 \\ 2x_2 + 8x_3 + 8x_4 &= 34. \end{aligned}$$

Hier fahren wir nun analog fort, indem wir die erste dieser beiden Gleichungen nach x_2 auflösen und den so erhaltenen Ausdruck in die letzte Gleichung für x_2 einsetzen, was wieder äquivalent ist zur Division der ersten der beiden Gleichungen durch den Koeffizienten von x_2, also durch 2 und zur anschließenden Subtraktion eines Vielfachen dieser modifizierten ersten Gleichung von der letzten Gleichung derart, daß dort der Koeffizient von x_2 gleich Null wird. So erhalten wir

$$\begin{aligned} x_2 + 2x_3 - 2x_4 &= 5 \\ 4x_3 + 12x_4 &= 24. \end{aligned}$$

Teilen wir die letzte Gleichung durch den Koeffizienten von x_3, also durch 4, so haben wir unser ursprüngliches LGS (2.31) umgeformt in das LGS (einschließl. (2.32))

$$\left.\begin{aligned} x_1 + 3x_2 - x_3 + 2x_4 &= 8 \\ x_2 + 2x_3 - 2x_4 &= 5 \\ x_3 + 3x_4 &= 6 \end{aligned}\right\} , \tag{2.33}$$

das wir sofort lösen können. Aus der dritten Gleichung von (2.33) erhalten wir x_3 in Abhängigkeit von x_4, durch Einsetzen dieses Ausdrucks für x_3 in die zweite Gleichung dann x_2 in Abhängigkeit von x_4, und durch Einsetzen der Ausdrücke für x_2 und x_3 in die erste Gleichung schließlich x_1 in Abhängigkeit von x_4, insgesamt also

$$\begin{aligned} x_3 &= 6 - 3x_4 \\ x_2 &= 5 - 2x_3 + 2x_4 = 5 - 2(6 - 3x_4) + 2x_4 \\ &= -7 + 8x_4 \\ x_1 &= 8 - 3x_2 + x_3 - 2x_4 = 8 - 3(-7 + 8x_4) + (6 - 3x_4) - 2x_4 \\ &= 35 - 29x_4. \end{aligned}$$

Folglich haben wir mit

$$\left.\begin{aligned} x_1 &= 35 - 29x_4 \\ x_2 &= -7 + 8x_4 \\ x_3 &= 6 - 3x_4 \end{aligned}\right\} \tag{2.34}$$

für jede beliebige Wahl von $x_4 \in \mathbf{R}$ eine Lösung des LGS (2.33). Daß wir damit auch eine Lösung des ursprünglichen LGS (2.31) haben, ergibt sich daraus, daß alle Operationen, die wir zur Umformung des LGS (2.31) in das LGS (2.33) benutzt haben, umkehrbar

sind, so daß wir durch sukzessive Anwendung der Umkehroperationen aus (2.33) auch (2.31) gewinnen können. Daß in der Lösung gemäß (2.34) eine Variable – nämlich x_4 – frei wählbar ist, wird gelegentlich so zum Ausdruck gebracht, daß man sagt, die Lösung von (2.31) habe den Freiheitsgrad 1, was gleichbedeutend mit der Tatsache ist, daß die Lösungsmannigfaltigkeit $\mathfrak{M}$ von (2.31) von der Dimension
$\dim \mathfrak{M} = n - rg(A) = 4 - 3 = 1$ ist, wie man leicht nachrechnet. ■

Das in diesem Beispiel angewandte Gauß-Verfahren können wir folgendermaßen zusammenfassen:

Im ersten Schritt wird je ein geeignetes Vielfaches der ersten Gleichung von den nachfolgenden Gleichungen subtrahiert derart, daß in den nachfolgenden Gleichungen die Koeffizienten von x_1 verschwinden, d. h. daß in den nachfolgenden Gleichungen x_1 eliminiert wird.

Im zweiten Schritt wird in dem derart modifizierten Gleichungssystem je ein geeignetes Vielfaches der zweiten Gleichung von den nachfolgenden Gleichungen subtrahiert derart, daß dort die Koeffizienten von x_2 verschwinden, d. h. daß in der dritten, vierten, fünften, usw., Gleichung x_2 eliminiert wird.

Allgemein wird im k-ten Schritt, $k \geqslant 1$, in dem dann – nach den vorherigen $k-1$ Modifikationen – vorliegenden Gleichungssystem die k-te Gleichung von den nachfolgenden Gleichungen jeweils sooft subtrahiert, daß dort die Koeffizienten von x_k verschwinden.

$$\text{Ist} \qquad \sum_{j=1}^{n} a_{ij}x_j = b_i, \qquad i = 1, \ldots, m \tag{2.35}$$

das gegebene LGS, dann berechnen sich also im k-ten Schritt die Koeffizienten des nächstfolgenden Gleichungssystems gemäß

$$\left\{\begin{aligned} a_{ij}^{(k+1)} &= \begin{cases} a_{ij}^{(k)} & \text{für } i = 1, \ldots, k; j = 1, \ldots, n \\ a_{ij}^{(k)} - \dfrac{a_{ik}^{(k)}}{a_{kk}^{(k)}}\, a_{kj}^{(k)} & \text{für } i = k+1, \ldots, m; j = 1, \ldots, n, \end{cases} \\ b_i^{(k+1)} &= \begin{cases} b_i^{(k)} & \text{für } i \leqslant k \\ b_i^{(k)} - \dfrac{a_{ik}^{(k)}}{a_{kk}^{(k)}} \cdot b_k^{(k)} & \text{für } i > k, \end{cases} \end{aligned}\right. \tag{2.36}$$

$$\text{wobei} \quad a_{ij}^{(1)} = a_{ij} \quad \text{und} \quad b_i^{(1)} = b_i \quad \forall\, i, j \tag{2.37}$$

gilt. Offenbar ist (2.36) nur sinnvoll, wenn

$$a_{kk}^{(k)} \neq 0 \tag{2.38}$$

erfüllt ist.

Wendet man die Transformation (2.36) für $k = 1, 2, \ldots, r-1$ an, wobei $1 \leqslant r - 1 \leqslant \min[(m-1), (n-1)]$ und natürlich (2.38) für $k = 1, 2, \ldots, r-1$ vorausgesetzt ist, dann erhält man aus der ursprünglichen erweiterten Matrix

$$(A^{(1)}, b^{(1)}) = (A, b)$$

die modifizierte erweiterte Matrix

$$(A^{(r)}, b^{(r)}),$$

wobei für $A^{(r)} = (a_{ij}^{(r)}, 1 \leqslant i \leqslant m, 1 \leqslant j \leqslant n)$

gilt $\quad a_{ij}^{(r)} = 0 \quad \text{falls } j < r \text{ und } i > j.$ (2.39)

Folglich ist $A^{(r)}$ von der Form

$$A^{(r)} = \begin{pmatrix} a_{11}^{(r)} & a_{12}^{(r)} & \ldots\ldots & a_{1r}^{(r)} & \ldots\ldots & a_{1n}^{(r)} \\ 0 & a_{22}^{(r)} & \ldots\ldots & a_{2r}^{(r)} & \ldots\ldots & a_{2n}^{(r)} \\ 0 & 0 & a_{33}^{(r)}\ldots & a_{3r}^{(r)} & \ldots\ldots & a_{3n}^{(r)} \\ \vdots & & & & & \\ 0 & 0 & 0 \ldots\ldots 0 & a_{rr}^{(r)} & \ldots\ldots & a_{rn}^{(r)} \\ \vdots & \vdots & \vdots \quad \vdots & a_{r+1r}^{(r)} & \ldots\ldots & a_{r+1n}^{(r)} \\ \vdots & \vdots & \vdots \quad \vdots & \vdots & & \\ 0 & 0 & 0 \ldots\ldots 0 & a_{mr}^{(r)} & \ldots\ldots & a_{mn}^{(r)} \end{pmatrix}. \tag{2.40}$$

Daß (2.39) zutrifft, sieht man leicht ein:
Nach (2.36) erhalten wir unter der Voraussetzung (2.38) – $a_{11}^{(1)} \neq 0$ –

$$a_{ij}^{(2)} = \begin{cases} a_{ij}^{(1)} & \text{für } i = 1 \text{ und } j = 1, \ldots, n \\ a_{ij}^{(1)} - \dfrac{a_{i1}^{(1)}}{a_{11}^{(1)}} a_{1j}^{(1)} & \text{für } i = 2, \ldots, m; j = 1, \ldots, n, \end{cases}$$

also insbesondere für $i > 1$

$$a_{i1}^{(2)} = a_{i1}^{(1)} - \frac{a_{i1}^{(1)}}{a_{11}^{(1)}} a_{11}^{(1)} = 0.$$

Nehmen wir nun an, daß (2.39) für die nach dem (k – 1)-ten Schritt resultierende Matrix $A^{(k)}$ gilt, daß also

$$a_{ij}^{(k)} = 0 \quad \text{falls } j < k \text{ und } i > j.$$

Dann folgt unter der Voraussetzung (2.38) – $a_{kk}^{(k)} \neq 0$ – mit (2.36)

$$a_{ij}^{(k+1)} = a_{ij}^{(k)} \quad \text{für } i \leqslant k \text{ und } j = 1, \ldots, n,$$

$$a_{ij}^{(k+1)} = a_{ij}^{(k)} - \frac{a_{ik}^{(k)}}{a_{kk}^{(k)}} a_{kj}^{(k)} \quad \text{für } i > k; j = 1, \ldots, n;$$

d. h. $$a_{ij}^{(k+1)} = \begin{cases} 0 - \dfrac{a_{ik}^{(k)}}{a_{kk}^{(k)}} \cdot 0 & \text{für } i > k; j < k \\ a_{ik}^{(k)} - \dfrac{a_{ik}^{(k)}}{a_{kk}^{(k)}} \cdot a_{kk}^{(k)} = 0 & \text{für } i > k; j = k\,. \end{cases}$$

Folglich gilt

$$a_{ij}^{(k+1)} = 0 \quad \text{für } j < k+1, i > j.$$

Bisher haben wir stets vorausgesetzt, daß (2.38) für jede der sukzessive auftretenden Matrizen erfüllt war. Nehmen wir nun an, in (2.40) sei $a_{rr}^{(r)} = 0$. Dann ist die nächste Transformation gemäß (2.36) nicht mehr durchführbar. Folgende Fälle können dann auftreten:

$$\exists\, p > r : a_{pr}^{(r)} \neq 0. \tag{2.41}$$

Dann vertauschen wir in $(\mathbf{A}^{(r)}, \mathbf{b}^{(r)})$ die r-te und die p-te Zeile und können danach das Verfahren mit der so veränderten erweiterten Matrix $(\mathbf{A}^{(r)}, \mathbf{b}^{(r)})$ im r-ten Schritt gemäß (2.36) fortsetzen.

$$\exists\, q > r : a_{rq}^{(r)} \neq 0. \tag{2.42}$$

Dann vertauschen wir in $\mathbf{A}^{(r)}$ die r-te und die q-te Spalte und setzen danach das Verfahren gemäß (2.36) fort, wobei wir für später festhalten, daß entsprechend dieser Vertauschung von Matrixspalten die Variablen x_r und x_q vertauscht worden sind.
Schließlich kann es vorkommen, daß weder (2.41) noch (2.42) eintritt. Dann kann noch der folgende Fall eintreten:

$$\exists\, (p, q), p > r, q > r : a_{pq}^{(r)} \neq 0. \tag{2.43}$$

Dann vertauschen wir in $(\mathbf{A}^{(r)}, \mathbf{b}^{(r)})$ zunächst die r-te und die p-te Zeile, und anschließend vertauschen wir in $\mathbf{A}^{(r)}$ die r-te und die q-te Spalte und damit wie im Fall (2.42) die Variablen x_r und x_q. Danach können wir das Verfahren gemäß (2.36) fortsetzen.
Ist hingegen $a_{rr}^{(r)} = 0$ und tritt keiner der Fälle (2.41)–(2.43) ein, dann endet das Verfahren, da eine weitere Transformation gemäß (2.36) selbst unter Zuhilfenahme der bei (2.41)–(2.43) beschriebenen Vertauschungsoperationen nicht mehr möglich ist.
Das ursprüngliche LGS (2.35), unter Verwendung von (2.37) also

$$\mathbf{A}^{(1)}\mathbf{x} = \mathbf{b}^{(1)},$$

ist dann auf die eben beschriebene Art übergeführt worden in das LGS

$$\mathbf{A}^{(r)}\mathbf{z} = \mathbf{b}^{(r)}, \tag{2.44}$$

wobei z dieselben Komponenten wie x, gegebenenfalls aber nach (2.42) und (2.43) in anderer Reihenfolge, besitzt. Nach unserer Annahme ist nun $\mathbf{A}^{(r)}$ von der Form

$$A^{(r)} = \begin{pmatrix} a_{11}^{(r)} & a_{12}^{(r)} & \cdots\cdots & & a_{1n}^{(r)} \\ 0 & a_{22}^{(r)} & \cdots\cdots & & a_{2n}^{(r)} \\ \vdots & & \ddots & & \\ 0 & 0 \ldots 0 & a_{r-1,r-1}^{(r)} & \ldots & a_{r-1,n}^{(r)} \\ \vdots & \vdots \quad \vdots & 0 & & 0 \ldots 0 \\ \vdots & \vdots \quad \vdots & \vdots & & \vdots \\ 0 & 0 \ldots 0 & 0 & & 0 \ldots 0 \end{pmatrix}. \tag{2.45}$$

Somit gilt für jedes beliebige $z \in \mathbf{R}^n$

$$\sum_{j=1}^{n} a_{ij}^{(r)} z_r = \sum_{j=1}^{n} 0 \cdot z_r = 0 \qquad \forall\, i \geqslant r.$$

Folglich ist das LGS unlösbar, wenn die Bedingung

$$b_i^{(r)} = 0 \qquad \forall\, i \geqslant r \tag{2.46}$$

verletzt ist, wenn also $b_i^{(r)} \neq 0$ für wenigstens ein $i \geqslant r$ gilt. Ist hingegen (2.46) erfüllt, können wir die allgemeine Lösung des LGS (2.44) sofort angeben als

$$z_k = \frac{1}{a_{kk}^{(r)}} \left[b_k^{(r)} - \sum_{j=k+1}^{n} a_{kj}^{(r)} z_j \right]; \qquad k = r-1, r-2, \ldots, 1. \tag{2.47}$$

Wir können also $z_r, \ldots, z_n$ frei wählen und dann gemäß (2.47) sukzessive z_{r-1}, z_{r-2}, usw. und schließlich z_1 ausrechnen. Der Leser möge sich klarmachen, daß unter Berücksichtigung von (2.45) und (2.46) mit (2.47) das LGS (2.44) tatsächlich gelöst wird. Da man hier $z_r, \ldots, z_n$ frei wählen kann – und danach $z_{r-1}, z_{r-2}, \ldots, z_1$ nach (2.47) festgelegt sind – sagt man (vgl. Beispiel 2.7), die Lösung des LGS (2.44) habe den Freiheitsgrad $n - r + 1$. Der Leser kann unschwer feststellen, daß wegen $a_{kk}^{(r)} \neq 0, k < r$, die Matrix $A^{(r)}$ gemäß (2.45) den Rang

$$\operatorname{rg}(A^{(r)}) = r - 1$$

hat und daß wegen (2.46) auch

$$\operatorname{rg}(A^{(r)}, b^{(r)}) = r - 1$$

gilt. Demzufolge ist nach Satz 2.21 das LGS (2.44) lösbar, und die Lösungsmannigfaltigkeit $\mathfrak{M}$ hat die Dimension

$$\dim \mathfrak{M} = n - (r - 1) = n - r + 1,$$

was – wie schon im einführenden Beispiel 2.7 – mit dem Freiheitsgrad der Lösung übereinstimmt.

Nachdem wir wissen, wie wir aus dem ursprünglichen LGS (2.35) das LGS (2.44) erhalten können und wie wir ggfs. die Lösungsmenge von (2.44) mit Hilfe von (2.47) bestimmen, bleibt zu zeigen, daß die Lösungsmengen von (2.44) und (2.35) – bis auf allfällige Vertauschungen der Lösungsvektorkomponenten – übereinstimmen. Der wesentliche Grund hierfür liegt in

Satz 2.23 *Sind* $\mathbf{A}$ *eine* $(m \times n)$*-Matrix,* $\mathbf{b} \in \mathbb{R}^m$ *und* $\mathbf{T}$ *eine reguläre* $(m \times m)$*-Matrix, dann gilt*

$$\{\mathbf{x} \mid \mathbf{A}\mathbf{x} = \mathbf{b}\} = \{\mathbf{x} \mid \mathbf{T}\mathbf{A}\mathbf{x} = \mathbf{T}\mathbf{b}\}.$$

Beweis: Seien $\mathfrak{M} = \{\mathbf{x} \mid \mathbf{A}\mathbf{x} = \mathbf{b}\}$ und $\mathfrak{N} = \{\mathbf{x} \mid \mathbf{T}\mathbf{A}\mathbf{x} = \mathbf{T}\mathbf{b}\}$.
Ist $\hat{\mathbf{x}} \in \mathfrak{M}$, so folgt offenbar

$$\mathbf{A}\hat{\mathbf{x}} = \mathbf{b} \Rightarrow \mathbf{T}\mathbf{A}\hat{\mathbf{x}} = \mathbf{T}\mathbf{b} \Rightarrow \hat{\mathbf{x}} \in \mathfrak{N}$$

und somit $\mathfrak{M} \subset \mathfrak{N}$.
Ist umgekehrt $\tilde{\mathbf{x}} \in \mathfrak{N}$, so gilt

$$\mathbf{T}\mathbf{A}\tilde{\mathbf{x}} = \mathbf{T}\mathbf{b} \Rightarrow \mathbf{T}^{-1}(\mathbf{T}\mathbf{A}\tilde{\mathbf{x}}) = \mathbf{T}^{-1}(\mathbf{T}\mathbf{b})$$

d. h. $\mathbf{A}\tilde{\mathbf{x}} = \mathbf{b}$; also gilt $\tilde{\mathbf{x}} \in \mathfrak{M}$ und demzufolge $\mathfrak{N} \subset \mathfrak{M}$. Insgesamt gilt danach $\mathfrak{M} = \mathfrak{N}$. ∎

Nun entspricht offenbar die Transformation (2.36) der Multiplikation des LGS $\mathbf{A}^{(k)}\mathbf{x} = \mathbf{b}^{(k)}$ von links mit der Matrix

$$\mathbf{T}^{(k)} = \begin{pmatrix} 1 & 0 \ldots 0 & & 0 \ldots 0 \\ 0 & 1 & & \vdots \quad \vdots \\ \vdots & & \ddots & \vdots \quad \vdots \\ \vdots & 0 & 1 & 0 \ldots 0 \\ \vdots & \vdots & -t_{k+1k} & 1 \quad \vdots \\ \vdots & \vdots & \vdots & \ddots \quad \vdots \\ 0 & 0 \ldots & -t_{mk} & 0 \ldots 1 \end{pmatrix}, \qquad (2.48)$$

also $\quad \mathbf{A}^{(k+1)} = \mathbf{T}^{(k)}\mathbf{A}^{(k)}$ und $\mathbf{b}^{(k+1)} = \mathbf{T}^{(k)}\mathbf{b}^{(k)}$,

$$\text{wobei} \quad t_{ik} = \frac{a_{ik}^{(k)}}{a_{kk}^{(k)}}, \qquad i > k. \qquad (2.49)$$

Man sieht sofort, daß

$$\operatorname{rg}(\mathbf{T}^{(k)}) = m$$

gilt, daß also $\mathbf{T}^{(k)}$ regulär ist. Folglich haben nach Satz 2.23 das LGS

$$\mathbf{A}^{(k)}\mathbf{x} = \mathbf{b}^{(k)} \quad \text{und} \quad \mathbf{A}^{(k+1)}\mathbf{x} = \mathbf{b}^{(k+1)}$$

dieselben Lösungsmannigfaltigkeiten.
Vertauscht man (vgl. (2.41)) in $(\mathbf{A}^{(k)}, \mathbf{b}^{(k)})$ die k-te Zeile mit der p_k-ten Zeile, $p_k \geqslant k$, so entspricht das, wie man ohne weiteres nachrechnet, der Multiplikation

$$\mathbf{P}^{(k)} \cdot (\mathbf{A}^{(k)}, \mathbf{b}^{(k)})$$

mit der (m x m)-Matrix

$$P^{(k)} = \underbrace{\left(\begin{array}{cccccc} 1 & & 0 & & & \\ & \ddots & \vdots & & & \\ & & 0 & \cdots\cdots & 1 & \\ & & \vdots & 1 \ddots & \vdots & \\ & & 1 & \cdots\cdots & 0 & \\ & & \vdots & & & \ddots \\ 0 & \cdots & 0 & \cdots\cdots & \cdots & 1 \end{array}\right)}_{p_k} \Big\} k \tag{2.50}$$

die offenbar regulär ist. Falls $p_k = k$ gilt, ist $P^{(k)} = I$. Ansonsten gilt stets

$$P^{(k)} \cdot P^{(k)} = I, \tag{2.51}$$

d. h. nach Satz 2.18

$$(P^{(k)})^{-1} = P^{(k)}.$$

Folglich haben nach Satz 2.23 das LGS

$$A^{(k)}x = b^{(k)} \quad \text{und} \quad P^{(k)}A^{(k)}x = P^{(k)}b^{(k)}$$

auch dieselben Lösungsmannigfaltigkeiten.

Vertauscht man in $A^{(k)}$ gemäß (2.42) die k-te Spalte mit der q_k-ten Spalte, $q_k \geqslant k$, und dementsprechend die k-te Komponente von x mit der q_k-ten Komponenten, dann wird

$$A^{(k)} \text{ durch } A^{(k)}Q^{(k)} \quad \text{und} \quad x \text{ durch } Q^{(k)}x$$

ersetzt, wobei $Q^{(k)}$ die (n x n)-Matrix

$$Q^{(k)} = \underbrace{\left(\begin{array}{cccccc} 1 & & 0 & & 0 & 0 \\ & \ddots & & & & \\ & & 1 & & & \\ & & 0 & \cdots\cdots & 1 & \\ & & \vdots & 1 \ddots & \vdots & \\ & & 1 & \cdots\cdots & 0 & \\ & & & & & \ddots \\ 0 & \cdots\cdots & 0 & & 0 & 1 \end{array}\right)}_{q_k} \Big\} k \tag{2.52}$$

ist, so daß auch hier

$$Q^{(k)}Q^{(k)} = I \tag{2.53}$$

und folglich

$$A^{(k)}Q^{(k)}Q^{(k)}x = A^{(k)}x$$

gilt.
Somit läßt sich das G a u ß - V e r f a h r e n auch folgendermaßen darstellen:

S c h r i t t 1
Setze k := 1 und

$$A^{(1)} := A$$
$$b^{(1)} := b$$
$$x^{(1)} := x.$$

S c h r i t t 2
Falls in $A^{(k)}$ für alle (i, j) mit $i \geqslant k$ und $j \geqslant k$ $a_{ij}^{(k)} = 0$ gilt, gehe zu Schritt 4.
Sonst bestimme $P^{(k)}$ gemäß (2.50) und $Q^{(k)}$ gemäß (2.52) derart, daß in $\tilde{A}^{(k)} = P^{(k)}A^{(k)}Q^{(k)}$ das Element

$$\tilde{a}_{kk}^{(k)} \neq 0$$

ist. Setze

$$\tilde{b}^{(k)} := P^{(k)}b^{(k)} \quad \text{und} \quad x^{(k+1)} := Q^{(k)}x^{(k)}.$$

S c h r i t t 3
Falls k = m, gehe zu Schritt 5; sonst bestimme $T^{(k)}$ gemäß (2.48) aus $\tilde{A}^{(k)}$, wobei nach (2.49)

$$t_{ik} = \frac{\tilde{a}_{ik}^{(k)}}{\tilde{a}_{kk}^{(k)}}, \qquad i > k.$$

Setze $A^{(k+1)} := T^{(k)}\tilde{A}^{(k)} = T^{(k)}P^{(k)}A^{(k)}Q^{(k)}$

$b^{(k+1)} := T^{(k)}\tilde{b}^{(k)} = T^{(k)}P^{(k)}b^{(k)}.$

Setze k := k + 1 und wiederhole Schritt 2.

S c h r i t t 4
Falls $b_i^{(k)} \neq 0$ für mindestens ein $i \geqslant k$, hat das LGS (2.35) keine Lösung; stop. Sonst setze k := k − 1.

S c h r i t t 5
Bestimme $x^{(k+1)}$ entsprechend (2.47) gemäß

$$x_\nu^{(k+1)} = \frac{1}{\tilde{a}_{\nu\nu}^{(k)}}\left[\tilde{b}_\nu^{(k)} - \sum_{j=\nu+1}^{n} \tilde{a}_{\nu j}^{(k)} x_j^{(k+1)}\right]; \qquad \nu = k, k-1, \ldots, 1,$$

wobei $x_{k+1}^{(k+1)}, \ldots, x_n^{(k+1)}$ frei gewählt werden können.
Anschließend bestimme $x = x^{(1)}$ gemäß $x^{(1)} = Q^{(1)}Q^{(2)} \ldots Q^{(k)}x^{(k+1)}$; stop.

In Schritt 2 haben wir bisher nur verlangt, daß zur Bestimmung von $\mathbf{P}^{(k)}$ und $\mathbf{Q}^{(k)}$ die Indizes $p_k \geqslant k$ und $q_k \geqslant k$ so gewählt werden, daß $a_{p_k q_k}^{(k)} \neq 0$ ist. Würden wir alle Rechnungen exakt durchführen, könnten wir es dabei belassen. Da wir aber tatsächlich bei Rechnungen mit einer Maschine nur über eine beschränkte Rechengenauigkeit verfügen – endliche Stellenzahl! –, kann sich dieses Vorgehen sehr nachteilig auf die Genauigkeit des Resultates auswirken. Aus numerischen Gründen empfiehlt sich daher in Schritt 2 folgende

Zusatzregel

Bestimme $p_k \geqslant k$ und $q_k \geqslant k$ so, daß

$$|a_{p_k q_k}^{(k)}| \cdot \rho_{p_k} = \max_{\substack{\mu \geqslant k \\ \nu \geqslant k}} |a_{\mu\nu}^{(k)}| \rho_\mu, \tag{2.54}$$

wobei $\rho_\mu = \left(\sum_{\nu = k}^{n} |a_{\mu\nu}^{(k)}| \right)^{-1}, \qquad \mu = k, k+1, \ldots, m.$

Daß sich diese Zusatzregel für die Auswahl des sogenannten Pivotelementes $a_{p_k q_k}^{(k)}$ bei numerischen Berechnungen vorteilhaft auswirken kann, zeigt

Beispiel 2.8 Gegeben sei das LGS

$$\begin{aligned} 0{,}14x + 3y &= 4 \\ 6x + 79y &= 121. \end{aligned} \tag{2.55}$$

Die exakte Lösung ist

$$\hat{x} = \frac{2350}{347} \approx 6{,}77233429$$

$$\hat{y} = \frac{353}{347} \approx 1{,}01729107,$$

wie man leicht nachrechnet.

Wählen wir $a_{11}^{(1)} = 0{,}14$ als Pivotelement, so erhalten wir gemäß Schritt 3 aus (2.55) bei einer Rechengenauigkeit von 2 Dezimalen (gerundet) das LGS

$$\begin{aligned} 0{,}14x + 3y &= 4 \\ -49{,}57y &= -50{,}43 \end{aligned}$$

und daraus gemäß Schritt 5 die Lösung

$$\begin{aligned} \tilde{y} &= 1{,}02 \\ \tilde{x} &= 6{,}71, \end{aligned}$$

was gegenüber $\hat{x}$ und $\hat{y}$ die relativen Fehler

$$\delta\tilde{x} = \left| \frac{\tilde{x} - \hat{x}}{\hat{x}} \right| \approx 9{,}2‰$$

$$\delta\tilde{y} = \left| \frac{\tilde{y} - \hat{y}}{\hat{y}} \right| \approx 2{,}7‰$$

ergibt.

Nach der Zusatzregel (2.54) wäre $a_{12}^{(1)} = 3$ als Pivotelement zu wählen, womit (2.55) nach Schritt 2 und 3 in das LGS

$$\begin{aligned} 3y + 0{,}14x &= 4 \\ 2{,}31x &= 15{,}67 \end{aligned}$$

übergeht, aus dem wir nach Schritt 5 die Lösung

$$\bar{x} = 6{,}78$$
$$\bar{y} = 1{,}02$$

berechnen. Damit erhalten wir für die relativen Fehler

$$\delta\bar{x} \approx 1{,}1‰$$
$$\delta\bar{y} \approx 2{,}7‰,$$

womit wir für die Genauigkeit des Wertes von x eine deutliche Verbesserung erreicht haben.

Wir können vermuten, daß der größere Fehler im ersten Fall damit zu tun hat, daß wir dort ein absolut sehr kleines Pivotelement $a_{11}^{(1)} = 0{,}14$ gewählt haben. Daraus zu schließen, daß es dann am besten sei, das absolut größte Pivotelement, also $a_{22}^{(1)} = 79$, zu wählen, ist jedoch im allgemeinen nicht gerechtfertigt, denn dann würden wir aus (2.55) mit Schritt 2 und 3 das LGS

$$\begin{aligned} 79y + 6x &= 121 \\ -0{,}09x &= -0{,}59 \end{aligned}$$

mit der Lösung

$$x = 6{,}56$$
$$y = 1{,}03$$

erhalten. Hier sind die relativen Fehler

$$\delta x \approx 3{,}1\%$$
$$\delta y \approx 1{,}2\%,$$

also bedeutend größer als in beiden vorherigen Fällen. ■

Für eine genauere Behandlung numerischer Probleme sei der interessierte Leser auf die einschlägige Literatur zur numerischen Mathematik verwiesen.

Nehmen wir nun an, die Matrix $\mathbf{A}^{(1)} = \mathbf{A}$ des LGS (2.35) sei m-reihig und regulär. Folglich bilden sowohl die Spalten von $\mathbf{A}$ als auch die Zeilen von $\mathbf{A}$ je eine Basis des $\mathbf{R}^m$. Multiplizieren wir diese Matrix von links oder von rechts mit einer anderen regulären m-reihigen Matrix $\mathbf{B}$, so entspricht das einer regulären Abbildung des $\mathbf{R}^m$ auf sich, und folglich sind die Spalten von $\mathbf{B} \cdot \mathbf{A}$ ebenso wie die Zeilen von $\mathbf{A} \cdot \mathbf{B}$ wieder linear unabhängig, d. h. die Matrizen $\mathbf{B} \cdot \mathbf{A}$ und $\mathbf{A} \cdot \mathbf{B}$ sind ebenfalls regulär.

Mithin sind die im Gauß-Verfahren berechneten Matrizen

$$\mathbf{A}^{(k)} = \mathbf{T}^{(k-1)}\mathbf{P}^{(k-1)}\mathbf{T}^{(k-2)}\mathbf{P}^{(k-2)} \ldots \mathbf{T}^{(1)}\mathbf{P}^{(1)}\mathbf{A}^{(1)}\mathbf{Q}^{(1)}\mathbf{Q}^{(2)} \ldots \mathbf{Q}^{(k-1)}, \qquad k \geqslant 2,$$

sämtlich regulär, wenn $\mathbf{A}^{(1)}$ regulär ist, und das Verfahren endet mit

$$\mathbf{A}^{(m)} = \mathbf{T}^{(m-1)}\mathbf{P}^{(m-1)}\mathbf{T}^{(m-2)} \ldots \mathbf{T}^{(1)}\mathbf{P}^{(1)}\mathbf{A}^{(1)}\mathbf{Q}^{(1)}\mathbf{Q}^{(2)} \ldots \mathbf{Q}^{(m-1)}, \tag{2.56}$$

wobei $\mathbf{A}^{(m)}$ gemäß (2.40) eine o b e r e D r e i e c k s m a t r i x ist, d. h. $\mathbf{A}^{(m)}$ ist von der Form

$$\mathbf{U} := \mathbf{A}^{(m)} \begin{pmatrix} u_{11} & u_{12} & u_{13} & \cdots & u_{1m} \\ 0 & u_{22} & u_{23} & \cdots & u_{2m} \\ 0 & 0 & u_{33} & \cdots & u_{3m} \\ \vdots & \vdots & \vdots & \ddots & \vdots \\ 0 & 0 & 0 & & u_{mm} \end{pmatrix}$$

mit $u_{ii} \neq 0 \; \forall \, i$.

Um Schreibarbeit zu sparen, nehmen wir an, wir seien hier ohne Zeilenvertauschungen ausgekommen, d. h. wir nehmen an, es gelte

$$\mathbf{P}^{(k)} = \mathbf{I}, \qquad k = 1, \ldots, m-1. \tag{2.57}$$

Die Matrizen $\mathbf{T}^{(k)}$ in (2.56) sind gemäß (2.48) von der Form

$$\mathbf{T}^{(k)} = \begin{pmatrix} 1 & 0 \cdots & 0 & 0 & \cdots 0 \\ 0 & 1 & \vdots & \vdots & \\ \vdots & \vdots & \ddots & & \\ \vdots & \vdots & 1 & 0 & \\ \vdots & \vdots & -t_{k+1k} & 1 & \\ \vdots & \vdots & \vdots & & \ddots \\ 0 & 0 \cdots & -t_{mk} & & 1 \end{pmatrix}.$$

Definieren wir dazu die Matrizen

$$\mathbf{S}^{(k)} = \begin{pmatrix} 1 & 0 & 0 & 0 & \cdots 0 \\ 0 & 1 & & & \\ \vdots & \vdots & \ddots & & \\ \vdots & \vdots & 1 & & \\ \vdots & \vdots & t_{k+1k} & 1 & \\ \vdots & \vdots & \vdots & & \ddots \\ 0 & 0 \cdots & t_{mk} & & 1 \end{pmatrix},$$

dann gilt, wie man leicht nachrechnet,

$$\mathbf{S}^{(k)}\mathbf{T}^{(k)} = \mathbf{I} \quad \text{und folglich} \quad \mathbf{S}^{(k)} = \mathbf{T}^{(k)-1}.$$

Somit ist mit $U := A^{(m)}$ (2.56) unter der Annahme (2.57) gleichbedeutend mit

$$S^{(1)}S^{(2)}\dots S^{(m-1)}U = A^{(1)}Q^{(1)}Q^{(2)}\dots Q^{(m-1)}. \tag{2.58}$$

Nun ist $R^{(k)} := S^{(1)} \cdot S^{(2)} \cdot \ldots \cdot S^{(k)}$ von der Form

$$R^{(k)} = \begin{pmatrix} 1 & 0 \ldots\ldots 0 & & 0 \ldots\ldots\ldots 0 & \\ t_{21} & 1 \ddots & & & \\ t_{31} & t_{32} \ddots & 1 & & \\ \vdots & & t_{k+1k} & 1 \ddots & \\ \vdots & & \vdots & 0 \ddots & \\ \vdots & & \vdots & \vdots & \ddots \\ t_{m1} & t_{m2} \cdots & t_{mk} & 0 & 1 \end{pmatrix}, \tag{2.59}$$

was man sofort mit Induktion nach k nachweist:
Für $k = 1$ ist $R^{(1)} = S^{(1)}$ von der in (2.59) angegebenen Form. Ist nun für irgendein $k < m - 1$ die Matrix $R^{(k)}$ von der Form (2.59), dann folgt sofort durch Matrixmultiplikation

$$R^{(k+1)} = R^{(k)} \cdot S^{(k+1)}$$

$$= \begin{pmatrix} 1 & 0 & 0 & 0 & 0 \ldots\ldots 0 & \\ t_{21} & 1 \ddots & & & & \\ t_{31} & t_{32} \ddots & & & & \\ \vdots & & 1 & & & \\ \vdots & & t_{k+1k} & 1 & & \\ \vdots & & t_{k+2k} & t_{k+1k+1} & 1 \ddots & \\ \vdots & & \vdots & \vdots & 0 \ddots & \\ \vdots & & \vdots & \vdots & \vdots & \ddots \\ t_{m1} & t_{m2} & t_{mk} & t_{mk+1} & 0 & 1 \end{pmatrix}.$$

Mithin ist

$$L := S^{(1)}S^{(2)}\dots S^{(m-1)}$$

die untere Dreiecksmatrix

$$L = \begin{pmatrix} 1 & 0 \ldots\ldots\ldots\ldots 0 & & 0 \\ t_{21} & 1 \ddots & & \vdots \\ \vdots & t_{32} \ddots & & \vdots \\ \vdots & \vdots & \ddots & \vdots \\ \vdots & \vdots & 1 & \vdots \\ t_{m1} & t_{m2} & t_{mm-1} & 1 \end{pmatrix}.$$

Die in (2.57) angenommene Situation läßt sich für eine reguläre Matrix $A^{(1)}$ stets erreichen, d. h. man kann sich in jedem Schritt des Gauß-Verfahrens ein Pivotelement allein durch eine geeignete Spaltenvertauschung $Q^{(k)}$ verschaffen, da wegen der bereits nachgewiesenen Regularität von $A^{(k)}$ nicht $a_{kj}^{(k)} = 0 \ \forall j$ gelten kann.

Damit haben wir mit Hilfe des Gauß-Verfahrens folgenden Satz über die sogenannte Dreieckszerlegung regulärer Matrizen bewiesen:

Satz 2.24 *Zu jeder regulären Matrix* $\mathbf{A}$ *gibt es, evtl. nach geeigneten Spaltenvertauschungen* $Q^{(1)}, \ldots, Q^{(m-1)}$, *eine Dreieckszerlegung, d. h. es existieren eine reguläre untere Dreiecksmatrix* $\mathbf{L}$ *und eine reguläre obere Dreiecksmatrix* $\mathbf{U}$ *derart, daß*

$$AQ^{(1)}Q^{(2)} \ldots Q^{(m)} = L \cdot U.$$

Im Gauß-Verfahren wird nach (2.36) im k-ten Schritt unter der Voraussetzung (2.38), d. h. $a_{kk}^{(k)} \neq 0$, mit Hilfe der k-ten Gleichung die Variable x_k aus allen nachfolgenden Gleichungen eliminiert. Stattdessen können wir auch mit Hilfe der k-ten Gleichung die Variable x_k aus allen übrigen Gleichungen eliminieren und die k-te Gleichung selbst nach x_k auflösen. So erhalten wir das Gauß-Jordan-Verfahren, für das sich die Rechenregeln offensichtlich ergeben zu

$$\left\{\begin{aligned} a_{ij}^{(k+1)} &= \begin{cases} \dfrac{a_{kj}^{(k)}}{a_{kk}^{(k)}}, & \text{falls } i = k \\[2ex] a_{ij}^{(k)} - \dfrac{a_{ik}^{(k)}}{a_{kk}^{(k)}}\, a_{kj}^{(k)}, & \text{falls } i \neq k \end{cases} \\[2ex] b_i^{(k+1)} &= \begin{cases} \dfrac{b_k^{(k)}}{a_{kk}^{(k)}}, & \text{falls } i = k \\[2ex] b_i^{(k)} - \dfrac{a_{ik}^{(k)}}{a_{kk}^{(k)}}\, b_k^{(k)}, & \text{falls } i \neq k, \end{cases} \end{aligned}\right. \tag{2.60}$$

wobei wieder

$$a_{ij}^{(1)} = a_{ij} \quad \text{und} \quad b_i^{(1)} = b_i \quad \forall i, j \tag{2.37}$$

und $$a_{kk}^{(k)} \neq 0 \tag{2.38}$$

gelten müssen. Ist (2.38) nicht erfüllt, so prüft man wie beim Gauß-Verfahren, ob ein Element $a_{pq}^{(k)} \neq 0$ mit $p \geqslant k$, $q \geqslant k$ existiert und führt gegebenenfalls entsprechend (2.41)–(2.43) eine Zeilen- und (oder Spaltenvertauschung) durch. Man rechnet leicht nach, daß die Transformation (2.60) auch dargestellt werden kann als

$$(A^{(k+1)}, b^{(k+1)}) = T^{(k)} \cdot (A^{(k)}, b^{(k)}) \tag{2.61}$$

mit der offensichtlich regulären (mxm)-Matrix

$$T^{(k)} = \begin{pmatrix} 1 & 0 \dots 0 & -t_{1k} & 0 \dots\dots 0 \\ \vdots & \ddots & \vdots & \vdots \quad \vdots \\ 0 \dots\dots & 1 & -t_{k-1k} & 0 \dots\dots 0 \\ 0 \dots\dots & 0 & +t_{kk} & 0 \dots\dots 0 \\ 0 \dots\dots & 0 & -t_{k+1k} & 1 \dots\dots 0 \\ \vdots & \vdots & \vdots & \vdots \quad \ddots \quad \vdots \\ 0 \dots\dots & 0 & -t_{mk} & 0 \dots\dots 1 \end{pmatrix}, \tag{2.62}$$

$$\text{wobei} \quad t_{ik} = \begin{cases} \dfrac{1}{a_{kk}^{(k)}}, & \text{falls } i = k \\[2ex] \dfrac{a_{ik}^{(k)}}{a_{kk}^{(k)}}, & \text{falls } i \neq k. \end{cases} \tag{2.63}$$

Nach r − 1 Schritten erhält man damit die erweiterte Matrix $(A^{(r)}, b^{(r)})$, wobei $A^{(r)}$ von der Form

$$A^{(r)} = \begin{pmatrix} 1 & 0 \dots 0 & a_{1r}^{(r)} \dots\dots\dots\dots a_{1n}^{(r)} \\ \vdots & \ddots & \vdots \\ 0 \dots\dots & 1 & a_{r-1r}^{(r)} \dots\dots\dots\dots a_{r-1n}^{(r)} \\ 0 \dots\dots & 0 & a_{rr}^{(r)} \dots\dots\dots\dots a_{rn}^{(r)} \\ \vdots & \vdots & \vdots \\ 0 \dots\dots & 0 & a_{mr}^{(r)} \dots\dots\dots\dots a_{mn}^{(r)} \end{pmatrix} \tag{2.64}$$

ist. Sind hier alle $a_{pq}^{(r)} = 0$, $p \geqslant r$, $q \geqslant r$, dann gibt es kein Pivotelement mehr. Das Gleichungssystem $A^{(r)}x = b^{(r)}$ ist hier wieder lösbar genau dann, wenn $b_p^{(r)} = 0 \; \forall \, p \geqslant r$, und die Lösung lautet dann

$$x_i = b_i^{(r)} - \sum_{j=r}^{n} a_{ij}^{(r)} x_j, \qquad i = 1, \dots, r-1, \tag{2.65}$$

d. h. die Lösung hat wieder (vgl. (2.47)) den Freiheitsgrad n − r + 1.

Um Schreibarbeit zu sparen, nehmen wir wieder an, wir kämen ohne Zeilen- und Spaltenvertauschungen aus. Dann gilt

$$A^{(r)} = T^{(r-1)} T^{(-2)} \dots T^{(1)} A, \quad \text{d. h.} \quad A^{(r)} = TA$$

mit der regulären (m x m)-Matrix

$$T = T^{(r-1)} T^{(r-2)} \dots T^{(1)}.$$

Läßt sich in $A^{(r)}$ kein weiteres Pivotelement mehr finden, dann ist $A^{(r)}$ gemäß (2.64) von der Form

$$A^{(r)} = \begin{pmatrix} 1 & 0 \ldots\ldots 0 & \vdots & a_{1r}^{(r)} \ldots\ldots\ldots a_{1n}^{(r)} \\ 0 & 1 \ldots\ldots 0 & \vdots & a_{2r}^{(r)} \quad\quad a_{2n}^{(r)} \\ \vdots & \vdots \quad \ddots & \vdots & \vdots \\ 0 & 0 \ldots\ldots 1 & \vdots & a_{r-1r}^{(r)} \quad\quad a_{r-1n}^{(r)} \\ \hline 0 & 0 \ldots\ldots 0 & \vdots & 0 \ldots\ldots\ldots\ldots 0 \\ \vdots & \vdots & \vdots & \vdots \quad\quad\quad \vdots \\ 0 & 0 \ldots\ldots 0 & \vdots & 0 \ldots\ldots\ldots\ldots 0 \end{pmatrix} = \left(\begin{array}{c|c} I & R \\ \hline o & o \end{array}\right). \tag{2.66}$$

Da **T** regulär ist, gilt, wie wir schon früher gesehen haben, $rg(A) = rg(TA)$, also nach (2.66) $rg(A) = rg(A^{(r)}) = r - 1$. Damit gilt am Ende des Gauß-Jordan-Verfahrens

Satz 2.25 a) *Ist* **A** *eine* m-*reihige reguläre Matrix, dann ist mit den Transformationen* (2.62)

$$A^{-1} = T^{(m)}T^{(m-1)} \ldots T^{(1)}.$$

b) *Ist* **A** *eine* $(m \times n)$*-Matrix mit* $rg(A) < n$, *dann bilden die Spalten der* $(n \times [n - r + 1])$*-Matrix*

$$D = \begin{pmatrix} R \\ --- \\ -I \end{pmatrix},$$

die aus der $([r - 1] \times [n - r + 1])$*-Matrix* **R** *in* (2.66) *und der negativen* $(n - r + 1)$*-reihigen Einheitsmatrix gebildet wird, eine Basis des Unterraumes*

$$\{y \mid Ay = o\}.$$

B e w e i s : a) Mit **A** ist auch $A^{(r)}$ eine m-reihige reguläre Matrix, für die nach (2.66) dann

$$A^{(r)} = I, \qquad r = m + 1,$$

gilt. Da, wie wir gesehen haben,

$$A^{(r)} = T^{(m)}T^{(m-1)} \ldots T^{(1)}A,$$

folgt die Behauptung aus Satz 2.18.

b) Nach Voraussetzung gilt

$$rg(A) = rg(A^{(r)}) = r - 1 < n.$$

Folglich hat die Teilmatrix **R** von $A^{(r)}$ gemäß (2.66) $n - r + 1$ Spalten und $r - 1$ Zeilen. Fügen wir die negative $(n - r + 1)$-reihige Einheitsmatrix unten an, so hat die resultierende Matrix

$$D = \begin{pmatrix} R \\ --- \\ -I \end{pmatrix}$$

offensichtlich den Rang $rg(D) = n - r + 1$, was mit

$$\dim \{y \mid Ay = o\} = n - rg(A) = n - r + 1$$

übereinstimmt. Die n – r + 1 Spalten von **D** sind also linear unabhängig. Aus

$$\mathbf{A}^{(r)} = \mathbf{T}\mathbf{A}$$

mit $\mathbf{T} = \mathbf{T}^{(r-1)} \ldots \mathbf{T}^{(1)}$ und aus (2.66) folgt

$$\mathbf{A}\mathbf{D} = \mathbf{T}^{-1}\mathbf{A}^{(r)}\mathbf{D}$$

$$= \mathbf{T}^{-1}\left(\begin{array}{c|c} \mathbf{I} & \mathbf{R} \\ \hline \mathbf{o} & \mathbf{o} \end{array}\right)\left(\begin{array}{c} \mathbf{R} \\ \hline -\mathbf{I} \end{array}\right) = \mathbf{T}^{-1}\begin{pmatrix} \mathbf{R}-\mathbf{R} \\ \mathbf{o}-\mathbf{o} \end{pmatrix} = \mathbf{o},$$

d. h. alle Spalten von **D** sind Lösung des HLGS $\mathbf{A}\mathbf{y} = \mathbf{o}$ und bilden daher eine Basis von $\{\mathbf{y} \mid \mathbf{A}\mathbf{y} = \mathbf{o}\}$. ■

Übungsaufgaben

1. Bestimmen Sie eine Lösung der folgenden Gleichungssysteme mittels der Eliminationsmethode von Gauß:

a) $$\begin{aligned} x_1 + 2x_2 + 2x_3 &= 3 \\ 2x_1 + 4x_2 + 5x_3 &= 9 \\ 3x_1 + 5x_2 + x_3 &= -4; \end{aligned}$$

b) $$\begin{aligned} x_1 + 2x_2 - x_3 + 3x_4 &= 3 \\ 2x_1 + 4x_2 + 4x_3 + 3x_4 &= 9 \\ 3x_1 + 6x_2 - x_3 + 8x_4 &= 10 \end{aligned}$$

2. Bestimmen Sie eine Lösung folgender Gleichungssysteme $\mathbf{A}\mathbf{x} = \mathbf{b}$ mittels Gauß-Jordan-Verfahren:

a) $$\mathbf{A} = \begin{pmatrix} 1 & -3 & 4 & -2 \\ 0 & 2 & 5 & 1 \\ 0 & 1 & -3 & 0 \end{pmatrix}, \quad \mathbf{b} = \begin{pmatrix} 5 \\ 2 \\ 1 \end{pmatrix}$$

b) $$\mathbf{A} = \begin{pmatrix} 1 & 2 & 2 \\ 3 & -2 & -1 \\ 2 & -5 & 3 \\ 1 & 4 & 6 \end{pmatrix}, \quad \mathbf{b} = \begin{pmatrix} 2 \\ 5 \\ -4 \\ 0 \end{pmatrix}.$$

3. Berechnen Sie mit dem Gauß-Jordan-Verfahren die Inverse von

$$\mathbf{A} = \begin{pmatrix} 1 & 2 \\ 3 & 4 \end{pmatrix}$$

und eine Basis von $\{\mathbf{y} \mid \mathbf{B}\mathbf{y} = \mathbf{o}\}$ für

$$\mathbf{B} = \begin{pmatrix} 1 & 2 & 3 & 4 \\ 5 & 6 & 7 & 8 \end{pmatrix}.$$

4. Bestimmen Sie eine Dreieckszerlegung von

$$\mathbf{A} = \begin{pmatrix} 1 & 3 & 2 \\ 6 & 5 & 4 \\ 7 & 8 & 9 \end{pmatrix}.$$

2.5 Koordinatentransformation

In einem endlichdimensionalen Vektorraum $\mathfrak{V}$ gibt es, wie wir wissen, beliebig viele verschiedene Basen. Zur Lösung bestimmter Aufgaben ist es gelegentlich zweckmäßig, von einer gegebenen Basis zu einer anderen Basis mit bestimmten Eigenschaften überzugehen. Ein Beispiel dafür ist das lineare Approximationsproblem, bei dem sich die Projektion auf den endlichdimensionalen Unterraum nach Satz 1.32 besonders einfach berechnen läßt, wenn der Unterraum als Basis ein Orthonormalsystem besitzt, das wir aus einer beliebigen Basis mit dem Schmidt'schen Orthonormierungsverfahren gewinnen können. Ein derartiger Übergang von einer Basis zu einer anderen entspricht einer linearen Abbildung, die man als Koordinatentransformation bezeichnet.

Definition 2.15 *Sei $\mathfrak{V}$ ein Vektorraum mit* dim $\mathfrak{V} = n$, *und seien* $\mathfrak{B} = \{v_1, \ldots, v_n\}$ *und* $\mathfrak{C} = \{w_1, \ldots, w_n\}$ *Basen von* $\mathfrak{V}$. *Die lineare Abbildung* $\phi : \mathfrak{V} \to \mathfrak{V}$, *die durch* $\phi(v_i) = w_i$, $i = 1, \ldots, n$, *gegeben ist, heißt* Koordinatentransformation. *Die zugehörige Matrix bezüglich der Basis* $\mathfrak{B}$ *ist*

$$\mathbf{A} = (\alpha_{ij};\ 1 \leqslant i \leqslant n,\ 1 \leqslant j \leqslant n),$$

wenn $$w_j = \sum_{i=1}^{n} \alpha_{ij} v_i,\ j = 1, \ldots, n,$$

gilt.

Analog kann man natürlich auch die Koordinatentransformation $\psi : \mathfrak{V} \to \mathfrak{V}$, die durch $\psi(w_i) = v_i$, $i = 1, \ldots, n$, gegeben ist, betrachten mit der bezüglich der Basis $\mathfrak{C}$ zugehörigen Matrix

$$\mathbf{B} = (\beta_{ij};\ 1 \leqslant i \leqslant n,\ 1 \leqslant j \leqslant n), \quad \text{wenn} \quad v_j = \sum_{i=1}^{n} \beta_{ij} w_i, \quad j = 1, \ldots, n,$$

gilt.

Lemma 2.26 *Für die gemäß* Definition 2.15 *zur Koordinatentransformation* $\phi(v_i) = w_i$, $i = 1, \ldots, n$, *zugehörige Matrix* $\mathbf{A}$ *und die der Koordinatentransformation* $\psi(w_i) = v_i$ *zugeordnete Matrix* $\mathbf{B}$ *gilt*

$$\mathbf{BA} = \mathbf{I}, \quad \text{d. h.} \quad \mathbf{B} = \mathbf{A}^{-1}.$$

Beweis: Es gilt

$$w_i = \phi(v_i) = \sum_{k=1}^{n} \alpha_{ki} v_k = \sum_{k=1}^{n} \alpha_{ki} \psi(w_k)$$

$$= \sum_{k=1}^{n} \alpha_{ki} \sum_{j=1}^{n} \beta_{jk} w_j = \sum_{j=1}^{n} \left(\sum_{k=1}^{n} \beta_{jk} \alpha_{ki} \right) w_j.$$

Da $\{w_1, \ldots, w_n\}$ linear unabhängig ist, muß hier

$$\sum_{k=1}^{n} \beta_{jk} \alpha_{ki} = \begin{cases} 1, & \text{falls } j = i \\ 0 & \text{sonst} \end{cases}$$

gelten, d. h. $\mathbf{B} \cdot \mathbf{A} = \mathbf{I}$, woraus mit Satz 2.18 die Behauptung folgt. ∎

Geht man von einer Basis zu einer anderen über, dann werden dadurch, wie wir bereits wissen, die Komponenten eines gegebenen Vektors im allgemeinen verändert. Ebenso wissen wir, das eine vorgegebene lineare Abbildung $\phi : \mathfrak{V} \to \mathfrak{W}$ bezüglich fester Basen von $\mathfrak{V}$ und $\mathfrak{W}$ durch eine Matrix beschrieben wird, die entsprechend zu ändern ist, wenn wir in $\mathfrak{V}$ und/oder $\mathfrak{W}$ die Basis wechseln. Ist eine Koordinatentransformation gemäß Definition 2.15 gegeben, dann können wir die neuen Komponentenvektoren und Matrizen sofort angeben.

Satz 2.27 *Seien* $\mathfrak{B} = \{v_1, \ldots, v_n\}$ *und* $\mathfrak{C} = \{w_1, \ldots, w_n\}$ *Basen des Vektorraumes* $\mathfrak{V}$. *Sei* A *die nach* Definition 2.15 *zur Koordinatentransformation* $\phi(v_i) = w_i$, $i = 1, \ldots, n$, *gehörende Matrix.*

Hat ein beliebiger fester Vektor $v \in \mathfrak{V}$ *bezüglich* $\mathfrak{B}$ *den Komponentenvektor*

$x = \begin{pmatrix} \xi_1 \\ \vdots \\ \xi_n \end{pmatrix}$ *und bezüglich* $\mathfrak{C}$ *den Komponentenvektor* $y = \begin{pmatrix} \zeta_1 \\ \vdots \\ \zeta_n \end{pmatrix}$, *dann gilt* $y = A^{-1}x$.

Beweis: Wegen $w_i = \sum_{j=1}^{n} \alpha_{ji} v_j$, $i = 1, \ldots, n$, gemäß Definition 2.15 gilt

$$v = \sum_{k=1}^{n} \xi_k v_k = \sum_{j=1}^{n} \zeta_j w_j = \sum_{k=1}^{n} \left(\sum_{j=1}^{n} \alpha_{kj} \zeta_j \right) v_k$$

und somit, da $\{v_1, \ldots, v_n\}$ linear unabhängig ist,

$$\xi_k = \sum_{j=1}^{n} \alpha_{kj} \zeta_j, \; k = 1, \ldots, n,$$

also $x = Ay$, woraus die Behauptung folgt. ■

Satz 2.28 *Seien* $\mathfrak{V}$ *ein Vektorraum mit den Basen*

$$\mathfrak{B} = \{r_1, \ldots, r_n\} \text{ und } \mathfrak{C} = \{u_1, \ldots, u_n\}$$

und $\mathfrak{W}$ *ein Vektorraum mit den Basen*

$$\mathfrak{D} = \{v_1, \ldots, v_m\} \quad \text{und} \quad \mathfrak{E} = \{w_1, \ldots, w_m\}.$$

Die Koordinatentransformationen in $\mathfrak{V}$ *und* $\mathfrak{W}$ *seien gegeben durch die Matrizen*

$$S = (s_{ij};\, 1 \leq i \leq n,\, 1 \leq j \leq n) \quad \text{gemäß } u_i = \sum_{j=1}^{n} s_{ji} r_j, \; i = 1, \ldots, n$$

und $$T = (t_{ij};\, 1 \leq i \leq m,\, 1 \leq j \leq m) \quad \text{gemäß } w_i = \sum_{j=1}^{m} t_{ji} v_j, \; i = 1, \ldots, m.$$

Die lineare Abbildung

$$\phi : \mathfrak{V} \to \mathfrak{W}$$

sei bezüglich $\mathfrak{B}$ *und* $\mathfrak{D}$ *gegeben durch die* $(m \times n)$*-Matrix* $A = (\alpha_{ij};\, 1 \leq i \leq m,\, 1 \leq j \leq n)$.

Dann wird ϕ bezüglich $\mathfrak{C}$ und $\mathfrak{E}$ beschrieben durch die Matrix

$$\mathbf{B} = \mathbf{T}^{-1}\mathbf{A}\mathbf{S}.$$

B e w e i s : Sei $\mathbf{B} = (\beta_{ij}; 1 \leqslant i \leqslant m, 1 \leqslant j \leqslant n)$. Dann gilt

$$\phi(\mathfrak{u}_i) = \sum_{j=1}^{m} \beta_{ji}\mathfrak{w}_j = \sum_{j=1}^{m} \beta_{ji} \sum_{k=1}^{m} t_{kj}\mathfrak{v}_k, \qquad i = 1, \ldots, n$$

und
$$\phi(\mathfrak{u}_i) = \phi\left(\sum_{j=1}^{n} s_{ji}\mathfrak{r}_j\right) = \sum_{j=1}^{n} s_{ji}\phi(\mathfrak{r}_j)$$

$$= \sum_{j=1}^{n} s_{ji} \sum_{k=1}^{m} \alpha_{kj}\mathfrak{v}_k, \qquad i = 1, \ldots, n.$$

Folglich gilt

$$\sum_{k=1}^{m} \sum_{j=1}^{m} t_{kj}\beta_{ji}\mathfrak{v}_k = \sum_{k=1}^{m} \sum_{j=1}^{n} \alpha_{kj}s_{ji}\mathfrak{v}_k, \qquad i = 1, \ldots, n$$

und daher, da $\{\mathfrak{v}_1, \ldots, \mathfrak{v}_m\}$ linear unabhängig ist,

$$\sum_{j=1}^{m} t_{kj}\beta_{ji} = \sum_{j=1}^{n} \alpha_{kj}s_{ji}, \qquad k = 1, \ldots, m; i = 1, \ldots, n,$$

also $\mathbf{T} \cdot \mathbf{B} = \mathbf{A} \cdot \mathbf{S}$,

woraus die Behauptung sofort folgt. ∎

Korollar 2.29 *Gilt in* Satz 2.28 $\mathfrak{W} = \mathfrak{V}$, $\mathfrak{D} = \mathfrak{B}$ *und* $\mathfrak{E} = \mathfrak{C}$, *dann hat* $\phi : \mathfrak{V} \to \mathfrak{V}$ *bezüglich* $\mathfrak{B}$ *die Matrix* **A** *und bezüglich* $\mathfrak{C}$ *die Matrix*

$$\mathbf{B} = \mathbf{S}^{-1}\mathbf{A}\mathbf{S}.$$

Dieser Satz ist aus Satz 2.28 unmittelbar ersichtlich. Die mit der Koordinatentransformation S gemäß Korollar 2.29 verbundene Transformation von **A** in $\mathbf{B} = \mathbf{S}^{-1}\mathbf{A}\mathbf{S}$ heißt Ä h n l i c h k e i t s t r a n s f o r m a t i o n der Matrix **A**.

Übungsaufgaben

1. Seien $\{\mathfrak{v}_1, \mathfrak{v}_2, \mathfrak{v}_3\} = \{(1, 0, 0), (0, 1, 0), (0, 0, 1)\}$ und $\{\mathfrak{w}_1, \mathfrak{w}_2, \mathfrak{w}_3\} = \{(1, 1, 1), (1, 1, 0), (1, 0, 0)\}$ Basen des $\mathbf{R}^3$.
Bestimmen Sie die Matrizen **A** und **B** der Koordinatentransformationen

$$\mathfrak{w}_i = \sum_{j=1}^{3} a_{ji}\mathfrak{v}_j, \qquad i = 1, 2, 3$$

$$\mathfrak{v}_i = \sum_{j=1}^{3} b_{ji}\mathfrak{w}_j, \qquad i = 1, 2, 3.$$

2. Seien $\{v_1, v_2, v_3\}$ und $\{w_1, w_2, w_3\}$ die in Aufgabe 1 gegebenen Basen des $\mathbb{R}^3$.
a) Bestimmen Sie die Matrix der Abbildung $\phi(x, y, z) = (2y + z, x - 4y, 3x)$ bezüglich der Basis $\{v_1, v_2, v_3\}$;
b) Durch welche Matrix wird ϕ bezüglich der Basis $\{w_1, w_2, w_3\}$ beschrieben?

3 Determinanten und Eigenwerte

Aus der Geometrie sind wir mit der Figur des Parallelogramms vertraut. Für das Folgende können wir annehmen, daß das zu betrachtende Parallelogramm eine Ecke im Nullpunkt des zweidimensionalen Raumes hat. Aus Fig. 3.1 entnehmen wir sofort, daß dann das Parallelogramm durch die zwei Vektoren **v** und **w** vollständig bestimmt ist. Folglich ist auch sein Flächeninhalt durch **v** und **w** bestimmt, also eine Funktion V(**v**, **w**).

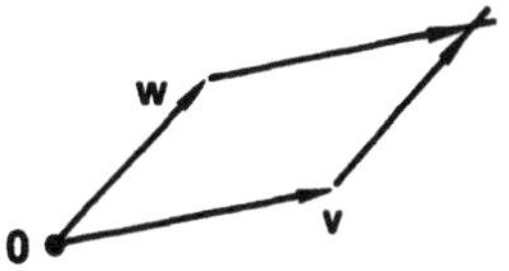

Fig. 3.1 Parallelogramm

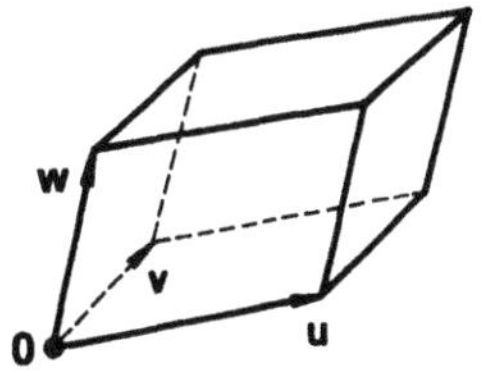

Fig. 3.2 Parallelepiped

Ebenso kennen wir aus der Schule im dreidimensionalen Raum das Parallelepiped (Parallelflach). Nehmen wir wieder an, daß eine Ecke im Nullpunkt des dreidimensionalen Raumes liegt, dann ist gemäß Fig. 3.2 das Parallelepiped vollständig durch die drei Vektoren **u**, **v**, **w** bestimmt und folglich auch sein Volumen eine Funktion V(**u**, **v**, **w**).

Aus Fig. 3.1 ersieht man sofort, daß das Parallelogramm aus der Menge aller Punkte $\{x \mid x = \lambda v + \mu w, 0 \leq \lambda \leq 1, 0 \leq \mu \leq 1\}$ besteht. Analog kann man sich an Fig. 3.2 klarmachen, daß das Parallelepiped aus der Menge $\{y \mid y = \lambda u + \mu v + \nu w, 0 \leq \lambda \leq 1, 0 \leq \mu \leq 1, 0 \leq \nu \leq 1\}$ besteht. Entsprechend kann man nun für n-dimensionale Vektorräume den Begriff des Parallelotops einführen.

Definition 3.1 *Sei* $\mathfrak{V}$ *ein Vektorraum mit* dim $\mathfrak{V}$ = n. *Sind* $v_1, v_2, \ldots, v_n$ *beliebige, aber fest gewählte Vektoren aus* $\mathfrak{V}$, *dann ist die Menge*

$$\{z \mid z = \sum_{i=1}^{n} \lambda_i v_i, 0 \leq \lambda_i \leq 1 \ \forall i\}$$

ein P a r a l l e l o t o p *in* $\mathfrak{V}$.

Es stellt sich nun die Frage, ob es auch hier eine Funktion $V(v_1, v_2, \ldots, v_n)$ gibt, die man gewissermaßen als verallgemeinertes Volumen des Parallelotops auffassen kann. Dazu sollte diese Funktion jedenfalls die Eigenschaften aufweisen, die uns beim Volumen im dreidimensionalen und beim Flächeninhalt im zweidimensionalen Fall bekannt sind.

Im zweidimensionalen Fall gilt

$\alpha)$ $V(\lambda v, w) = |\lambda|\, V(v, w)$ und $\beta)$ $V(v + w, w) = V(v, w)$

$V(v, \lambda w) = |\lambda|\, V(v, w)$ $V(v, v + w) = V(v, w)$.

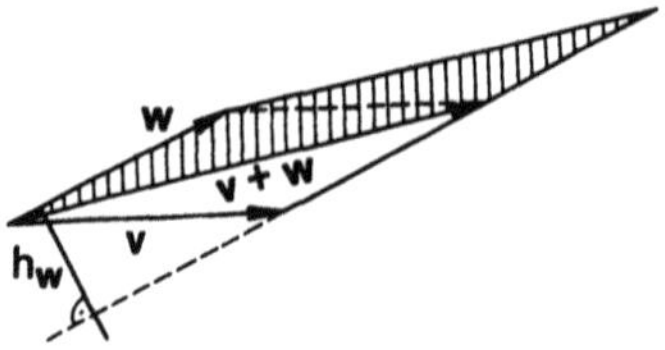

Fig. 3.3
Volumeneigenschaften

Eigenschaft α) besagt nur, daß die Multiplikation einer Kante mit λ zur Multiplikation der Fläche mit $|\lambda|$ führt, was trivial ist. Eigenschaft β) ist aus Fig. 3.3 ersichtlich, da im neuen, durch $v + w$ und w bestimmten Parallelogramm eine Kante, nämlich w, und die darauf fußende Höhe h_w gegenüber dem ursprünglichen, durch v und w gegebenen Parallelogramm unverändert sind.

Analog macht man sich klar, daß auch im dreidimensionalen Fall die Eigenschaften

$\alpha)$ $V(\lambda u, v, w) = |\lambda|\, V(u, v, w)$ $\beta)$ $V(u + v, v, w) = V(u + w, v, w) = V(u, v, w)$

$V(u, \lambda v, w) = |\lambda|\, V(u, v, w)$ und $V(u, v + u, w) = V(u, v + w, w) = V(u, v, w)$

$V(u, v, \lambda w) = |\lambda|\, V(u, v, w)$ $V(u, v, w + u) = V(u, v, w + v) = V(u, v, w)$

gelten.

Entsprechend diesen Eigenschaften der Funktionen V im zwei- und dreidimensionalen Fall fragen wir uns also, ob es für n-dimensionale Polytope eine Funktion $V(v_1, \ldots, v_n)$ gibt, die folgende Eigenschaften besitzt:

$\alpha)$ $V(v_1, \ldots, \lambda v_j, \ldots, v_n) = |\lambda|\, V(v_1, \ldots, v_j, \ldots, v_n), j = 1, \ldots, n,$

und

$\beta)$ $V(v_1, \ldots, v_i + v_j, \ldots, v_n) = V(v_1, \ldots, v_i, \ldots, v_n), i \neq j.$

Daß es überhaupt eine Funktion V von n Vektoren mit den Eigenschaften α) und β) gibt, ist trivial:

$V(v_1, \ldots, v_n) \equiv 0$ erfüllt offenbar die Bedingungen. Aber an dieser trivialen Antwort sind wir nicht interessiert. Wir werden unsere Fragestellung geringfügig modifizieren, indem wir in α) nur verlangen, daß die Multiplikation eines Vektors v_j mit $\lambda \in \mathbb{R}$ zum λ-fachen Funktionswert – anstelle des $|\lambda|$-fachen – führt. Damit lassen wir zu, daß unsere Funktion negative Werte annimmt; aber ihr Absolutwert hat dann wieder die obigen für ein Volumen wesentlichen Eigenschaften.

3.1 Determinanten

Definition 3.2 *Sei* $\mathfrak{V}$ *ein Vektorraum mit* $\dim \mathfrak{V} = n$ *und* $\bigtimes_{i=1}^{n} \mathfrak{V}$ *das* n-*fache cartesische Produkt von* $\mathfrak{V}$, *also*

$$\bigtimes_{i=1}^{n} \mathfrak{V} = \{(v_1, v_2, \ldots, v_n) \mid v_i \in \mathfrak{V}\ \forall i\}.$$

Eine Funktion det: $\overset{n}{\underset{i=1}{\times}} \mathfrak{V} \to \mathbb{R}$ *heißt* Determinante, *wenn für beliebige* $v_k \in \mathfrak{V}$ *und* $\lambda \in \mathbb{R}$

α) $\det(v_1, \ldots, \lambda v_i, \ldots, v_n) = \lambda \det(v_1, \ldots, v_i, \ldots, v_n)$, *und*

β) $\det(v_1, \ldots, v_i + v_j, \ldots, v_n) = \det(v_1, \ldots, v_i, \ldots, v_n), i \neq j$,

gelten.

Es wird sich zeigen, daß die Determinante durch Definition 3.2 bis auf einen konstanten Faktor eindeutig bestimmt ist. Mit anderen Worten: Geben wir die Determinante einer Basis von $\mathfrak{V}$ – gewissermaßen als Volumeneinheit – vor, dann ist die Determinante auf $\overset{n}{\underset{i=1}{\times}} \mathfrak{V}$ eindeutig festgelegt.

Zunächst leiten wir aus Definition 3.2 die wichtigsten Folgerungen und Rechenregeln für Determinanten ab.

Lemma 3.1 $\det(v_1, \ldots, v_i, \ldots, v_j, \ldots, v_n) = -\det(v_1, \ldots, v_j, \ldots, v_i, \ldots, v_n), i \neq j$, *d. h. bei Vertauschung zweier Vektoren ändert die Determinante ihr Vorzeichen.*

Beweis: Da hier nur die Vektoren an der i-ten und j-ten Stelle in der Determinante verändert werden, schreiben wir kürzer

$$\delta(v_i, v_j) = \det(v_1, \ldots, v_i, \ldots, v_j, \ldots, v_n).$$

Damit gilt nach Definition 3.2

$$\begin{aligned} \delta(v_i, v_j) &= \delta(v_i + v_j, v_j) && \text{nach } \beta);\\ &= -\delta(-(v_i + v_j), v_j) && \text{nach } \alpha) \text{ mit } \lambda = -1;\\ &= -\delta(-(v_i + v_j), -v_i) && \text{nach } \beta);\\ &= \delta(v_i + v_j, -v_i) && \text{nach } \alpha);\\ &= \delta(v_j, -v_i) && \text{nach } \beta);\\ &= -\delta(v_j, v_i) && \text{nach } \alpha). \end{aligned}$$

■

Lemma 3.2 *Gilt* $v_i = v_j, i \neq j$, *dann ist* $\det(v_1, \ldots, v_i, \ldots, v_j, \ldots, v_n) = 0$.

Beweis: Sei $v = v_i = v_j$. Dann gilt nach Lemma 3.1

$$\det(v_1, \ldots, v, \ldots, v, \ldots, v_n) = \det(v_1, \ldots, v_i, \ldots, v_j, \ldots, v_n)$$
$$= -\det(v_1, \ldots, v_j, \ldots, v_i, \ldots, v_n) = -\det(v_1, \ldots, v, \ldots, v, \ldots, v_n),$$

also $\det(v_1, \ldots, v, \ldots, v, \ldots, v_n) = 0$. ■

Lemma 3.3 *Ist* $v_j = o$ *für mindestens ein* $j \in \{1, \ldots, n\}$, *dann ist* $\det(v_1, \ldots, v_n) = 0$.

Beweis: Ohne Einschränkung der Allgemeinheit können wir annehmen, es sei $v_1 = o$. Dann gilt gemäß Definition 3.2

$$\det(v_1, \ldots, v_n) = \det(o, v_2, \ldots, v_n) = \det(v_2, v_2, \ldots, v_n) \text{ nach } \beta)$$

und folglich $\det(v_1, \ldots, v_n) = 0$ nach Lemma 3.2. ■

Lemma 3.4 *Es gilt für* $j \neq i, j \in \{1, \ldots, n\}$, *und beliebiges* $\lambda \in \mathbb{R}$
$\det(v_1, \ldots, v_i, \ldots, v_n) = \det(v_1, \ldots, v_i + \lambda v_j, \ldots, v_n)$.

Beweis: Für $\lambda = 0$ gilt die behauptete Gleichung trivialerweise. Sei daher $\lambda \neq 0$. Nach Definition 3.2 gilt

$$\det(v_1, \ldots, v_i, \ldots, \lambda v_j, \ldots, v_n) = \lambda \det(v_1, \ldots, v_n)$$

$$\det(v_1, \ldots, v_i + \lambda v_j, \ldots, \lambda v_j, \ldots, v_n) = \lambda \det(v_1, \ldots, v_i + \lambda v_j, \ldots, v_j, \ldots, v_n).$$

Da nach Definition 3.2 die linken Seiten dieser beiden Gleichungen übereinstimmen und $\lambda \neq 0$ ist, folgt

$$\det(v_1, \ldots, v_i + \lambda v_j, \ldots, v_j, \ldots, v_n) = \det(v_1, \ldots, v_n).$$ ∎

Daraus folgt sofort der wichtige

Satz 3.5 *Ist* $\{v_1, \ldots, v_n\}$ *linear abhängig, dann ist* $\det(v_1, \ldots, v_n) = 0$.

Beweis: Da $\{v_1, \ldots, v_n\}$ linear abhängig ist, läßt sich nach Satz 1.8 wenigstens ein v_i als Linearkombination der übrigen Vektoren v_j darstellen. Sei daher ohne Einschränkung der Allgemeinheit

$$v_1 = \sum_{i=2}^{n} \lambda_i v_i.$$

Durch wiederholte Anwendung von Lemma 3.4 erhalten wir

$$\det(v_1 - \sum_{i=2}^{n} \lambda_i v_i, v_2, \ldots, v_n) = \det(v_1, v_2, \ldots, v_n)$$

woraus wegen $v_1 - \sum_{i=2}^{n} \lambda_i v_i = o$ nach Lemma 3.3 $\det(v_1, v_2, \ldots, v_n) = 0$ folgt. ∎

Wenn wir, wie einleitend dargelegt, $|\det(v_1, \ldots, v_n)|$ als Volumen des durch $v_1, \ldots, v_n$ gegebenen Polytops verstehen wollen, ist Satz 3.5 eine Bestätigung unseres geometrischen Schulwissens. Denn wenn in Fig. 3.1 die Vektoren v und w in eine Gerade fallen, d. h. linear abhängig sind, dann klappt das Parallelogramm in eine Strecke zusammen und hat dann den Flächeninhalt Null. Und wenn in Fig. 3.2 die Vektoren u, v, w linear abhängig sind und somit in eine Ebene fallen, dann klappt das Parallelepiped in ein ebenes Polyeder zusammen und hat somit das Volumen Null.

Für die Berechnung von Determinanten ist der folgende Satz sehr nützlich.

Satz 3.6 *Es gilt*

$$\det(u + w, v_2, \ldots, v_n) = \det(u, v_2, \ldots, v_n) + \det(w, v_2, \ldots, v_n).$$

Beweis: Ist $\{v_2, \ldots, v_n\}$ linear abhängig, dann sind auch $\{u + w, v_2, \ldots, v_n\}$, $\{u, v_2, \ldots, v_n\}$ und $\{w, v_2, \ldots, v_n\}$ linear abhängig, und unsere Behauptung stimmt nach Satz 3.5.

Ist $\{v_2, \ldots, v_n\}$ linear unabhängig, dann gibt es ein $v_1 \in \mathfrak{V}$ so, daß $\{v_1, \ldots, v_n\}$ eine Basis von $\mathfrak{V}$ ist (vgl. Satz 1.12). Also lassen sich u und w darstellen als

$$u = \sum_{i=1}^{n} \lambda_i v_i \quad \text{und} \quad w = \sum_{i=1}^{n} \mu_i v_i,$$

woraus

$$\lambda_1 v_1 = u - \sum_{i=2}^{n} \lambda_i v_i \quad \text{und} \quad \mu_1 v_1 = w - \sum_{i=2}^{n} \mu_i v_i$$

folgen. Somit ist nach Lemma 3.4

$$\det(u, v_2, \ldots, v_n) = \lambda_1 \det(v_1, v_2, \ldots, v_n)$$
$$\det(w, v_2, \ldots, v_n) = \mu_1 \det(v_1, v_2, \ldots, v_n)$$

und daher

$$\det(u, v_2, \ldots, v_n) + \det(w, v_2, \ldots, v_n) = (\lambda_1 + \mu_1) \det(v_1, \ldots, v_n).$$

Da offenbar

$$(\lambda_1 + \mu_1) v_1 = (u + w) - \sum_{i=2}^{n} (\lambda_i + \mu_i) v_i,$$

folgt ebenso nach Lemma 3.4

$$\det(u + w, v_2, \ldots, v_n) = (\lambda_1 + \mu_1) \det(v_1, v_2, \ldots, v_n),$$

womit unsere Behauptung bewiesen ist. ∎

Die bisher aus Definition 3.2 gefolgerten Eigenschaften legen nun die Determinante schon weitestgehend fest.

Satz 3.7 *Die in Definition* 3.2 *eingeführte Funktion* $\det : \times_{i=1}^{n} \mathfrak{V} \to \mathbb{R}$ *ist bis auf einen konstanten Faktor eindeutig bestimmt.*

B e w e i s : Seien Δ und δ zwei Funktionen mit den Eigenschaften einer Determinante gemäß Definition 3.2. Sei ferner $\{v_1, \ldots, v_n\}$ eine Basis von $\mathfrak{V}$ und $\{w_1, \ldots, w_n\} \subset \mathfrak{V}$ beliebig. Dann existieren Koeffizienten α_{ij} derart, daß

$$w_i = \sum_{j=1}^{n} \alpha_{ij} v_j, \qquad i = 1, \ldots, n.$$

Durch wiederholte Anwendung von Satz 3.6 folgt für die Determinante Δ

$$\Delta(w_1, \ldots, w_n) = \Delta\left(\sum_{j=1}^{n} \alpha_{1j} v_j, \sum_{j=1}^{n} \alpha_{2j} v_j, \ldots, \sum_{j=1}^{n} \alpha_{nj} v_j\right)$$
$$= \sum_{j_1=1}^{n} \sum_{j_2=1}^{n} \ldots \sum_{j_n=1}^{n} \alpha_{1j_1} \alpha_{2j_2} \ldots \alpha_{nj_n} \Delta(v_{j_1}, v_{j_2}, \ldots, v_{j_n}).$$

Da nach Lemma 3.2 jede Determinante verschwindet, wenn wenigstens zwei ihrer n Argumente übereinstimmen, bleiben von dem letzten Ausdruck nur noch höchstens die Summanden übrig, in denen $(j_1, j_2 \dots, j_n)$ eine Permutation der Zahlen $(1, \dots, n)$ ist (vgl. [1]).

Bezeichnen wir diese n! Permutationen mit $\sigma(\nu)$, $\nu = 1, \dots, n!$, derart daß $\sigma_j(\nu)$ angibt, welche der Zahlen $1, \dots, n$ in der ν-ten Permutation an der j-ten Stelle steht, dann ist also

$$\Delta(w_1, \dots, w_n) = \sum_{\nu=1}^{n!} \alpha_{1\sigma_1(\nu)}\alpha_{2\sigma_2(\nu)} \dots \alpha_{n\sigma_n(\nu)}\Delta(v_{\sigma_1(\nu)}, \dots, v_{\sigma_n(\nu)}).$$

Bezeichnen wir eine Permutation $\sigma(\nu)$ von $(1, \dots, n)$ als gerade bzw. ungerade je nachdem, ob man $\sigma(\nu)$ durch eine gerade bzw. ungerade Anzahl von sukzessiven paarweisen Vertauschungen verschiedener Elemente von $\{1, \dots, n\}$ erhält, dann ist nach Lemma 3.1

$$\Delta(v_{\sigma_1(\nu)}, \dots, v_{\sigma_n(\nu)}) = \epsilon(\sigma(\nu))\Delta(v_1, \dots, v_n)$$

mit $$\epsilon(\sigma(\nu)) = \begin{cases} +1, & \text{wenn } \sigma(\nu) \text{ gerade} \\ -1, & \text{wenn } \sigma(\nu) \text{ ungerade.} \end{cases}$$

Folglich gilt

$$\Delta(w_1, \dots, w_n) = \Delta(v_1, \dots, v_n) \sum_{\nu=1}^{n!} \epsilon(\sigma(\nu))\alpha_{1\sigma_1(\nu)}\alpha_{2\sigma_2(\nu)} \dots \alpha_{n\sigma_n(\nu)}.$$

Ganz analog erhalten wir auch für die zweite Determinante

$$\delta(w_1, \dots, w_n) = \delta(v_1, \dots, v_n) \sum_{\nu=1}^{n!} \epsilon(\sigma(\nu))\alpha_{1\sigma_1(\nu)} \dots \alpha_{n\sigma_n(\nu)}.$$

Wählen wir beide Determinanten der Basis $\{v_1, \dots, v_n\}$ von Null verschieden, dann folgt

$$\Delta(w_1, \dots, w_n) = \frac{\Delta(v_1, \dots, v_n)}{\delta(v_1, \dots, v_n)} \delta(w_1, \dots, w_n),$$

also $$\Delta(w_1, \dots, w_n) = \gamma\delta(w_1, \dots, w_n)$$

$$\text{für alle } (w_1, \dots, w_n) \in \mathop{\times}_{i=1}^{n} \mathfrak{V} \text{ mit } \gamma = \frac{\Delta(v_1, \dots, v_n)}{\delta(v_1, \dots, v_n)}.$$ ■

Wir nennen eine Determinante nichttrivial, wenn sie überhaupt von Null verschiedene Werte annimmt. Nach Satz 3.7 sind zwei nichttriviale Determinanten konstante Vielfache voneinander, deren jeweiliger Wert durch ihren einer Basis zugeordneten Wert – entsprechend der Maßeinheit beim Volumen – bestimmt ist. In Ergänzung von Satz 3.5 gilt nun

Satz 3.8 *Sei* det : $\mathop{\times}_{i=1}^{n} \mathfrak{V} \to \mathbb{R}$ *eine nichttriviale Determinante. Dann gilt* $\det(w_1, \dots, w_n) \neq 0$ *genau dann, wenn* $\{w_1, \dots, w_n\}$ *linear unabhängig ist.*

Beweis: Aus $\det(w_1, \ldots, w_n) \neq 0$ folgt nach Satz 3.5 die lineare Unabhängigkeit von $\{w_1, \ldots, w_n\}$.
Sei umgekehrt $\{w_1, \ldots, w_n\}$ linear unabhängig. Dann ist $\{w_1, \ldots, w_n\}$ Basis von $\mathfrak{V}$. Da det nichttrivial ist, existiert ein $(v_1, \ldots, v_n) \in \overset{n}{\underset{i=1}{\times}} \mathfrak{V}$ mit $\det(v_1, \ldots, v_n) \neq 0$.
Analog zum Beweis von Satz 3.7 läßt sich $\det(v_1, \ldots, v_n)$ bezüglich der Basis $(w_1, \ldots, w_n)$ darstellen als

$$0 \neq \det(v_1, \ldots, v_n) = \det(w_1, \ldots, w_n) \sum_{\nu=1}^{n!} \epsilon(\sigma(\nu))\alpha_{1\sigma_1(\nu)} \ldots \alpha_{n\sigma_n(\nu)},$$

woraus $\det(w_1, \ldots, w_n) \neq 0$ folgt. ■

Gemäß Definition 3.1 beschreiben n Vektoren $v_1, \ldots, v_n$ in einem Vektorraum $\mathfrak{V}$ mit $\dim \mathfrak{V} = n$ ein Parallelotop. Das Volumen dieses Parallelotops können wir als Absolutbetrag einer nichttrivialen Determinante auf $\overset{n}{\underset{i=1}{\times}} \mathfrak{V}$, ausgewertet in $(v_1, \ldots, v_n)$, bestimmen. Ist nun eine lineare Abbildung $\phi : \mathfrak{V} \to \mathfrak{V}$ gegeben, so beschreiben auch die Bildvektoren $\phi(v_1), \ldots, \phi(v_n)$ ein Polytop in $\mathfrak{V}$, das wir als Bildpolytop bezeichnen. Wir können nun fragen, wie sich beim Übergang zum Bildpolytop das Volumen oder generell eine Determinante verändert.

Satz 3.9 *Sei* $\Delta : \overset{n}{\underset{i=1}{\times}} \mathfrak{V} \to \mathbb{R}$ *eine nichttriviale Determinante und* $\phi : \mathfrak{V} \to \mathfrak{V}$ *eine lineare Abbildung. Dann gibt es einen konstanten Faktor* α *derart, daß*

$$\Delta(\phi(v_1), \ldots, \phi(v_n)) = \alpha \cdot \Delta(v_1, \ldots, v_n) \textit{ für alle } (v_1, \ldots, v_n) \in \overset{n}{\underset{i=1}{\times}} \mathfrak{V}.$$

Die Konstante α *hängt nur von* ϕ *ab.*

Beweis: Sei $d : \overset{n}{\underset{i=1}{\times}} \mathfrak{V} \to \mathbb{R}$ gegeben gemäß $d(v_1, \ldots, v_n) = \Delta(\phi(v_1), \ldots, \phi(v_n))$. Da Δ eine Determinante und ϕ eine lineare Abbildung sind, gelten

α) $d(v_1, \ldots, \lambda v_i, \ldots, v_n) = \Delta(\phi(v_1), \ldots, \phi(\lambda v_i), \ldots, \phi(v_n))$
$= \Delta(\phi(v_1), \ldots, \lambda\phi(v_i), \ldots, \phi(v_n)) = \lambda\Delta(\phi(v_1), \ldots, \phi(v_i), \ldots, \phi(v_n))$
$= \lambda d(v_1, \ldots, v_i, \ldots, v_n)$

und für $j \neq i$

β) $d(v_1, \ldots, v_i + v_j, \ldots, v_n) = \Delta(\phi(v_1), \ldots, \phi(v_i + v_j), \ldots, \phi(v_n))$
$= \Delta(\phi(v_1), \ldots, \phi(v_i) + \phi(v_j), \ldots, \phi(v_n)) = \Delta(\phi(v_1), \ldots, \phi(v_i), \ldots, \phi(v_n))$
$= d(v_1, \ldots, v_i, \ldots, v_n)$.

Folglich ist nach Definition 3.2 auch $d : \overset{n}{\underset{i=1}{\times}} \mathfrak{V} \to \mathbb{R}$ eine Determinante, und nach Satz 3.7 gilt, da Δ nichttrivial ist, mit einer Konstanten α

$$d(v_1, \ldots, v_n) = \alpha\Delta(v_1, \ldots, v_n) \text{ für alle } (v_1, \ldots, v_n) \in \overset{n}{\underset{i=1}{\times}} \mathfrak{V}.$$

Ist $\delta : \bigtimes_{i=1}^{n} \mathfrak{V} \to \mathbf{R}$ eine andere nichttriviale Determinante, dann gibt es nach Satz 3.7 eine Konstante μ derart, daß stets $\delta(v_1, \ldots, v_n) = \mu\Delta(v_1, \ldots, v_n)$.
Folglich gilt

$$\delta(\phi(v_1), \ldots, \phi(v_n)) = \mu\Delta(\phi(v_1), \ldots, \phi(v_n))$$
$$= \mu\alpha\Delta(v_1, \ldots, v_n) = \alpha\delta(v_1, \ldots, v_n),$$

also wieder dasselbe Verhältnis α zwischen den Determinanten des Bildpolytops und des ursprünglichen Polytops. Folglich hängt die Konstante α nur von ϕ ab. ■

Die nach diesem Satz einer linearen Abbildung ϕ zugeordnete Konstante α ist also, da nur nur von ϕ abhängig, für eine lineare Abbildung charakteristisch.

Definition 3.3 *Die gemäß* Satz 3.9 *einer linearen Abbildung ϕ zugeordnete Konstante α heißt die* Determinante *der Abbildung ϕ und wird mit* det ϕ *bezeichnet.*

Für Determinanten linearer Abbildungen können wir aus unseren bisherigen Ergebnissen sofort die wesentlichen Rechenregeln und Eigenschaften ableiten.

Lemma 3.10 *Ist $\lambda \in \mathbf{R}$ eine beliebige Konstante und $\phi_0 : \mathfrak{V} \to \mathfrak{V}$ gemäß $\phi_0(v) = \lambda v \ \forall\, v \in \mathfrak{V}$ gegeben, dann ist* $\det \phi_0 = \lambda^n$.

Beweis: Sei $\Delta : \bigtimes_{i=1}^{n} \mathfrak{V} \to \mathbf{R}$ eine nichttriviale Determinante. Dann gilt für alle $(v_1, \ldots, v_n) \in \bigtimes_{i=1}^{n} \mathfrak{V}$

$$\Delta(\phi_0(v_1), \ldots, \phi_0(v_1)) = \Delta(\lambda v_1, \ldots, \lambda v_n) = \lambda^n \Delta(v_1, \ldots, v_n).$$ ■

Satz 3.11 *Für zwei beliebige lineare Abbildungen $\phi : \mathfrak{V} \to \mathfrak{V}$ und $\psi : \mathfrak{V} \to \mathfrak{V}$ gilt*

$$\det(\psi \circ \phi) = (\det \psi) \cdot (\det \phi).$$

Beweis: Sei $\Delta : \bigtimes_{i=1}^{n} \mathfrak{V} \to \mathbf{R}$ eine nichttriviale Determinante. Dann gilt nach Definition 3.3 für beliebige $(v_1, \ldots, v_n) \in \bigtimes_{i=1}^{n} \mathfrak{V}$

$$\Delta(\psi(\phi(v_1)), \ldots, \psi(\phi(v_n))) = \det \psi \cdot \Delta(\phi(v_1), \ldots, \phi(v_n))$$
$$= (\det \psi)(\det \phi) \cdot \Delta(v_1, \ldots, v_n).$$ ■

Die Regularität bzw. Singularität einer linearen Abbildung $\phi : \mathfrak{V} \to \mathfrak{V}$ kann man sofort an ihrer Determinante erkennen.

Satz 3.12 *Eine lineare Abbildung $\phi : \mathfrak{V} \to \mathfrak{V}$ ist regulär genau dann, wenn* $\det \phi \neq 0$ *gilt.*

Beweis: Nach Satz 2.5 ist ϕ regulär genau dann, wenn $\dim \phi(\mathfrak{V}) = \dim \mathfrak{V}$ (=n). Sei $\Delta : \bigtimes_{i=1}^{n} \mathfrak{V} \to \mathbf{R}$ eine nichttriviale Determinante und $\{v_1, \ldots, v_n\}$ eine Basis von $\mathfrak{V}$.

Dann ist ϕ also regulär genau dann, wenn $\{\phi(v_1), \ldots, \phi(v_n)\}$ linear unabhängig ist, was nach Satz 3.8 genau dann zutrifft, wenn

$$\Delta(\phi(v_1), \ldots, \phi(v_n)) = \det \phi \cdot \Delta(v_1, \ldots, v_n) \neq 0,$$

d. h. also wenn $\det \phi \neq 0$ gilt. ∎

Hieraus folgt sofort

Satz 3.13 *Sei* $\phi : \mathfrak{V} \to \mathfrak{V}$ *eine reguläre lineare Abbildung. Dann gilt* $\det \phi^{-1} = \dfrac{1}{\det \phi}$.

B e w e i s : Da ϕ regulär ist, gilt nach Satz 3.12 $\det \phi \neq 0$.

Aus $\quad \phi^{-1} \circ \phi = \mathrm{id}$

folgt wegen Satz 3.11 und Lemma 3.10 – mit $\lambda = 1$ –

$$\det \phi^{-1} \cdot \det \phi = 1.$$ ∎

Ist für $\mathfrak{V}$ eine Basis $\{v_1, \ldots, v_n\}$ fest vorgegeben, dann ist eine lineare Abbildung $\phi : \mathfrak{V} \to \mathfrak{V}$ bezüglich dieser Basis durch eine (n x n)-Matrix $A = (\alpha_{ij})$ gemäß

$$\phi(v_j) = \sum_{i=1}^{n} \alpha_{ij} v_i, \qquad j = 1, \ldots, n$$

bestimmt. Ist $\Delta : \bigtimes_{i=1}^{n} \mathfrak{V} \to \mathbf{R}$ eine nichttriviale Determinante, dann ist, wie der Vergleich mit dem Beweis von Satz 3.7 zeigt,

$$\Delta(\phi(v_1), \ldots, \phi(v_n)) = \det \phi \cdot \Delta(v_1, \ldots, v_n)$$

$$= \Delta\left(\sum_{i=1}^{n} \alpha_{i1} v_i, \sum_{i=1}^{n} \alpha_{i2} v_i, \ldots, \sum_{i=1}^{n} \alpha_{in} v_i \right)$$

$$= \Delta(v_1, \ldots, v_n) \cdot \sum_{\nu=1}^{n!} \epsilon(\sigma(\nu)) \alpha_{\sigma_1(\nu)1} \alpha_{\sigma_2(\nu)2} \cdots \alpha_{\sigma_n(\nu)n}.$$

Folglich gilt

$$\det \phi = \sum_{\nu=1}^{n!} \epsilon(\sigma(\nu)) \alpha_{\sigma_1(\nu)1} \alpha_{\sigma_2(\nu)2} \cdots \alpha_{\sigma_n(\nu)n}. \tag{3.1}$$

Definition 3.4 *Ist* $A = (\alpha_{ij})$ *eine* (n x n)*-Matrix, dann wird die Zahl*

$$\sum_{\nu=1}^{n!} \epsilon(\sigma(\nu)) \alpha_{\sigma_1(\nu)1} \alpha_{\sigma_2(\nu)2} \cdots \alpha_{\sigma_n(\nu)n}$$

die D e t e r m i n a n t e d e r M a t r i x $A = (\alpha_{ij})$ *genannt und mit*

$$\det A \quad \text{oder} \quad |A| = \begin{vmatrix} \alpha_{11} & \cdots & \alpha_{1n} \\ \vdots & & \vdots \\ \alpha_{n1} & \cdots & \alpha_{nn} \end{vmatrix}$$

bezeichnet.

Betrachten wir einen einzelnen Summanden in (3.1). $\sigma := \sigma(\nu)$ ist (vgl. Beweis von Satz 3.7) eine Permutation von $(1, \dots, n)$, d. h. in $\{\sigma_1, \dots, \sigma_n\}$ kommt jede der Zahlen $1, \dots, n$ genau einmal vor.

Somit können wir zu der Abbildung

$$\sigma : (1, \dots, n) \to (\sigma_1, \dots, \sigma_n)$$

auch die Umkehrabbildung

$$\tau = \sigma^{-1}$$

betrachten, die durch

$$\tau : (\sigma_1, \dots, \sigma_n) \to (1, \dots, n)$$

festgelegt ist. Man macht sich leicht klar, daß τ ebenfalls eine Permutation ist, für die $\tau \circ \sigma = \mathrm{id}$ gilt, woraus $\epsilon(\tau) = \epsilon(\sigma)$ sofort folgt (d. h. τ ist ungerade genau dann, wenn σ ungerade ist).

Daher gilt

$$\epsilon(\sigma)\alpha_{\sigma_1 1}\alpha_{\sigma_2 2} \dots \alpha_{\sigma_n n} = \epsilon(\tau)\alpha_{1\tau_1}\alpha_{2\tau_2} \dots \alpha_{n\tau_n}$$

und folglich nach (3.1), wenn man über alle Permutationen $\sigma(\nu)$ addiert,

$$\det \phi = \sum_{\nu=1}^{n!} \epsilon(\tau(\nu))\alpha_{1\tau_1(\nu)}\alpha_{2\tau_2(\nu)} \dots \alpha_{n\tau_n(\nu)}, \tag{3.2}$$

wobei hier über alle Permutationen $\tau(\nu) = \sigma^{-1}(\nu)$ addiert wird.

Betrachten wir die lineare Abbildung $\psi : \mathfrak{V} \to \mathfrak{V}$, die bezüglich der Basis $\{v_1, \dots, v_n\}$ durch die Matrix

$$\mathbf{A}^T = (\beta_{ij};\ 1 \leq i \leq n,\ 1 \leq j \leq n)$$

mit $\beta_{ij} = \alpha_{ji}$ bestimmt ist, so folgt analog zu (3.1)

$$\det \psi = \sum_{\nu=1}^{n!} \epsilon(\sigma(\nu))\beta_{\sigma_1(\nu)1}\beta_{\sigma_2(\nu)2} \dots \beta_{\sigma_n(\nu)n}$$

$$= \sum_{\nu=1}^{n!} \epsilon(\sigma(\nu))\alpha_{1\sigma_1(\nu)}\alpha_{2\sigma_2(\nu)} \dots \alpha_{n\sigma_n(\nu)}$$

$$= \det \phi$$

nach (3.2). Also gilt

$$\det \mathbf{A}^T = \det \psi = \det \phi = \det \mathbf{A},$$

was wir festhalten wollen in

Satz 3.14 *Ist* **A** *eine* (n x n)*-Matrix, dann gilt*

$$\det \mathbf{A} = \det \mathbf{A}^T.$$

Aus den bisher bewiesenen Eigenschaften der Determinanten von Vektoren bzw. von linearen Abbildungen ergeben sich sofort analoge Eigenschaften der Determinante einer Matrix.

Satz 3.15 *Sei* $\mathbf{A}$ *eine* $(n \times n)$*-Matrix mit den Spalten* $\mathbf{A}_1, \mathbf{A}_2, \dots, \mathbf{A}_n$. *Dann gilt*

a) $\det(\mathbf{A}_1, \dots, \mu\mathbf{A}_i, \dots, \mathbf{A}_n) = \mu \det \mathbf{A} \quad \forall \mu \in \mathbb{R}$;

b) $\det(\mathbf{A}_1, \dots, \mathbf{A}_i + \lambda\mathbf{A}_j, \dots, \mathbf{A}_n) = \det \mathbf{A}$, *falls* $j \neq i$;

c) $\det(\mathbf{A}_1, \dots, \mathbf{A}_i, \dots, \mathbf{A}_j, \dots, \mathbf{A}_n) = -\det(\mathbf{A}_1, \dots, \mathbf{A}_j, \dots, \mathbf{A}_i, \dots, \mathbf{A}_n)$, *falls* $i \neq j$;

d) $\det(\mathbf{A}_1, \dots, \mathbf{B}_i + \mathbf{C}_i, \dots, \mathbf{A}_n) = \det(\mathbf{A}_1, \dots, \mathbf{B}_i, \dots, \mathbf{A}_n) + \det(\mathbf{A}_1, \dots, \mathbf{C}_i, \dots, \mathbf{A}_n)$ *für beliebige* $\mathbf{B}_i, \mathbf{C}_i$ *aus* $\mathbb{R}^n$;

e) $\mathbf{A}$ *ist regulär genau dann, wenn* $\det \mathbf{A} \neq 0$, *und dann gilt* $\det \mathbf{A}^{-1} = \dfrac{1}{\det \mathbf{A}}$;

f) *mit einer beliebigen* $(n \times n)$*-Matrix* $\mathbf{B}$ *gilt* $\det(\mathbf{A} \cdot \mathbf{B}) = (\det \mathbf{A}) \cdot (\det \mathbf{B})$.

B e w e i s : Mit $\mathbf{e}_1 = (1, 0, \dots, 0)^T$; $\mathbf{e}_2 = (0, 1, 0, \dots, 0)^T$; ...; $\mathbf{e}_n = (0, \dots, 0, 1)^T$ haben wir eine Basis des $\mathbb{R}^n$. Sei $\Delta : \bigtimes_{i=1}^{n} \mathbb{R}^n \to \mathbb{R}$ eine nichttriviale Determinante mit $\Delta_0 = \Delta(\mathbf{e}_1, \dots, \mathbf{e}_n) = 1$. Sei ferner $\phi : \mathbb{R}^n \to \mathbb{R}^n$ durch $\phi(\mathbf{x}) = \mathbf{A}\mathbf{x}$ gegeben.
Dann gilt nach (3.1) und Definition 3.4

$$\det \phi = \det \mathbf{A}.$$

a) Ist $\phi_0 : \mathbb{R}^n \to \mathbb{R}^n$ durch

$$\phi_0(\mathbf{e}_j) = \begin{cases} \phi(\mathbf{e}_j), & \text{falls } j \neq i \\ \mu\phi(\mathbf{e}_i), & \text{falls } j = i \end{cases}$$

gegeben, dann hat ϕ_0 die Matrix $(\mathbf{A}_1, \dots, \mu\mathbf{A}_i, \dots, \mathbf{A}_n)$, und es gilt

$$\begin{aligned} &\Delta(\phi_0(\mathbf{e}_1), \dots, \phi_0(\mathbf{e}_n)) = \Delta(\phi(\mathbf{e}_1), \dots, \mu\phi(\mathbf{e}_i), \dots, \phi(\mathbf{e}_n)) \\ &= \mu\Delta(\phi(\mathbf{e}_1), \dots, \phi(\mathbf{e}_n)) = \mu \cdot \det \phi \cdot \Delta_0 \end{aligned}$$

und somit

$$\det \phi_0 = \mu \det \phi.$$

b) Sei $\phi_1 : \mathbb{R}^n \to \mathbb{R}^n$ durch

$$\phi_1(\mathbf{e}_k) = \begin{cases} \phi(\mathbf{e}_k), & k \neq i \\ \phi(\mathbf{e}_i) + \lambda\phi(\mathbf{e}_j), & k = i, j \neq i \end{cases}$$

gegeben. Dann hat ϕ_1 die Matrix $(\mathbf{A}_1, \dots, \mathbf{A}_i + \lambda\mathbf{A}_j, \dots, \mathbf{A}_n)$, und es gilt mit Lemma 3.4

$$\begin{aligned} &\Delta(\phi_1(\mathbf{e}_1), \dots, \phi_1(\mathbf{e}_n)) = \Delta(\phi(\mathbf{e}_1), \dots, \phi(\mathbf{e}_i) + \lambda\phi(\mathbf{e}_j), \dots, \phi(\mathbf{e}_n)) \\ &= \Delta(\phi(\mathbf{e}_1), \dots, \phi(\mathbf{e}_i), \dots, \phi(\mathbf{e}_n)) = \det \phi \cdot \Delta_0 \end{aligned}$$

und daher

$$\det \phi_1 = \det \phi.$$

c) Diese Eigenschaft folgt direkt aus Lemma 3.1.

d) Diese Beziehung folgt unmittelbar aus Satz 3.6.

e) Diese Aussage ergibt sich sofort aus Satz 3.12 und 3.13.

f) Diese Beziehung ist eine Folge von Satz 3.11. ■

Auf Grund von Satz 3.14 gelten die Aussagen a) – d) von Satz 3.15 analog für Matrixzeilen.

Satz 3.15 kann man für die Berechnung der Determinante einer Matrix ausnutzen. Aus

$$\mathbf{A}_j = \begin{pmatrix} \alpha_{1j} \\ \vdots \\ \alpha_{nj} \end{pmatrix} = \begin{pmatrix} \alpha_{1j} \\ 0 \\ \vdots \\ 0 \end{pmatrix} + \begin{pmatrix} 0 \\ \alpha_{2j} \\ 0 \\ \vdots \\ 0 \end{pmatrix} + \dots + \begin{pmatrix} 0 \\ \vdots \\ 0 \\ \alpha_{nj} \end{pmatrix}$$

$$= \sum_{i=1}^{n} \alpha_{ij} \mathbf{e}_i$$

folgt wegen Satz 3.15 d)

$$\begin{aligned} \det \mathbf{A} &= \alpha_{1j} \cdot \det(\mathbf{A}_1, \dots, \mathbf{e}_1, \dots, \mathbf{A}_n) + \alpha_{2j} \det(\mathbf{A}_1, \dots, \mathbf{e}_2, \dots, \mathbf{A}_n) + \dots \\ &\quad + \alpha_{nj} \det(\mathbf{A}_1, \dots, \mathbf{e}_n, \dots, \mathbf{A}_n) \\ &= \sum_{i=1}^{n} \alpha_{ij} \det \underbrace{(\mathbf{A}_1, \dots, \mathbf{e}_i}_{j}, \dots, \mathbf{A}_n). \end{aligned} \tag{3.3}$$

Mit Satz 3.15 b) folgt weiter

$$\det \underbrace{(\mathbf{A}_1, \dots, \mathbf{e}_i}_{j}, \dots, \mathbf{A}_n) = \begin{vmatrix} \alpha_{11} & \dots & \alpha_{1j-1} & 0 & \alpha_{1j+1} & \dots & \alpha_{1n} \\ \vdots & & & & & & \\ \alpha_{i-11} & \dots & \alpha_{i-1j-1} & 0 & \alpha_{i-1j+1} & \dots & \alpha_{i-1n} \\ 0 & \dots & 0 & 1 & 0 & \dots & 0 \\ \alpha_{i+11} & \dots & \alpha_{i+1j-1} & 0 & \alpha_{i+1j+1} & \dots & \alpha_{i+1n} \\ \vdots & & & & & & \\ \alpha_{n1} & \dots & \alpha_{nj-1} & 0 & \alpha_{nj+1} & \dots & \alpha_{nn} \end{vmatrix}$$

und daraus mit Satz 3.15 c) nach j – 1 Spaltenvertauschungen und i – 1 Zeilenvertauschungen

$$\det \underbrace{(\mathbf{A}_1, \dots, \mathbf{e}_i}_{j}, \dots, \mathbf{A}_n) = (-1)^{i+1} \begin{vmatrix} 1 & 0 & \dots & 0 & 0 & \dots & 0 \\ 0 & \alpha_{11} & \dots & \alpha_{1j-1} & \alpha_{1j+1} & \dots & \alpha_{1n} \\ \vdots & \vdots & & & & & \\ 0 & \alpha_{i-11} & \dots & \alpha_{i-1j-1} & \alpha_{i-1j+1} & \dots & \alpha_{i-1n} \\ 0 & \alpha_{i+11} & \dots & \alpha_{i+1j-1} & \alpha_{i+1j+1} & \dots & \alpha_{i+1n} \\ \vdots & \vdots & & \vdots & \vdots & & \vdots \\ 0 & \alpha_{n1} & \dots & \alpha_{nj-1} & \alpha_{nj+1} & \dots & \alpha_{nn} \end{vmatrix}.$$

Hieraus folgt mit (3.1) oder (3.2) sofort

$$\det(\underbrace{A_1,\ldots,e_i,\ldots,A_n}_{j}) = (-1)^{i+j}\begin{vmatrix} \alpha_{11} & \cdots & \alpha_{1j-1} & \alpha_{1j+1} & \cdots & \alpha_{1n} \\ \vdots & & \vdots & \vdots & & \vdots \\ \alpha_{i-11} & & \vdots & \vdots & & \vdots \\ \alpha_{i+11} & & \vdots & \vdots & & \vdots \\ \vdots & & \vdots & \vdots & & \vdots \\ \alpha_{n1} & \cdots & \alpha_{nj-1} & \alpha_{nj+1} & \cdots & \alpha_{nn} \end{vmatrix}, \tag{3.4}$$

d. h. die n-reihige Determinante $\det(A_1, \ldots, e_i, \ldots, A_n)$ läßt sich aus einer $(n-1)$-reihigen Unterdeterminante berechnen.

Definition 3.5 *Gegeben sei* $\det A = \det(A_1, \ldots, A_n) = \det(\alpha_{ij})$. *Dann heißt das* $(-1)^{i+j}$-*fache der nach Streichen der* i-ten *Zeile und der* j-ten *Spalte entstehenden* $(n-1)$-*reihigen Unterdeterminante der* Kofaktor des Elementes α_{ij}; *dieser wird mit* A_{ij} *bezeichnet.*

Gemäß (3.3) ist $\det A$ gleich der Summe der Produkte aus den Elementen einer Spalte und ihren Kofaktoren.

Wegen $\det A^T = \det A$ gilt die analoge Beziehung auch bezüglich der Elemente einer beliebigen Zeile. Man sagt, man entwickle die Determinante nach einer Spalte bzw. nach einer Zeile. Wir wollen diesen Sachverhalt festhalten.

Satz 3.16 (Laplace-Entwicklung) *Mit* Definition 3.5 *gilt*

$$\det A = \sum_{i=1}^{n} \alpha_{ij} A_{ij} \qquad (\textit{Entwicklung nach Spalte } j)$$

$$= \sum_{j=1}^{n} \alpha_{ij} A_{ij} \qquad (\textit{Entwicklung nach Zeile } i).$$

Dieser Entwicklungssatz erlaubt es nun, für eine reguläre Matrix A die eindeutige Lösung $\hat{x}$ des linearen Gleichungssystems

$$Ax = b$$

mit beliebigem $b \in R^n$ sofort anzugeben mit Hilfe der sog. Cramer'schen Regel:

Satz 3.17 *Sei* A *eine reguläre* n-*reihige Matrix und* $b \in R^n$. *Dann ist* $\hat{x}$ *mit*

$$\hat{x}_j = \frac{\det(A_1, \ldots, A_{j-1}, b, A_{j+1}, \ldots, A_n)}{\det A}, \qquad j = 1, \ldots, n,$$

die Lösung von $Ax = b$.

Beweis: Wir müssen lediglich zeigen, daß

$$\sum_{j=1}^{n} \alpha_{kj} \hat{x}_j = b_k, \qquad k = 1, \ldots, n,$$

gilt.

Unter Verwendung von Satz 3.16 erhalten wir mit den für $\hat{x}_j$ behaupteten Werten

$$\sum_{j=1}^{n} \alpha_{kj}\hat{x}_j = \frac{\sum\limits_{j=1}^{n} \alpha_{kj}}{\det A} \sum_{i=1}^{n} b_i A_{ij} = \frac{1}{\det A} \sum_{i=1}^{n} b_i \left(\sum_{j=1}^{n} \alpha_{kj} A_{ij} \right).$$

Ist hier $i \neq k$, dann ist $\sum\limits_{j=1}^{n} \alpha_{kj}A_{ij}$ die Entwicklung der Determinante einer Matrix, die in der i-ten und k-ten Zeile übereinstimmt, also singulär ist, d. h. $\sum\limits_{j=1}^{n} \alpha_{kj}A_{ij} = 0$.

Für $i = k$ hingegen gilt

$$\sum_{j=1}^{n} \alpha_{kj}A_{kj} = \det A.$$

Somit folgt

$$\sum_{j=1}^{n} \alpha_{kj}\hat{x}_j = b_k.$$

■

Obwohl in den beiden letzten Sätzen im Prinzip explizite Rechenvorschriften angegeben werden, sollte man sie nicht als numerische Verfahren zur Bestimmung der Determinante einer Matrix bzw. zur Lösung eines linearen Gleichungssystems mißverstehen. Hingegen sind diese Sätze oft für die Durchführung von theoretischen Untersuchungen sehr nützlich. Beispielsweise kann man aus der Cramer'schen Regel sofort schließen, daß für ein reguläres LGS mit ganzzahligen Daten α_{ij}, b_i alle Komponenten der Lösung rationale Zahlen sein müssen.

Beispiel 3.1 Aus (3.1) bzw. (3.2) entnehmen wir für zwei- oder dreireihige Determinanten:

$$\begin{vmatrix} \alpha_{11} & \alpha_{12} \\ \alpha_{21} & \alpha_{22} \end{vmatrix} = \alpha_{11}\alpha_{22} - \alpha_{12}\alpha_{21};$$

$$\begin{vmatrix} \alpha_{11} & \alpha_{12} & \alpha_{13} \\ \alpha_{21} & \alpha_{22} & \alpha_{23} \\ \alpha_{31} & \alpha_{32} & \alpha_{33} \end{vmatrix} = \alpha_{11}\alpha_{22}\alpha_{33} + \alpha_{12}\alpha_{23}\alpha_{31} + \alpha_{13}\alpha_{21}\alpha_{32} - \alpha_{13}\alpha_{22}\alpha_{31} - \alpha_{11}\alpha_{23}\alpha_{32} - \alpha_{12}\alpha_{21}\alpha_{33}.$$

■

Hingegen sind (3.1) bzw. (3.2) für die Auswertung n-reihiger Determinanten bei $n > 3$ nicht mehr sehr zweckmäßig, da wir z. B. für

$n = 4$	$4! = 24$
$n = 5$	$5! = 120$
$n = 6$	$6! = 720$

verschiedene Produkte aufschreiben müßten. Wie man mit Hilfe von Satz 3.15 eine Determinante berechnen kann, zeigt

Beispiel 3.2 Zu berechnen sei

$$D = \begin{vmatrix} 4 & 3 & 2 & 4 \\ 6 & 7 & 1 & 8 \\ 2 & 1 & 6 & 0 \\ 1 & 0 & 5 & 3 \end{vmatrix}.$$

Wir benutzen a), b), c) usw. aus Satz 3.15. Subtrahieren wir die letzte Zeile 4 Mal von der ersten, 6 Mal von der zweiten und 2 Mal von der dritten Zeile, so erhalten wir nach b) und c)

$$D = \begin{vmatrix} 0 & 3 & -18 & -8 \\ 0 & 7 & -29 & -10 \\ 0 & 1 & -4 & -6 \\ 1 & 0 & 5 & 3 \end{vmatrix} = (-1) \begin{vmatrix} 1 & 0 & 5 & 3 \\ 0 & 3 & -18 & -8 \\ 0 & 7 & -29 & -10 \\ 0 & 1 & -4 & -6 \end{vmatrix}.$$

Nach Satz 3.16 – Entwicklung nach der ersten Spalte – folgt

$$D = (-1) \begin{vmatrix} 3 & -18 & -8 \\ 7 & -29 & -10 \\ 1 & -4 & -6 \end{vmatrix}.$$

Subtrahieren wir hier die letzte Zeile dreimal von der ersten und 7 Mal von der zweiten Zeile, so folgt nach b), c) und Satz 3.16 – Entwicklung wieder nach der ersten Spalte –

$$D = (-1) \begin{vmatrix} 0 & -6 & 10 \\ 0 & -1 & 32 \\ 1 & -4 & -6 \end{vmatrix} = (-1) \begin{vmatrix} 1 & -4 & -6 \\ 0 & -6 & 10 \\ 0 & -1 & 32 \end{vmatrix} = (-1) \begin{vmatrix} -6 & 10 \\ -1 & 32 \end{vmatrix}$$

$$= (-1)\{-192 - (-10)\} = 182$$

gemäß Beispiel 3.1. ■

Beispiel 3.3 Ist $\mathbf{A}$ eine n-reihige Matrix, dann können wir det $\mathbf{A}$ mit dem Gauß-Verfahren berechnen. Ist $\mathbf{A}$ regulär, dann endet das Gauß-Verfahren nach Satz 2.24 mit der Dreieckszerlegung

$$\mathbf{A} \cdot \mathbf{Q}^{(1)}\mathbf{Q}^{(2)} \ldots \mathbf{Q}^{(n)} = \mathbf{L} \cdot \mathbf{U},$$

wobei $\mathbf{Q}^{(\nu)}$ die allenfalls nötigen Spaltenvertauschungen (2.52) mit det $\mathbf{Q}^{(\nu)} = -1$, falls $\mathbf{Q}^{(\nu)} \neq \mathbf{I}$,

$$\mathbf{L} = \begin{pmatrix} 1 & 0 & \cdots & 0 \\ t_{21} & 1 & & \vdots \\ \vdots & t_{32} & \ddots & \vdots \\ \vdots & \vdots & 1 & \vdots \\ t_{n1} & t_{n2} & t_{nn-1} & 1 \end{pmatrix}$$

und $$\mathbf{U} = \begin{pmatrix} u_{11} & u_{12} & \cdots & u_{1n} \\ 0 & u_{22} & & \vdots \\ \vdots & 0 & \ddots & \vdots \\ \vdots & \vdots & & \vdots \\ 0 & 0 & \cdots & u_{nn} \end{pmatrix}.$$

sind mit $u_{ii} = a_{ii}^{(i)}$, $i = 1, \ldots, n$, d. h. u_{ii} ist das im i-ten Schritt benutzte Pivotelement und daher $u_{ii} \neq 0$. Aus (3.1) bzw. (3.2) oder Satz 3.16 entnimmt man sofort, daß die Determinante einer Dreiecksmatrix das Produkt der Hauptdiagonalelemente ist, also

$$\det \mathbf{L} = 1 \quad \text{und} \quad \det \mathbf{U} = \prod_{i=1}^{n} u_{ii} = \prod_{i=1}^{n} a_{ii}^{(i)}.$$

Folglich gilt nach Satz 3.15 f)

$$\det \mathbf{A} \cdot \prod_{\nu=1}^{n} \det \mathbf{Q}^{(\nu)} = \det \mathbf{L} \cdot \det \mathbf{U} = \prod_{i=1}^{n} a_{ii}^{(i)},$$

also $$\det \mathbf{A} = (-1)^N \prod_{i=1}^{n} a_{ii}^{(i)},$$

wenn in der Dreieckszerlegung (d. h. im Gauß-Verfahren) N echte Spaltenvertauschungen $\mathbf{Q}^{(\nu)} \neq \mathbf{I}$ vorkommen. ■

Ebenso wie die Lösung eines regulären linearen Gleichungssystems läßt sich auch die Inverse einer regulären Matrix mit Hilfe von Determinanten explizit angeben.

Satz 3.18 *Sei* $\mathbf{A}$ *eine reguläre* n-*reihige Matrix. Dann ist* $\mathbf{A}^{-1} = (\beta_{ij})$ *mit Hilfe der Kofaktoren von* $\mathbf{A}$ *gegeben durch*

$$\beta_{ij} = \frac{A_{ji}}{\det \mathbf{A}}; \qquad i = 1, \ldots, n; j = 1, \ldots, n.$$

B e w e i s : Da $\mathbf{A} \cdot \mathbf{A}^{-1} = \mathbf{I}$ gilt, muß für

$$\mathbf{b}_j = \begin{pmatrix} \beta_{1j} \\ \vdots \\ \beta_{nj} \end{pmatrix} \qquad \mathbf{A} \cdot \mathbf{b}_j = \mathbf{e}_j = \begin{pmatrix} 0 \\ \vdots \\ 1 \\ \vdots \\ 0 \end{pmatrix} \Big\} j$$

gelten. Folglich gilt nach der Cramer'schen Regel

$$\beta_{ij} = \frac{\det (\mathbf{A}_1, \ldots, \mathbf{A}_{i-1}, \mathbf{e}_j, \mathbf{A}_{i+1}, \ldots \mathbf{A}_n)}{\det \mathbf{A}} = \frac{A_{ji}}{\det \mathbf{A}}.$$ ■

Schließlich sei darauf hingewiesen, daß bei einer Koordinatentransformation in $\mathfrak{V}$ die auf eine Matrix $\mathbf{A}$ anzuwendende Ähnlichkeitstransformation die Determinante der Matrix unverändert läßt.

Zum einen ergibt sich das aus folgender Überlegung: Der Matrix $\mathbf{A}$ entspricht bezüglich der ursprünglichen Basis $\mathfrak{B}$ von $\mathfrak{V}$ eine lineare Abbildung

$$\phi : \mathfrak{V} \to \mathfrak{V}.$$

Dabei gilt nach (3.1) und Definition 3.4 det $\mathbf{A}$ = det ϕ, wobei det ϕ nach Satz 3.9 eine der Abbildung ϕ zugeordnete Konstante ist. Nach der Koordinatentransformation, also dem Übergang zu einer neuen Basis $\mathfrak{C}$ von $\mathfrak{V}$, entspreche derselben, durch diese Transformation nicht veränderten Abbildung ϕ die Matrix $\mathbf{B}$ (bezüglich $\mathfrak{C}$). Dann muß det $\mathbf{B}$ = det ϕ gelten, woraus det $\mathbf{B}$ = det $\mathbf{A}$ folgt.

Zum andern kann man die Invarianz der Determinante gegenüber Ähnlichkeitstransformationen aber auch nachrechnen: Mit der Koordinatentransformation $\mathbf{S}$ ist nach Korollar 2.29

$$\mathbf{B} = \mathbf{S}^{-1}\mathbf{A}\mathbf{S}.$$

Nach Satz 3.15 e) und f) gilt dann

$$\begin{aligned}\det \mathbf{B} &= \det \mathbf{S}^{-1} \cdot \det \mathbf{A} \cdot \det \mathbf{S} = \frac{1}{\det \mathbf{S}} \cdot \det \mathbf{A} \cdot \det \mathbf{S} \\ &= \det \mathbf{A}.\end{aligned}$$

Übungsaufgaben

1. Berechnen Sie die Determinanten von

$$\mathbf{A} = \begin{pmatrix} 5 & -4 \\ -3 & 4 \end{pmatrix} \quad \text{und} \quad \mathbf{B} = \begin{pmatrix} 1 & 2 & 7 \\ 4 & 0 & 3 \\ 4 & -2 & 1 \end{pmatrix}.$$

2. Die Abbildung $\phi : \mathbb{R}^2 \to \mathbb{R}^2$ sei durch die Matrix

$$\mathbf{A} = \begin{pmatrix} 2-\lambda & 3 \\ 6 & 5-\lambda \end{pmatrix}$$

gegeben. Für welche Werte von $\lambda \in \mathbb{R}$ ist die Abbildung ϕ singulär? (H i n w e i s : Satz 3.12)

3. Bestimmen Sie die Inverse von

$$\mathbf{A} = \begin{pmatrix} 2 & 1 & 0 \\ 2 & 3 & -3 \\ 7 & 1 & 4 \end{pmatrix}$$

mit Satz 3.18 und prüfen Sie das Resultat gemäß Lemma 2.17.

4. Bestimmen Sie mit dem Gauß-Verfahren die Determinante von

$$\mathbf{A} = \begin{pmatrix} 1 & 2 & 3 & 4 & 5 \\ 2 & 6 & 9 & 12 & 15 \\ 3 & 10 & 18 & 24 & 30 \\ 4 & 14 & 27 & 40 & 50 \\ 5 & 18 & 36 & 56 & 75 \end{pmatrix}.$$

3.2 Eigenwerte

In verschiedenen Anwendungen, z. B. auch im Zusammenhang mit Wachstumsraten in gewissen ökonomischen Wachstumsmodellen, stößt man explizit oder implizit auf folgende Fragestellung: Gibt es zu einer n-reihigen Matrix $\mathbf{A}$ einen Vektor $\hat{\mathbf{x}} \neq \mathbf{o}$ und eine Zahl λ derart, daß $\mathbf{A}\hat{\mathbf{x}} = \lambda\hat{\mathbf{x}}$ gilt?

Definition 3.6 *Sei* $\mathbf{A}$ *eine* $(n \times n)$*-Matrix. Gilt für eine Zahl* $\lambda \in \mathbf{R}$ *und für einen Vektor* $\hat{\mathbf{x}} \in \mathbf{R}^n$ *mit* $\hat{\mathbf{x}} \neq \mathbf{o}$ *die Gleichung* $\mathbf{A}\hat{\mathbf{x}} = \lambda\hat{\mathbf{x}}$*, dann ist* λ *ein* Eigenwert *der Matrix* $\mathbf{A}$ *und* $\hat{\mathbf{x}}$ *ein* Eigenvektor zum Eigenwert λ.

Bemerkung: In weitergehenden Betrachtungen unterscheidet man zwischen Rechts- und Links-Eigenvektoren. Danach ist der Vektor $\hat{\mathbf{x}}$ in Definition 3.6 ein Rechts-Eigenvektor von $\mathbf{A}$ zum Eigenwert λ, während ein Vektor $\hat{\mathbf{y}} \neq \mathbf{o}$, der für ein $\mu \in \mathbf{R}$ der Gleichung $\hat{\mathbf{y}}^T\mathbf{A} = \mu \cdot \hat{\mathbf{y}}^T$ oder gleichbedeutend der Gleichung $\mathbf{A}^T\hat{\mathbf{y}} = \mu\hat{\mathbf{y}}$ genügt, ein Links-Eigenvektor von $\mathbf{A}$ zum Eigenwert μ ist. Da wir uns in dieser einführenden Behandlung von Eigenwerten im wesentlichen auf symmetrische Matrizen beschränken müssen, die durch die Eigenschaft $\mathbf{A}^T = \mathbf{A}$ charakterisiert sind, kommen wir mit Definition 3.6 aus, da dann offensichtlich mit $\mathbf{A}\hat{\mathbf{x}} = \lambda\hat{\mathbf{x}}$ auch $\mathbf{A}^T\hat{\mathbf{x}} = \lambda\hat{\mathbf{x}}$ gilt, also jeder Rechts-Eigenvektor zum Eigenwert λ auch Links-Eigenvektor zum Eigenwert λ ist und umgekehrt.

Ist $\hat{\mathbf{x}}$ ($\neq \mathbf{o}$ gemäß Definition 3.6) ein Eigenvektor zum Eigenwert λ und $\alpha \in \mathbf{R}$ eine beliebige Zahl, dann gilt

$$\mathbf{A}\hat{\mathbf{x}} = \lambda\hat{\mathbf{x}}$$

und daher

$$\mathbf{A}(\alpha\hat{\mathbf{x}}) = \alpha(\mathbf{A}\hat{\mathbf{x}}) = \alpha(\lambda\hat{\mathbf{x}}) = \lambda(\alpha\hat{\mathbf{x}}).$$

Somit ist für jedes $\alpha \neq 0$ auch $\alpha\hat{\mathbf{x}}$ ein Eigenvektor zum Eigenwert λ.

Nun stellt sich die Frage, welche Zahlen $\lambda \in \mathbf{R}$ überhaupt in Frage kommen. Zunächst sieht man leicht ein, daß das sicher nicht für alle $\lambda \in \mathbf{R}$ der Fall ist; denn wenn λ ein Eigenwert von $\mathbf{A} = (\alpha_{ij}, 1 \leq i \leq n, 1 \leq j \leq n)$ ist und $\hat{\mathbf{x}}$ ein Eigenvektor zu λ, dann gilt

$$\lambda\hat{x}_i = \sum_{j=1}^{n} \alpha_{ij}\hat{x}_j$$

und daher für die absoluten Beträge

$$|\lambda| \cdot |\hat{x}_i| = |\sum_{j=1}^{n} \alpha_{ij}\hat{x}_j| \leq \sum_{j=1}^{n} |\alpha_{ij}|\,|\hat{x}_j|;$$

folglich gilt

$$|\lambda| \sum_{i=1}^{n} |\hat{x}_i| \leq \sum_{i=1}^{n} \sum_{j=1}^{n} |\alpha_{ij}|\,|\hat{x}_j|$$

und, wenn wir $K = \max_{1 \leq j \leq n} \sum_{i=1}^{n} |\alpha_{ij}|$ setzen, damit

$$|\lambda| \sum_{i=1}^{n} |\hat{x}_i| \leq K \sum_{j=1}^{n} |\hat{x}_j|.$$

Demzufolge sind alle Eigenwerte von **A** absolut gemäß

$$|\lambda| \leq K = \max_{1 \leq j \leq n} \sum_{i=1}^{n} |\alpha_{ij}|$$

beschränkt.

Aber auch im Intervall $[-K, K]$ kommen nicht alle Zahlen als Eigenwert von **A** in Betracht. Nach Definition 3.6 sind λ ein Eigenwert von **A** und $\hat{\mathbf{x}} \neq \mathbf{o}$ ein zugehöriger Eigenvektor, wenn

$$\mathbf{A}\hat{\mathbf{x}} = \lambda\hat{\mathbf{x}}$$

gilt. Mit der n-reihigen Einheitsmatrix **I** können wir diese Gleichung schreiben als

$$\mathbf{A}\hat{\mathbf{x}} = \lambda\mathbf{I}\hat{\mathbf{x}}$$

oder gleichbedeutend als

$$(\mathbf{A} - \lambda\mathbf{I})\hat{\mathbf{x}} = \mathbf{o}.$$

Folglich ist $\hat{\mathbf{x}}$ eine nichttriviale – d. h. von **o** verschiedene – Lösung des homogenen linearen Gleichungssystems (HLGS)

$$(\mathbf{A} - \lambda\mathbf{I})\mathbf{x} = \mathbf{o}, \tag{3.5}$$

dessen Lösungsmenge $\mathfrak{B}$ nach Beispiel 1.14 die Dimension

$$\dim \mathfrak{B} = n - \operatorname{rg}(\mathbf{A} - \lambda\mathbf{I})$$

hat. Da $\hat{\mathbf{x}} \in \mathfrak{B}$ und $\hat{\mathbf{x}} \neq \mathbf{o}$ nach Voraussetzung gelten sollen, muß

$$\dim \mathfrak{B} \geq 1$$

und daher

$$\operatorname{rg}(\mathbf{A} - \lambda\mathbf{I}) \leq n - 1$$

sein. Folglich ist die Matrix $\mathbf{A} - \lambda\mathbf{I}$, falls λ ein Eigenwert von **A** ist, notwendigerweise singulär. Umgekehrt hat – auf Grund der gerade erwähnten Dimensionsbeziehung – das HLGS (3.5) eine nichttriviale Lösung $\hat{\mathbf{y}}$, wenn $\mathbf{A} - \lambda\mathbf{I}$ singulär ist. Nach Satz 3.15 e) ist $\mathbf{A} - \lambda\mathbf{I}$ singulär genau dann, wenn

$$\det(\mathbf{A} - \lambda\mathbf{I}) = 0 \tag{3.6}$$

gilt. Mit der Variablen ξ ist $P(\xi) = \det(\mathbf{A} - \xi\mathbf{I})$ ein Polynom in ξ, und zwar ergibt die sinngemäße Anwendung der Formel (3.1) auf die Matrix $\mathbf{A} - \xi\mathbf{I}$, daß $P(\xi)$ ein Polynom n-ten Grades ist, da nach (3.1) in $\det(\mathbf{A} - \xi\mathbf{I})$ der Summand $\epsilon \cdot \xi^n$ mit $\epsilon = (-1)^n$ genau einmal vorkommt, während alle anderen Summanden niedrigere Potenzen von ξ enthalten. Das Polynom $P(\xi) = \det(\mathbf{A} - \xi\mathbf{I})$ nennt man das charakteristische Polynom der Matrix **A**. Gemäß (3.6) gilt somit

Satz 3.19 *Die Zahl* $\lambda \in \mathbb{R}$ *ist genau dann Eigenwert der Matrix* **A**, *wenn* $\det(\mathbf{A} - \lambda\mathbf{I}) = 0$ *gilt, d. h. wenn* λ *eine Nullstelle des charakteristischen Polynoms von* **A** *ist.*

Die folgenden Beispiele zeigen, daß nicht jede n-reihige Matrix einen (gemäß Definition 3.6 reellen) Eigenwert besitzt und daß andererseits, falls (reelle) Eigenwerte existieren, Links- und Rechts-Eigenvektoren zum selben Eigenwert nicht immer übereinstimmen.

Beispiel 3.4 Gegeben sei die Matrix

$$\mathbf{A} = \begin{pmatrix} 1 & -2 \\ 1 & -1 \end{pmatrix}.$$

Nach Satz 3.19 ist $\lambda \in \mathbb{R}$ Eigenwert von **A**, wenn

$$\det(\mathbf{A} - \lambda\mathbf{I}) = \begin{vmatrix} 1-\lambda & -2 \\ 1 & -1-\lambda \end{vmatrix} = \lambda^2 + 1 = 0,$$

d. h. wenn $\lambda = \pm\sqrt{-1}$ ist. Da $\sqrt{-1}$ nicht reell ist, gibt es also für **A** keinen (reellen) Eigenwert. ■

Bemerkung: Dieses Beispiel zeigt, daß unsere Beschränkung auf reelle Eigenwerte in Definition 3.6 im allgemeinen zu restriktiv sein kann. Dementsprechend werden in weitergehenden Darstellungen der Eigenwerttheorie komplexe Eigenwerte behandelt. Wir müssen hier darauf verzichten, da uns die Grundlagen der komplexen Analysis im Rahmen dieser Einführung nicht zur Verfügung stehen. Ferner werden wir sehen, daß die Beschränkung auf reelle Eigenwerte bei symmetrischen Matrizen keine Einschränkung bedeutet.

Beispiel 3.5 Gegeben sei die Matrix

$$\mathbf{A} = \begin{pmatrix} 2 & 4 \\ 3 & 1 \end{pmatrix}.$$

Nach Satz 3.19 gilt für jeden Eigenwert $\lambda \in \mathbb{R}$ von **A**

$$\det(\mathbf{A} - \lambda\mathbf{I}) = \begin{vmatrix} 2-\lambda & 4 \\ 3 & 1-\lambda \end{vmatrix} = \lambda^2 - 3\lambda - 10 = 0.$$

Diese quadratische Gleichung hat die beiden Lösungen $\lambda_1 = 5$ und $\lambda_2 = -2$.
Für einen Eigenwert λ genügt ein zugehöriger Rechts-Eigenvektor $\hat{\mathbf{x}}$ der Gleichung

$$\mathbf{A}\hat{\mathbf{x}} = \lambda\hat{\mathbf{x}},$$

ausgeschrieben also den beiden Gleichungen

$$2\hat{x}_1 + 4\hat{x}_2 = \lambda\hat{x}_1$$
$$3\hat{x}_1 + \hat{x}_2 = \lambda\hat{x}_2,$$

was äquivalent ist mit

$$4\hat{x}_2 = (\lambda - 2)\hat{x}_1$$
$$3\hat{x}_1 = (\lambda - 1)x_2.$$

Setzen wir hier den ersten Eigenwert $\lambda_1 = 5$ ein, so folgt

$$4\hat{x}_2 = 3\hat{x}_1, \quad \text{d. h.}$$
$$\hat{x} = \begin{pmatrix} 4 \\ 3 \end{pmatrix} \text{ ist ein Rechts-Eigenvektor zu } \lambda_1 = 5.$$

Analog erhalten wir, daß

$$\tilde{x} = \begin{pmatrix} 1 \\ -1 \end{pmatrix} \text{ ein Rechts-Eigenvektor zu } \lambda_2 = -2 \text{ ist.}$$

Da $\mathbf{I}^T = \mathbf{I}$ und damit nach Satz 3.14 $\det(\mathbf{A}^T - \lambda\mathbf{I}) = \det(\mathbf{A} - \lambda\mathbf{I})$ gilt, haben $\mathbf{A}$ und $\mathbf{A}^T$ dieselben Eigenwerte. Für einen Links-Eigenvektor $\hat{y}$ von $\mathbf{A}$ zum Eigenwert λ gilt nach der Bemerkung zu Definition 3.6

$$\mathbf{A}^T \hat{y} = \lambda\hat{y},$$

ausgeschrieben also

$$2\hat{y}_1 + 3\hat{y}_2 = \lambda\hat{y}_1$$
$$4\hat{y}_1 + \hat{y}_2 = \lambda\hat{y}_2$$

und daher

$$3\hat{y}_2 = (\lambda - 2)\hat{y}_1$$
$$4\hat{y}_1 = (\lambda - 1)\hat{y}_2,$$

woraus für $\lambda = 5$

$$\hat{y}_1 = \hat{y}_2$$

folgt. Also ist

$$\hat{y} = \begin{pmatrix} 1 \\ 1 \end{pmatrix} \text{ ein Links-Eigenvektor zu } \lambda_1 = 5.$$

Ebenso finden wir, daß

$$\tilde{y} = \begin{pmatrix} 3 \\ -4 \end{pmatrix} \text{ ein Links-Eigenvektor zu } \lambda_2 = -2 \text{ ist.}$$

Man rechnet leicht nach, daß andererseits $\hat{x}$ und $\tilde{x}$ keine Links-Eigenvektoren und $\hat{y}$ und $\tilde{y}$ keine Rechts-Eigenvektoren von $\mathbf{A}$ sind. ■

Am Ende von Abschn. 3.1 haben wir darauf hingewiesen, daß sich die Determinante einer Matrix **A** bei einer Ähnlichkeitstransformation von **A** nicht verändert, d. h. daß

$$\det \mathbf{S}^{-1}\mathbf{A}\mathbf{S} = \det \mathbf{A}$$

gilt, wenn **S** eine Koordinatentransformation darstellt.
Somit gilt für jedes $\lambda \in \mathbf{R}$

$$\det \mathbf{S}^{-1}(\mathbf{A} - \lambda\mathbf{I})\mathbf{S} = \det(\mathbf{A} - \lambda\mathbf{I})$$

und daher wegen

$$\mathbf{S}^{-1}(\mathbf{A} - \lambda\mathbf{I})\mathbf{S} = \mathbf{S}^{-1}\mathbf{A}\mathbf{S} - \lambda\mathbf{I}$$

schließlich

$$\det(\mathbf{S}^{-1}\mathbf{A}\mathbf{S} - \lambda\mathbf{I}) = \det(\mathbf{A} - \lambda\mathbf{I}).$$

Also stimmen die charakteristischen Polynome von **A** und $\mathbf{S}^{-1}\mathbf{A}\mathbf{S}$ überein und haben somit dieselben Nullstellen. Mit Satz 3.19 gilt daher

Satz 3.20 *Das charakteristische Polynom und damit auch die Eigenwerte einer Matrix sind gegenüber Ähnlichkeitstransformationen invariant.*

Im Beispiel 3.4 haben wir gesehen, daß nicht jede n-reihige Matrix einen (reellen) Eigenwert besitzt. Man sieht jedoch sofort, daß eine n-reihige Matrix sicher mindestens einen (reellen) Eigenwert hat, wenn n ungerade ist; denn das charakteristische Polynom ist von der Form

$$P(\xi) = \det(\mathbf{A} - \xi\mathbf{I}) = (-1)^n \xi^n + \sum_{\nu=1}^{n} \alpha_\nu \xi^{n-\nu},$$

und daher gilt (vgl. [1])

$$\lim_{\xi \to -\infty} P(\xi) = +\infty \quad \text{und} \quad \lim_{\xi \to +\infty} P(\xi) = -\infty.$$

Folglich gibt es reelle Zahlen $\hat{\xi}$ und $\tilde{\xi}$ mit

$$P(\hat{\xi}) > 0 \quad \text{und} \quad P(\tilde{\xi}) < 0$$

und damit – nach dem Zwischenwertsatz [1] – mindestens eine Zahl ξ^* mit $P(\xi^*) = 0$.
Übersichtlicher wird die Situation, wenn wir uns auf den wichtigen Sonderfall symmetrischer Matrizen beschränken. Es gelte also fortan

$$\mathbf{A}^T = \mathbf{A}. \tag{3.7}$$

Zunächst zeigt man leicht das folgende

Lemma 3.21 *Sind* λ *und* μ *Eigenwerte von* **A** *und gilt* (3.7), *dann folgt aus* $\lambda \neq \mu$, *daß die zugehörigen Eigenvektoren orthogonal sind.*

B e w e i s : Seien $x \neq 0$ und $y \neq 0$ zu λ bzw. μ gehörende Eigenvektoren von A, also

$$Ax = \lambda x$$
$$Ay = \mu y.$$

Dann folgt

$$y^T Ax = \lambda y^T x$$
$$x^T Ay = \mu y^T x.$$

Da $x^T Ay$ eine reelle Zahl ist, gilt unter Verwendung von Lemma 2.15 wegen (3.7)

$$x^T Ay = (x^T Ay)^T = y^T A^T x = y^T Ax.$$

Folglich gilt

$$y^T Ax - x^T Ay = 0 = (\lambda - \mu) y^T x,$$

woraus wegen $\lambda \neq \mu$ die Orthogonalität von x und y folgt. ∎

Ferner wird sich jetzt herausstellen, daß eine Situation wie im Beispiel 3.4 bei symmetrischen Matrizen nicht auftreten kann, und zwar auch dann nicht, wenn n gerade ist. Es gilt nämlich

Satz 3.22 *Ist* $A = (\alpha_{ij};\, 1 \leq i \leq n,\, 1 \leq j \leq n)$ *eine symmetrische Matrix, dann hat* A *mindestens einen (reellen) Eigenwert.*

B e w e i s : Die q u a d r a t i s c h e F o r m

$$\varphi(x) = x^T Ax = \sum_{i=1}^{n} \sum_{j=1}^{n} \alpha_{ij} x_i x_j$$

ist eine stetige Funktion. Folglich existiert (vgl. [1]) unter Verwendung der euklidischen Norm $\|..\|$

$$\max_{\|x\|=1} \varphi(x).$$

Sei z eine Lösung dieser Maximierungsaufgabe, also

$$\|z\| = 1 \quad \text{und} \quad z^T Az \geq x^T Ax \quad \forall x : \|x\| = 1. \tag{3.8}$$

Dann existiert ein $\lambda \in \mathbb{R}$ derart, daß

$$Az = \lambda z$$

gilt, d. h. λ ist (reeller) Eigenwert von A und z der zugehörige Eigenvektor. Zum Beweis nehmen wir an, z sei k e i n Eigenvektor von A, also

$$Az \neq \mu z \;\; \forall \mu \in \mathbb{R}. \tag{3.9}$$

Folglich sind z und Az linear unabhängige Vektoren, und aus den Sätzen 1.25 und 1.26 folgt

$$|z^T Az| < \|z\| \cdot \|Az\| = \|Az\| \tag{3.10}$$

wegen $\|z\| = 1$.

Für $\tau \in \mathbf{R}$ betrachten wir den Vektor

$$\mathbf{y}_\tau = \mathbf{z} + \tau(\mathbf{Az} - \mathbf{z}).$$

Offenbar gilt $\mathbf{y}_\tau \neq \mathbf{o}$, denn aus $\mathbf{y}_\tau = \mathbf{o}$ würde $(1-\tau)\mathbf{z} + \tau\mathbf{Az} = \mathbf{o}$ und damit die lineare Abhängigkeit von $\mathbf{Az}$ und $\mathbf{z}$ folgen im Widerspruch zu (3.9). Folglich ist $\|\mathbf{y}_\tau\| > 0$ und $\dfrac{\mathbf{y}_\tau}{\|\mathbf{y}_\tau\|}$ ein Vektor mit Norm Eins.

Sei
$$\delta(\tau) = \varphi\left(\frac{\mathbf{y}_\tau}{\|\mathbf{y}_\tau\|}\right) - \varphi(\mathbf{z})$$
$$= \frac{1}{\|\mathbf{y}_\tau\|^2} \cdot \mathbf{y}_\tau^{\mathrm{T}}\mathbf{A}\mathbf{y}_\tau - \mathbf{z}^{\mathrm{T}}\mathbf{Az}.$$

Mit $\|\mathbf{y}_\tau\|^2 = (1 - 2\tau + \tau^2)\|\mathbf{z}\|^2 + (2\tau - 2\tau^2)\mathbf{z}^{\mathrm{T}}\mathbf{Az} + \tau^2\|\mathbf{Az}\|^2$ folgt wegen $\|\mathbf{z}\| = 1$ und (3.7)

$$\delta(\tau) = \frac{1}{\|\mathbf{y}_\tau\|^2}\{[\mathbf{z} + \tau(\mathbf{Az} - \mathbf{z})]^{\mathrm{T}}\mathbf{A}[\mathbf{z} + \tau(\mathbf{Az} - \mathbf{z})] -$$
$$- \mathbf{z}^{\mathrm{T}}\mathbf{Az}[(1 - 2\tau + \tau^2)\|\mathbf{z}\|^2 + (2\tau - 2\tau^2)\mathbf{z}^{\mathrm{T}}\mathbf{Az} + \tau^2\|\mathbf{Az}\|^2]\}$$
$$= \frac{1}{\|\mathbf{y}_\tau\|^2}\{\mathbf{z}^{\mathrm{T}}\mathbf{Az} + 2\tau\mathbf{z}^{\mathrm{T}}\mathbf{A}(\mathbf{Az} - \mathbf{z}) + \tau^2(\mathbf{Az} - \mathbf{z})^{\mathrm{T}}\mathbf{A}(\mathbf{Az} - \mathbf{z}) -$$
$$- \mathbf{z}^{\mathrm{T}}\mathbf{Az}[(1 - 2\tau + \tau^2)\|\mathbf{z}\|^2 + (2\tau - 2\tau^2)\mathbf{z}^{\mathrm{T}}\mathbf{Az} + \tau^2\|\mathbf{Az}\|^2]\}$$
$$= \frac{1}{\|\mathbf{y}_\tau\|^2}\{2\tau[\|\mathbf{Az}\|^2 - \mathbf{z}^{\mathrm{T}}\mathbf{Az} + \mathbf{z}^{\mathrm{T}}\mathbf{Az} - |\mathbf{z}^{\mathrm{T}}\mathbf{Az}|^2] +$$
$$+ \tau^2[\mathbf{z}^{\mathrm{T}}\mathbf{A}^{\mathrm{T}}\mathbf{AAz} - 2\mathbf{z}^{\mathrm{T}}\mathbf{AAz} + \mathbf{z}^{\mathrm{T}}\mathbf{Az} -$$
$$- \mathbf{z}^{\mathrm{T}}\mathbf{Az} + 2|\mathbf{z}^{\mathrm{T}}\mathbf{Az}|^2 - \|\mathbf{Az}\|^2 \cdot \mathbf{z}^{\mathrm{T}}\mathbf{Az}]\}$$
$$= \frac{1}{\|\mathbf{y}_\tau\|^2}\{2\tau[\|\mathbf{Az}\|^2 - |\mathbf{z}^{\mathrm{T}}\mathbf{Az}|^2] + \tau^2[\mathbf{z}^{\mathrm{T}}\mathbf{A}^{\mathrm{T}}\mathbf{AAz} - \|\mathbf{Az}\|^2(2 + \mathbf{z}^{\mathrm{T}}\mathbf{Az}) +$$
$$+ 2|\mathbf{z}^{\mathrm{T}}\mathbf{Az}|^2]\}.$$

Folglich ist $\delta(\tau)$ von der Form

$$\delta(\tau) = \frac{1}{\|\mathbf{y}_\tau\|^2}\{\alpha\tau + \beta\tau^2\},$$

wobei

$$\alpha = 2[\|\mathbf{Az}\|^2 - |\mathbf{z}^{\mathrm{T}}\mathbf{Az}|^2] > 0$$

gilt nach (3.10). Wegen $\|\mathbf{y}_\tau\|^2 > 0$ gilt also, falls $\beta \geqslant 0$, $\delta(\tau) > 0\ \forall\ \tau > 0$, und falls $\beta < 0$, $\delta(\tau) > 0\ \forall\ \tau: 0 < \tau < \dfrac{\alpha}{-\beta}$.

In jedem Fall gibt es also Zahlen $\tau > 0$ derart, daß $\delta(\tau) > 0$ und somit

$$\varphi\left(\frac{\mathbf{y}_\tau}{\|\mathbf{y}_\tau\|}\right) > \varphi(\mathbf{z}).$$

Das widerspricht aber der Voraussetzung (3.8). Folglich ist die Annahme (3.9) falsch und somit der Satz bewiesen. ■

Nach Lemma 3.21 wissen wir, daß zu zwei verschiedenen Eigenwerten einer symmetrischen Matrix orthogonale Eigenvektoren gehören, und auf Grund des eben bewiesenen Satzes hat jede symmetrische Matrix wenigstens einen (reellen) Eigenwert. Darüber hinaus zeigt sich nun, daß das charakteristische Polynom einer n-reihigen symmetrischen Matrix, mit ihrer Vielfachheit gezählt, genau n reelle Nullstellen hat, und daß es zu diesen n Eigenwerten ein Orthonormalsystem von n zugehörigen Eigenvektoren gibt. Zunächst machen wir uns diesen Sachverhalt für den Fall $n = 2$ klar.

Satz 3.23 *Jede symmetrische* (2×2)*-Matrix hat – mit ihrer Vielfachheit gezählt – zwei (reelle) Eigenwerte, und es gibt ein Orthonormalsystem* (ONS) *von zwei zugehörigen Eigenvektoren.*

Beweis: Sei

$$\mathbf{A} = \begin{pmatrix} \alpha_{11} & \alpha_{12} \\ \alpha_{12} & \alpha_{22} \end{pmatrix}.$$

Damit ist

$$P(\lambda) = \det(\mathbf{A} - \lambda\mathbf{I}) = \begin{vmatrix} \alpha_{11} - \lambda & \alpha_{12} \\ \alpha_{12} & \alpha_{22} - \lambda \end{vmatrix}$$
$$= \lambda^2 - (\alpha_{11} + \alpha_{22})\lambda + \alpha_{11}\alpha_{22} - \alpha_{12}^2.$$

Dieses charakteristische Polynom hat die – reellen – Nullstellen

$$\lambda_\nu = \frac{\alpha_{11} + \alpha_{22}}{2} + (-1)^{\nu+1}\sqrt{\frac{(\alpha_{11} + \alpha_{22})^2}{4} - \alpha_{11}\alpha_{22} + \alpha_{12}^2}, \qquad \nu = 1, 2. \tag{3.11}$$

Nun sind zwei Fälle möglich:

a) $\lambda_1 \neq \lambda_2$: Dann sind die zugehörigen Eigenvektoren $\hat{\mathbf{x}}_1$ und $\hat{\mathbf{x}}_2$ orthogonal zueinander, und folglich ist

$\left\{\frac{\hat{\mathbf{x}}_1}{\|\hat{\mathbf{x}}_1\|}, \frac{\hat{\mathbf{x}}_2}{\|\hat{\mathbf{x}}_2\|}\right\}$ ein ONS von zu λ_1 und λ_2 gehörenden Eigenvektoren.

b) $\lambda_1 = \lambda_2$: Dann muß nach (3.11)

$$\frac{1}{4}\{(\alpha_{11} + \alpha_{22})^2 - 4\alpha_{11}\alpha_{22} + 4\alpha_{12}^2\} = \frac{1}{4}\{(\alpha_{11} - \alpha_{22})^2 + 4\alpha_{12}^2\} = 0$$

sein, was nur mit $\alpha_{11} = \alpha_{22}$ und $\alpha_{12} = 0$ möglich ist. Damit wird

$$P(\lambda) = \lambda^2 - 2\alpha_{11}\lambda + \alpha_{11}^2 = (\lambda - \alpha_{11})^2,$$

d. h. $\lambda_1 = \alpha_{11}$ ist eine zweifache Nullstelle von $P(\lambda)$.

Offensichtlich ist dann

$\left\{\begin{pmatrix}1\\0\end{pmatrix}, \begin{pmatrix}0\\1\end{pmatrix}\right\}$ ein ONS von zwei zugehörigen Eigenvektoren. ■

Satz 3.24 *Jede symmetrische* (n x n)*-Matrix hat – mit ihrer Vielfachheit gezählt – genau* n *(reelle) Eigenwerte, und es gibt ein Orthonormalsystem von* n *zugehörigen Eigenvektoren.*

B e w e i s : Wir führen den Beweis durch vollständige Induktion nach n.

Für n = 2 stimmt die Behauptung nach Satz 3.23. Für n > 2 sei die Behauptung richtig für alle (n – 1)-reihigen symmetrischen Matrizen. Sei **A** eine n-reihige symmetrische Matrix. Nach Satz 3.22 hat **A** mindestens einen (reellen) Eigenwert λ_1 und einen zugehörigen Eigenvektor

$$\mathbf{x}_1 \text{ mit } \|\mathbf{x}_1\| = 1, \quad \text{d. h. es gilt} \quad \mathbf{A}\mathbf{x}_1 = \lambda_1 \mathbf{x}_1.$$

Wie wir aus Abschn. 1.5 wissen, gibt es im $\mathbb{R}^n$ ein ONS $\{\mathbf{x}_1, \mathbf{y}_2, \ldots, \mathbf{y}_n\}$.

Sei **S** eine Matrix, deren Spalten gerade die n Vektoren dieses ONS' sind, also

$$\mathbf{S} = (\mathbf{x}_1, \mathbf{y}_2, \ldots, \mathbf{y}_n).$$

Damit gilt offensichtlich

$$\mathbf{S}^T\mathbf{S} = \begin{pmatrix} \mathbf{x}_1^T \\ \mathbf{y}_2^T \\ \vdots \\ \mathbf{y}_n^T \end{pmatrix} (\mathbf{x}_1, \mathbf{y}_2, \ldots, \mathbf{y}_n) = \mathbf{I},$$

also nach Satz 2.18

$$\mathbf{S}^T = \mathbf{S}^{-1}.$$

Eine Matrix mit dieser Eigenschaft nennt man eine o r t h o g o n a l e T r a n s f o r m a t i o n.

Mit dieser orthogonalen Transformation führen wir eine Ähnlichkeitstransformation von **A** durch und erhalten danach die Matrix

$$\tilde{\mathbf{A}} = \mathbf{S}^{-1}\mathbf{A}\mathbf{S} = \mathbf{S}^T\mathbf{A}\mathbf{S},$$

die sich unter Verwendung von $\mathbf{A}\mathbf{x}_1 = \lambda_1\mathbf{x}_1$, $\mathbf{x}_1^T\mathbf{x}_1 = 1$, $\mathbf{y}_i^T\mathbf{x}_1 = 0 \; \forall i > 1$ und $\mathbf{A}^T = \mathbf{A}$ ergibt als

$$\tilde{\mathbf{A}} = \mathbf{S}^T\mathbf{A}\mathbf{S}$$

$$= \begin{pmatrix} \mathbf{x}_1^T \\ \mathbf{y}_2^T \\ \vdots \\ \mathbf{y}_n^T \end{pmatrix} \mathbf{A}(\mathbf{x}_1, \mathbf{y}_2, \ldots, \mathbf{y}_n) = \begin{pmatrix} \mathbf{x}_1^T \\ \mathbf{y}_2^T \\ \vdots \\ \mathbf{y}_n^T \end{pmatrix} (\lambda_1\mathbf{x}_1, \mathbf{A}\mathbf{y}_2, \ldots, \mathbf{A}\mathbf{y}_n)$$

$$= \begin{pmatrix} \lambda_1 & x_1^T A y_2, \dots x_1^T A y_n \\ 0 & y_2^T A y_2, \dots y_2^T A y_n \\ \vdots & \\ 0 & y_n^T A y_2, \dots y_n^T A y_n \end{pmatrix}$$

$$= \begin{pmatrix} \lambda_1 & \lambda_1 x_1^T y_2 & \dots & \lambda_1 x_1^T y_n \\ 0 & y_2^T A y_2 & \dots & y_2^T A y_n \\ \vdots & & & \\ 0 & y_n^T A y_2 & \dots & y_n^T A y_n \end{pmatrix} = \begin{pmatrix} \lambda_1 & 0 \dots\dots 0 \\ 0 & \\ \vdots & \mathbf{B} \\ 0 & \end{pmatrix}$$

mit der wegen $\mathbf{A}^T = \mathbf{A}$ symmetrischen $(n-1)$-reihigen Matrix

$$\mathbf{B} = \begin{pmatrix} y_2^T A y_2 & \dots & y_2^T A y_n \\ y_n^T A y_2 & \dots & y_n^T A y_n \end{pmatrix}.$$

Nach Induktionsvoraussetzung hat die Matrix $\mathbf{B}$ $n-1$ Eigenwerte $\lambda_2, \dots, \lambda_n$ und ein ONS $\{v_2, \dots, v_n\}$ zugehöriger Eigenvektoren $v_i \in \mathbb{R}^{n-1}$, d. h. es gilt $\mathbf{B}v_i = \lambda_i v_i$, $v_i^T v_i = 1$, $i = 2, \dots, n$ und $v_i^T v_j = 0$, $i \neq j$. Betrachten wir nun im $\mathbb{R}^n$ die Vektoren

$$w_1 = \begin{pmatrix} 1 \\ 0 \\ \vdots \\ 0 \end{pmatrix}, \qquad w_i = \begin{pmatrix} 0 \\ v_i \end{pmatrix}, \qquad i = 2, \dots, n,$$

dann gilt offenbar $w_i^T w_j = 0$, $i \neq j$, und $w_i^T w_i = 1$, $i = 1, \dots, n$, sowie $\tilde{\mathbf{A}} w_1 = \lambda_1 w_1$ und

$$\tilde{\mathbf{A}} w_i = \begin{pmatrix} 0 \\ \mathbf{B} v_i \end{pmatrix} = \begin{pmatrix} 0 \\ \lambda_i v_i \end{pmatrix} = \lambda_i w_i, \qquad i = 2, \dots, n.$$

Für die Vektoren $z_i = \mathbf{S} w_i$, $i = 1, \dots, n$, gilt dann wegen $\mathbf{S}^T\mathbf{S} = \mathbf{I}$

$$z_i^T z_i = w_i^T \mathbf{S}^T \mathbf{S} w_i = w_i^T w_i = 1 \ \forall\, i$$

und $$z_i^T z_j = w_i^T \mathbf{S}^T \mathbf{S} w_j = w_i^T w_j = 0, \qquad i \neq j,$$

d. h. $\{z_1, \dots, z_n\}$ ist ein ONS.

Da $\mathbf{S}^T = \mathbf{S}^{-1}$, gilt nach Lemma 2.17 auch $\mathbf{S}\mathbf{S}^T = \mathbf{I}$ und folglich

$$\mathbf{A} = \mathbf{S}\tilde{\mathbf{A}}\mathbf{S}^T,$$

woraus

$$\mathbf{A} z_i = \mathbf{S}\tilde{\mathbf{A}}\mathbf{S}^T \mathbf{S} w_i = \mathbf{S}\tilde{\mathbf{A}} w_i = \lambda_i \mathbf{S} w_i = \lambda_i z_i, \qquad i = 1, \dots, n,$$

folgt. Folglich gibt es zur n-reihigen symmetrischen Matrix $\mathbf{A}$ genau n Eigenwerte und ein ONS zugehöriger Eigenvektoren. ∎

Eine unmittelbare Folgerung aus diesem Satz ist die Existenz der sog. H a u p t - a c h s e n t r a n s f o r m a t i o n für symmetrische Matrizen:

Korollar 3.25 *Ist* $\mathbf{A}$ *eine* n-*reihige symmetrische Matrix mit den Eigenwerten* $\lambda_1, \ldots, \lambda_n$, *dann gibt es eine orthogonale Transformation* $\mathbf{T}$ (d. h. $\mathbf{T}^T\mathbf{T} = \mathbf{I}$) *derart, daß*

$$\Lambda = \mathbf{T}^T\mathbf{A}\mathbf{T} = \begin{pmatrix} \lambda_1 & 0 & \ldots\ldots & 0 \\ 0 & \lambda_2 & 0 \ldots\ldots & 0 \\ \vdots & \vdots & \ddots & \\ 0 & 0 & & \lambda_n \end{pmatrix}$$

gilt.

Beweis: Sei $\{\mathbf{x}_1, \ldots, \mathbf{x}_n\}$ ein ONS von zu den Eigenwerten $\lambda_1, \ldots, \lambda_n$ gehörenden Eigenvektoren. Hat die Matrix $\mathbf{T}$ als Spalten gerade diese Eigenvektoren, also

$$\mathbf{T} = (\mathbf{x}_1, \ldots, \mathbf{x}_n),$$

dann gilt offensichtlich

$$\mathbf{T}^T\mathbf{T} = \mathbf{I}$$

und

$$\Lambda = \mathbf{T}^T\mathbf{A}\mathbf{T} = \mathbf{T}^T(\mathbf{A}\mathbf{x}_1, \ldots, \mathbf{A}\mathbf{x}_n) = \mathbf{T}^T(\lambda_1\mathbf{x}_1, \ldots, \lambda_n\mathbf{x}_n)$$

$$= \begin{pmatrix} \mathbf{x}_1^T \\ \mathbf{x}_n^T \end{pmatrix} (\lambda_1\mathbf{x}_1, \ldots, \lambda_n\mathbf{x}_n) = \begin{pmatrix} \lambda_1 & \ldots\ldots & 0 \\ \vdots & \ddots & \vdots \\ 0 & \ldots\ldots & \lambda_n \end{pmatrix}. \qquad \blacksquare$$

Die Bezeichnung „Hauptachsentransformation" hängt mit der geometrischen Gestalt der Lösungsmenge einer quadratischen Gleichung zusammen. Eine quadratische Gleichung in n Variablen ist allgemein von der Form

$$\mathbf{x}^T\mathbf{A}\mathbf{x} + \mathbf{c}^T\mathbf{x} + \gamma = 0, \tag{3.12}$$

wobei die (n x n)-Matrix $\mathbf{A}$, der Vektor $\mathbf{c} \in \mathbf{R}^n$ und die Zahl $\gamma \in \mathbf{R}$ gegeben sind.
Ist $\mathbf{A}$ die Nullmatrix – d. h. die quadratische Form $\mathbf{x}^T\mathbf{A}\mathbf{x}$ in (3.12) verschwindet –, dann haben wir mit der linearen Gleichung

$$\mathbf{c}^T\mathbf{x} + \gamma = 0$$

zu tun, deren Lösungsmenge für den nichttrivialen Fall $\mathbf{c} \neq \mathbf{o}$ nach Satz 2.21 und Definition 2.14 eine lineare Mannigfaltigkeit $\mathfrak{M}$ in $\mathbf{R}^n$ mit der Dimension $\dim \mathfrak{M} = n - 1$ ist, die man auch als eine Hyperebene des $\mathbf{R}^n$ bezeichnet. Im $\mathbf{R}^2$ stellt eine Hyperebene, also eine lineare Mannigfaltigkeit der Dimension 1, eine Gerade dar, während im $\mathbf{R}^3$ eine lineare Mannigfaltigkeit der Dimension 2 einer Ebene entspricht.
Kehren wir zum allgemeinen Fall der Gleichung (3.12) zurück. Die quadratische Form in (3.12) lautet ausgeschrieben, wenn $\mathbf{A} = (\alpha_{ij})$,

$$\mathbf{x}^T\mathbf{A}\mathbf{x} = \sum_{i=1}^{n} \sum_{j=1}^{n} \alpha_{ij}x_ix_j.$$

Ordnen wir die Summanden nach Paaren gleicher Indizes (i = j) und ungleicher Indizes

$(i \neq j)$, so erhalten wir

$$x^T A x = \sum_{i=1}^{n} \alpha_{ii} x_i^2 + \sum_{i<j} (\alpha_{ij} + \alpha_{ji}) x_i x_j .$$

Nehmen wir statt A die Matrix $B = (\beta_{ij}) = \frac{1}{2}(A + A^T)$, dann gilt offenbar

$$B^T = B,$$

und wir erhalten wegen $\beta_{ij} = \frac{1}{2}(\alpha_{ij} + \alpha_{ji})\ \forall\,(i,j)$ analog wie oben

$$x^T B x = \sum_{i=1}^{n} \sum_{j=1}^{n} \beta_{ij} x_i x_j = \sum_{i=1}^{n} \beta_{ii} x_i^2 + \sum_{i<j} (\beta_{ij} + \beta_{ji}) x_i x_j$$

$$= \sum_{i=1}^{n} \alpha_{ii} x_i^2 + \sum_{i<j} (\alpha_{ij} + \alpha_{ji}) x_i x_j = x^T A x.$$

Folglich können wir ohne Einschränkung der Allgemeinheit stets annehmen, daß in einer quadratischen Form $x^T A x$ die Matrix A symmetrisch ist, also $A^T = A$ gilt.
Sei nun T die zu A gehörende Hauptachsentransformation, also $T^T T = I$ und, mit den Eigenwerten $\lambda_1, \ldots, \lambda_n$ von A,

$$T^T A T = \Lambda = \begin{pmatrix} \lambda_1 & & 0 \\ & \ddots & \\ 0 & & \lambda_n \end{pmatrix}.$$

Verwenden wir T als Koordinatentransformation

$$y = T^{-1} x = T^T x$$

und setzen dementsprechend

$$x = Ty$$

in (3.12) ein, so erhalten wir die äquivalente Gleichung

$$y^T \Lambda y + c^T T y + \gamma = 0,$$

ausgeschrieben mit $\alpha = T^T c$ also

$$\sum_{i=1}^{n} \lambda_i y_i^2 + \sum_{i=1}^{n} \alpha_i y_i + \gamma = 0.$$

Betrachten wir diese Gleichung nun für $n = 2$:

$$\lambda_1 y_1^2 + \lambda_2 y_2^2 + \alpha_1 y_1 + \alpha_2 y_2 + \gamma = 0. \qquad (3.13)$$

Hier sind verschiedene Fälle möglich.

Fall a): $\lambda_1 \neq 0, \lambda_2 \neq 0$. Dann ist (3.13) äquivalent mit

$$\lambda_1\left(y_1 + \frac{\alpha_1}{2\lambda_1}\right)^2 + \lambda_2\left(y_2 + \frac{\alpha_2}{2\lambda_2}\right)^2 = \frac{1}{4}\left(\frac{\alpha_1^2}{\lambda_1} + \frac{\alpha_2^2}{\lambda_2} - 4\gamma\right),$$

und die Parallelverschiebung der zueinander orthogonalen Koordinatenachsen (**T** ist orthogonal!) derart, daß

$$\left(y_1 = -\frac{\alpha_1}{2\lambda_1}, y_2 = -\frac{\alpha_2}{2\lambda_2}\right)$$

zum neuen Ursprung wird, formal also die Transformation (genauer: Translation)

$$z_1 = y_1 + \frac{\alpha_1}{2\lambda_1}, \qquad z_2 = y_2 + \frac{\alpha_2}{2\lambda_2}$$

liefert die zu (3.13) äquivalente Gleichung

$$\lambda_1 z_1^2 + \lambda_2 z_2^2 = \rho \quad \text{mit} \quad \rho = \frac{1}{4}\left(\frac{\alpha_1^2}{\lambda_1} + \frac{\alpha_2^2}{\lambda_2} - 4\gamma\right). \tag{3.14}$$

Betrachten wir zunächst

Fall a 1): $\lambda_1 > 0, \lambda_2 > 0$. Nun haben wir drei Fälle zu unterscheiden, nämlich

Fall a 1.1): $\rho < 0$. Dann hat (3.14) offenbar keine Lösung.

Fall a 1.2): $\rho = 0$. Dann hat (3.14) die einzige Lösung $z_1 = z_2 = 0$, d. h. (3.13) hat die einzige Lösung

$$y_1 = -\frac{\alpha_1}{2\lambda_1}, \qquad y_2 = -\frac{\alpha_2}{2\lambda_2},$$

woraus sich die einzige Lösung von (3.12) gemäß $\mathbf{x} = \mathbf{T}\mathbf{y}$ ergibt.

Fall a 1.3): $\rho > 0$. Dann ist die Lösungsmenge von (3.14) eine Ellipse mit Mittelpunkt **o** und den Brennpunkten

$$\mathbf{f}_1 = \begin{pmatrix} +\sqrt{\rho\left(\frac{1}{\lambda_1} - \frac{1}{\lambda_2}\right)} \\ 0 \end{pmatrix}, \quad \mathbf{f}_2 = \begin{pmatrix} -\sqrt{\rho\left(\frac{1}{\lambda_1} - \frac{1}{\lambda_2}\right)} \\ 0 \end{pmatrix},$$

falls $\lambda_1 < \lambda_2$, bzw. den Brennpunkten

$$\mathbf{g}_1 = \begin{pmatrix} 0 \\ +\sqrt{\rho\left(\frac{1}{\lambda_2} - \frac{1}{\lambda_1}\right)} \end{pmatrix}, \quad \mathbf{g}_2 = \begin{pmatrix} 0 \\ -\sqrt{\rho\left(\frac{1}{\lambda_2} - \frac{1}{\lambda_1}\right)} \end{pmatrix},$$

falls $\lambda_1 > \lambda_2$. Insbesondere erhalten wir für $\lambda_1 = \lambda_2$ einen Kreis mit Mittelpunkt **o** und Radius $\sqrt{\frac{\rho}{\lambda}}$, wie man leicht nachrechnet.

Untersuchen wir nun

Fall a 2): $\lambda_1 > 0$, $\lambda_2 < 0$. Hier gibt es wieder drei Fälle.

Fall a 2.1): $\rho = 0$. Dann hat (3.14) als Lösung die beiden Geraden

$$z_2 = +\sqrt{\frac{\lambda_1}{-\lambda_2}}\, z_1 \quad \text{und} \quad z_2 = -\sqrt{\frac{\lambda_1}{-\lambda_2}}\, z_1 .$$

Fall a 2.2): $\rho > 0$. Dann ist die Lösungsmenge von (3.14) ein Paar von Hyperbeln, die zur z_2-Achse spiegelbildlich liegen und als Asymptoten die im Fall a 2.1) bestimmten Geraden haben.

Fall a 2.3): $\rho < 0$. Dann ist die Lösungsmenge von (3.14) wieder ein Paar von Hyperbeln, die nun zur z_1-Achse spiegelbildlich liegen und wieder die Geraden aus Fall a 2.1) als Asymptoten haben.

Nach Fall a) und dem eingangs schon besprochenen Fall $\mathbf{A} = \mathbf{o}$, was in (3.13) zu $\lambda_1 = \lambda_2 = 0$ führen würde, bleibt noch

Fall b): $\lambda_1 > 0$, $\lambda_2 = 0$. Dann ist (3.13) äquivalent zu

$$\lambda_1\left(y_1 + \frac{\alpha_1}{2\lambda_1}\right)^2 + \alpha_2 y_2 = \frac{1}{4}\left(\frac{\alpha_1^2}{\lambda_1} - 4\gamma\right)$$

und nach der Translation

$$z_1 = y_1 + \frac{\alpha_1}{2\lambda_1}, \qquad z_2 = y_2$$

zu

$$\lambda_1 z_1^2 + \alpha_2 z_2 = \sigma \quad \text{mit} \quad \sigma = \frac{1}{4}\left(\frac{\alpha_1^2}{\lambda_1} - 4\gamma\right). \tag{3.15}$$

Hier sind nun zwei Fälle zu unterscheiden.

Fall b 1): $\alpha_2 = 0$. Dann hat unsere Gleichung, falls $\sigma \geqslant 0$, die beiden Lösungen

$$z_1 = +\sqrt{\frac{\sigma}{\lambda_1}} \quad \text{und} \quad z_1 = -\sqrt{\frac{\sigma}{\lambda_1}} ,$$

also zur z_2-Achse parallele Geraden, und falls $\sigma < 0$ ist, existiert offenbar keine Lösung.

Fall b 2): $\alpha_2 \neq 0$. Dann können wir Gleichung (3.15) umschreiben in

$$z_2 = -\frac{\lambda_1}{\alpha_2} z_1^2 + \frac{\sigma}{\alpha_2},$$

also in die wohlbekannte Gleichung einer Parabel mit dem Scheitelpunkt

$$\begin{pmatrix} 0 \\ \dfrac{\sigma}{\alpha_2} \end{pmatrix}$$

und der Öffnung nach oben, falls $\alpha_2 < 0$, bzw. nach unten, falls $\alpha_2 > 0$.

Alle übrigen Fälle lassen sich völlig analog behandeln, wobei ggfs. die Rollen von z_1 und z_2 und damit λ_1 und λ_2 zu vertauschen sind.

Die quadratische Gleichung (3.12) hat also für n = 2 in den nichtentarteten Fällen a 1.3), a 2.2), a 2.3) und b 2) Kurven als Lösungsmengen, die uns aus der Schule als Kegelschnitte längst vertraut sind. Da sie durch eine quadratische Gleichung beschrieben werden, nennt man sie auch Kurven zweiter Ordnung. Diese Kurven haben sog. Hauptachsen mit folgenden Eigenschaften:

Die Hauptachsen sind orthogonal zueinander, und wenn eine Schar von zur einen Hauptachse parallelen Geraden die Kurve zweiter Ordnung zweimal schneiden, dann werden die so entstehenden Sehnen durch die andere Hauptachse gerade halbiert.

Benutzt man die Hauptachsen als Koordinatenachsen (d. h. z. B. die Einheitsvektoren in Richtung der Hauptachsen als Basis), dann haben die Gleichungen der nicht entarteten Kurven zweiter Ordnung bezüglich dieses Koordinatensystems gerade die Form (3.14) bzw. (3.15). Damit erscheint die Hauptachsentransformation als eine Koordinatentransformation, die den Übergang zu einer neuen Basis mit zu den Hauptachsen der zu (3.12) gehörenden Kurven zweiter Ordnung parallelen Basisvektoren bewerkstelligt. Dasselbe läßt sich für den Fall n = 3 zeigen, in dem man die nichtentarteten Lösungsmengen als Flächen zweiter Ordnung (Ellipsoide, Hyperboloide, Paraboloide) bezeichnet.

Nach diesem Exkurs in die geometrische Deutung der Hauptachsentransformation wollen wir noch zwei in den Anwendungen öfter auftretende Fragestellungen erörtern, bei deren Behandlung die Kenntnis aller oder wenigstens einiger Eigenwerte einer Matrix von Nutzen ist.

Definition 3.7 *Eine* n*-reihige symmetrische Matrix* A *heißt*
positiv definit, *wenn* $x^TAx > 0 \quad \forall x \neq o$;
positiv semidefinit, *wenn* $x^TAx \geqslant 0 \quad \forall x \neq o$;
negativ definit, *wenn* $x^TAx < 0 \quad \forall x \neq o$;
negativ semidefinit, *wenn* $x^TAx \leqslant 0 \quad \forall x \neq o$.
Hat A keine dieser vier Eigenschaften, nennt man die Matrix indefinit.

Offenbar ist A negativ definit, wenn – A positiv definit ist, und negativ semidefinit, wenn – A positiv semidefinit ist.

Ist beispielsweise $f: \mathbf{R}^n \to \mathbf{R}$ eine Funktion von n Variablen, die zweimal stetig partiell differenzierbar ist, dann zeigt die Analysis (vgl. [1]), daß die Funktion f konvex ist, wenn die symmetrische Matrix der zweiten partiellen Ableitungen, die sog. Hesse'sche Matrix

$$H(x) = \left(\frac{\partial^2 f(x)}{\partial x_i \partial x_j}, \ 1 \leqslant i \leqslant n, 1 \leqslant j \leqslant n\right)$$

positiv semidefinit ist für jedes $x \in \mathbf{R}^n$; und wenn an einer Stelle $\hat{x} \in \mathbf{R}^n$ die ersten partiellen Ableitungen $\frac{\partial f(\hat{x})}{\partial x_i} = 0$ sind, $i = 1, \ldots, n$, d. h. $\hat{x}$ ein sog. stationärer Punkt ist, dann hat f in $\hat{x}$

ein lokales Minimum, falls $\mathbf{H}(\hat{x})$ positiv definit ist,

und ein lokales Maximum, falls $\mathbf{H}(\hat{x})$ negativ definit ist.

Satz 3.26 *Sei* $\mathbf{A}$ *eine* n-*reihige symmetrische Matrix. Ist* $\mathbf{B}$ n-*reihig und regulär, dann ist* $\mathbf{A}$ *positiv definit genau dann, wenn* $\mathbf{B}^T\mathbf{A}\mathbf{B}$ *positiv definit ist.*

Beweis: Aus $\mathbf{A}^T = \mathbf{A}$ folgt $(\mathbf{B}^T\mathbf{A}\mathbf{B})^T = \mathbf{B}^T\mathbf{A}^T\mathbf{B} = \mathbf{B}^T\mathbf{A}\mathbf{B}$. Also ist auch $\mathbf{B}^T\mathbf{A}\mathbf{B}$ symmetrisch. Ist $\mathbf{A}$ positiv definit, dann gilt

$$x^T\mathbf{A}x > 0 \qquad \forall\, x \neq \mathbf{o}.$$

Ist $y \neq \mathbf{o}$, dann ist wegen der Regularität von $\mathbf{B}$ auch

$$\mathbf{B}y \neq \mathbf{o}$$

und daher

$$y^T\mathbf{B}^T\mathbf{A}\mathbf{B}y > 0 \qquad \forall\, y \neq \mathbf{o}.$$

Folglich ist $\mathbf{B}^T\mathbf{A}\mathbf{B}$ positiv definit.
Ist umgekehrt $\mathbf{B}^T\mathbf{A}\mathbf{B}$ positiv definit, dann gilt

$$y^T\mathbf{B}^T\mathbf{A}\mathbf{B}y > 0 \qquad \forall\, y \neq \mathbf{o}.$$

Da $\mathbf{B}$ regulär ist, existiert die – ebenfalls reguläre – Inverse $\mathbf{B}^{-1}$. Ist $x \neq \mathbf{o}$, dann ist somit auch

$$y = \mathbf{B}^{-1}x \neq \mathbf{o},$$

so daß $(\mathbf{B}^{-1}x)^T\mathbf{B}^T\mathbf{A}\mathbf{B}(\mathbf{B}^{-1}x) = x^T\mathbf{A}x > 0$

gilt für jedes $x \neq \mathbf{o}$; also ist $\mathbf{A}$ positiv definit. ■

Ersetzen wir in diesem Beweis überall „$>$" durch „$\geqslant$" und „definit" durch „semidefinit", erhalten wir sofort

Korollar 3.27 *Unter den Voraussetzungen von* Satz 3.26 *ist* $\mathbf{A}$ *positiv semidefinit genau dann, wenn* $\mathbf{B}^T\mathbf{A}\mathbf{B}$ *positiv semidefinit ist.*

Nehmen wir als reguläre Matrix $\mathbf{B}$ die Hauptachsentransformation $\mathbf{T}$ von $\mathbf{A}$, dann ist also
$\mathbf{A}$ positiv definit genau dann, wenn $\Lambda = \mathbf{T}^T\mathbf{A}\mathbf{T}$ positiv definit ist, und
$\mathbf{A}$ ist positiv semidefinit genau dann, wenn Λ positiv semidefinit ist, wobei Λ die uns bereits bekannte Diagonalmatrix der Eigenwerte λ_i, $i = 1, \ldots, n$, von $\mathbf{A}$ ist.
Nun ist Λ positiv definit, wenn

$$y^T\Lambda y = \sum_{i=1}^{n} \lambda_i y_i^2 > 0 \qquad \forall\, y \neq \mathbf{o},$$

was offenbar nur zutrifft, wenn alle Eigenwerte streng positiv sind. Entsprechend ist Λ positiv semidefinit, wenn alle Eigenwerte nichtnegativ sind. Damit haben wir

Satz 3.28 *Eine* n*-reihige symmetrische Matrix* **A** *mit den Eigenwerten* $\lambda_1, \ldots, \lambda_n$ *ist positiv definit genau dann, wenn* $\lambda_i > 0$, $i = 1, \ldots, n$, *und positiv semidefinit genau dann, wenn* $\lambda_i \geqslant 0$, $i = 1, \ldots, n$.

In der sog. Sensitivitätsanalyse und auch bei der Beurteilung der Genauigkeit von numerischen Lösungen linearer Gleichungssysteme stellt sich die Frage, wie stark eine – im allgemeinen geringfügige – Änderung von Daten des Problems die Lösung verändert. In dieser Allgemeinheit können wir diese Problematik hier nicht behandeln, wollen aber doch beispielhaft ein spezielles derartiges Problem genauer untersuchen, um so einen Eindruck von diesem Gebiet zu vermitteln.

Beispiel 3.6 Sei **A** eine reguläre n-reihige Matrix und $\mathbf{b} \in \mathbb{R}^n$, $\mathbf{b} \neq \mathbf{o}$, gegeben. Dann hat das LGS

$$\mathbf{Ax} = \mathbf{b}$$

nach Satz 2.22 die eindeutige Lösung

$$\hat{\mathbf{x}} = \mathbf{A}^{-1}\mathbf{b}.$$

Nehmen wir nun an, **b** werde – geringfügig – um einen Vektor $\boldsymbol{\delta}$ abgeändert, z. B. wegen der Ungenauigkeit erhobener Problemdaten oder wegen Rundungsfehlern in einem numerischen Verfahren. Dann fragt sich, wie stark die Lösung $\hat{\mathbf{y}}$ des LGS

$$\mathbf{Ax} = \mathbf{b} + \boldsymbol{\delta}$$

von der Lösung $\hat{\mathbf{x}}$ des ursprünglichen LGS abweichen kann.
Multiplizieren wir das LGS

$$\mathbf{Ax} = \mathbf{b}$$

von links mit der Matrix $\mathbf{A}^T$, so erhalten wir, da **A** und somit $\mathbf{A}^T$ reguläre Matrizen sind, das äquivalente LGS

$$\mathbf{A}^T\mathbf{Ax} = \mathbf{A}^T\mathbf{b}$$

mit der symmetrischen Koeffizientenmatrix $\mathbf{A}^T\mathbf{A}$. Wir wollen daher voraussetzen, daß unsere Matrix **A** selbst bereits symmetrisch ist, also

$$\mathbf{A}^T = \mathbf{A}$$

gilt. Sind die Eigenwerte $\lambda_1, \ldots, \lambda_n$ von **A** bereits so geordnet, daß $|\lambda_1| \geqslant |\lambda_2| \geqslant \ldots \geqslant |\lambda_n|$, d. h. insbesondere daß

$$|\lambda_1| = \max_{1 \leqslant i \leqslant n} |\lambda_i| \quad \text{und} \quad |\lambda_n| = \min_{1 \leqslant i \leqslant n} |\lambda_i|,$$

dann läßt sich die relative Änderung der Lösung des LGS bezüglich der relativen Änderung seiner rechten Seite in der euklidischen Norm wie folgt abschätzen:

$$\frac{|\lambda_n|}{|\lambda_1|}\frac{\|\boldsymbol{\delta}\|}{\|\mathbf{b}\|} \leqslant \frac{\|\hat{\mathbf{y}} - \hat{\mathbf{x}}\|}{\|\hat{\mathbf{x}}\|} \leqslant \frac{|\lambda_1|}{|\lambda_n|}\frac{\|\boldsymbol{\delta}\|}{\|\mathbf{b}\|}.$$

Zum Beweis benutzen wir ein ONS $\{\mathbf{u}_1, \ldots, \mathbf{u}_n\}$ von zu $\lambda_1, \ldots, \lambda_n$ gehörenden Eigenvektoren von $\mathbf{A}$ als Basis. Haben $\hat{\mathbf{x}}$ und $\hat{\mathbf{y}} - \hat{\mathbf{x}}$ bezüglich dieser Basis die Darstellungen

$$\hat{\mathbf{x}} = \sum_{i=1}^{n} \alpha_i \mathbf{u}_i, \qquad \hat{\mathbf{y}} - \hat{\mathbf{x}} = \sum_{i=1}^{n} \beta_i \mathbf{u}_i,$$

dann folgt

$$\mathbf{b} = \mathbf{A}\hat{\mathbf{x}} = \sum_{i=1}^{n} \alpha_i \mathbf{A}\mathbf{u}_i = \sum_{i=1}^{n} \alpha_i \lambda_i \mathbf{u}_i$$

und $\quad \delta = \mathbf{A}(\hat{\mathbf{y}} - \hat{\mathbf{x}}) = \sum_{i=1}^{n} \beta_i \lambda_i \mathbf{u}_i$

und daher, da $\{\mathbf{u}_1, \ldots, \mathbf{u}_n\}$ ein ONS ist,

$$\|\mathbf{b}\|^2 = \sum_{i=1}^{n} \alpha_i^2 \lambda_i^2 \quad \text{und} \quad \|\delta\|^2 = \sum_{i=1}^{n} \beta_i^2 \lambda_i^2 .$$

Ferner gilt offenbar

$$\|\hat{\mathbf{x}}\|^2 = \sum_{i=1}^{n} \alpha_i^2, \qquad \|\hat{\mathbf{y}} - \hat{\mathbf{x}}\|^2 = \sum_{i=1}^{n} \beta_i^2 .$$

Damit folgt wegen $|\lambda_1| \geqslant |\lambda_i| \; \forall\, i$ und $|\lambda_n| \leqslant |\lambda_i| \; \forall\, i$

$$\lambda_1^2 \|\hat{\mathbf{x}}\|^2 = \lambda_1^2 \sum_{i=1}^{n} \alpha_i^2 \geqslant \lambda_1^2 \sum \alpha_i^2 \frac{\lambda_i^2}{\lambda_1^2} =$$

$$= \|\mathbf{b}\|^2 = \lambda_n^2 \sum_{i=1}^{n} \alpha_i^2 \frac{\lambda_i^2}{\lambda_n^2} \geqslant \lambda_n^2 \sum_{i=1}^{n} \alpha_i^2 = \lambda_n^2 \|\hat{\mathbf{x}}\|^2$$

und analog

$$\lambda_1^2 \|\hat{\mathbf{y}} - \hat{\mathbf{x}}\|^2 \geqslant \|\delta\|^2 \geqslant \lambda_n^2 \|\hat{\mathbf{y}} - \hat{\mathbf{x}}\|^2 .$$

Daraus folgt sofort

$$\frac{\lambda_n^2}{\lambda_1^2} \frac{\|\delta\|^2}{\|\mathbf{b}\|^2} \leqslant \frac{\|\hat{\mathbf{y}} - \hat{\mathbf{x}}\|^2}{\|\hat{\mathbf{x}}\|^2} \leqslant \frac{\lambda_1^2}{\lambda_n^2} \frac{\|\delta\|^2}{\|\mathbf{b}\|^2},$$

womit die behauptete Fehlerabschätzung bewiesen ist. Diese Abschätzung ist scharf, d. h. sie läßt sich im allgemeinen nicht verbessern. Um das zu zeigen, genügt es, ein Beispiel anzugeben, in dem die relative Abweichung der Lösung (der relative Fehler) die obere bzw. die untere Schranke tatsächlich erreicht.

Seien $\mathbf{b} = \alpha \mathbf{u}_1$; $\delta = \beta \mathbf{u}_n$. Dann sind

$$\hat{\mathbf{x}} = \frac{\alpha}{\lambda_1} \mathbf{u}_1, \qquad \hat{\mathbf{y}} - \hat{\mathbf{x}} = \frac{\beta}{\lambda_n} \mathbf{u}_n$$

und $$\frac{\|\hat{\mathbf{y}}-\hat{\mathbf{x}}\|}{\|\hat{\mathbf{x}}\|}=\frac{|\beta|}{|\alpha|}\frac{|\lambda_1|}{|\lambda_n|}=\frac{|\lambda_1|}{|\lambda_n|}\frac{\|\boldsymbol{\delta}\|}{\|\mathbf{b}\|}.$$

Analog zeigt man, daß auch die untere Schranke angenommen wird. Folglich ist das absolute Verhältnis $|\lambda_1|/|\lambda_n|$ von betragsgrößtem zu betragskleinstem Eigenwert maßgebend für die Abschätzung der relativen Änderung der Lösung des LGS bezüglich einer relativen Änderung der rechten Seite. Man nennt

$$K=\frac{|\lambda_1|}{|\lambda_n|}$$

die Konditionszahl – oder einfach auch die Kondition – der Matrix **A**. Offenbar gilt $K \geqslant 1$, und große Konditionszahlen liefern schlechte Fehlerabschätzungen – z. B. bedeutet $K = 100$, daß eine relative Änderung der rechten Seite um 1% eine relative Änderung der Lösung um 100% bewirken kann –, und deshalb spricht man dann auch von schlechter Kondition der Matrix.

Offenbar hat die Einheitsmatrix **I** die Kondition $K = 1$, da deren charakteristisches Polynom $\det(\mathbf{I}-\xi\mathbf{I}) = (1-\xi)^n$ die n-fache Nullstelle $\lambda = 1$ hat. Aber auch andere Matrizen können die Kondition $K = 1$ haben, z. B. die Matrix

$$\mathbf{A}=\begin{pmatrix} 2 & -1 & 2 \\ -1 & 2 & 2 \\ 2 & 2 & -1 \end{pmatrix}$$

mit dem charakteristischen Polynom

$$P(\xi) = -\xi^3 + 3\xi^2 + 9\xi - 27 = -(\xi-3)^2(\xi+3),$$

das offenbar die zweifache Nullstelle $\lambda_1 = \lambda_2 = 3$ sowie die einfache Nullstelle $\lambda_3 = -3$ hat. ■

Übungsaufgaben

1. Sei **A** eine beliebige n-reihige Matrix, und besitze **A** die paarweise verschiedenen Eigenwerte $\lambda_1, \ldots, \lambda_k$, also $\lambda_i \neq \lambda_j$ für $i \neq j$.
Sei $\mathbf{x}_i$ Eigenvektor zu λ_i, $i = 1, \ldots, k$.
Beweisen Sie, daß dann $\{\mathbf{x}_1, \ldots, \mathbf{x}_k\}$ linear unabhängig ist. (Hinweis: Der Beweis läßt sich durch vollständige Induktion nach k führen).

2. Sei **A** eine beliebige n-reihige Matrix mit zwei verschiedenen Eigenwerten λ und μ, $\lambda \neq \mu$. Sei $\hat{\mathbf{x}}$ ein Rechts-Eigenvektor zu λ, also $\mathbf{A}\hat{\mathbf{x}} = \lambda\hat{\mathbf{x}}$, und $\hat{\mathbf{y}}$ ein Links-Eigenvektor zu μ, also $\mathbf{A}^T\hat{\mathbf{y}} = \mu\hat{\mathbf{y}}$. Zeigen Sie: Dann ist $\hat{\mathbf{x}}$ orthogonal zu $\hat{\mathbf{y}}$.

3. a) Zeigen Sie: Eine beliebige n-reihige Matrix ist singulär genau dann, wenn sie einen Eigenwert $\lambda = 0$ besitzt.
b) Folgern Sie mit Hilfe von a), daß eine symmetrische positiv semidefinite Matrix genau dann positiv definit ist, wenn sie regulär ist.

4. a) Zeigen Sie: Ist **A** eine symmetrische n-reihige Matrix mit den Eigenwerten $\lambda_1 = \lambda_2 = \ldots = \lambda_n = 1$, dann ist $\mathbf{A} = \mathbf{I}$. (Hinweis: Korollar 3.25 und Satz 2.18).
b) Suchen Sie ein Beispiel einer (2×2)-Matrix **B**, die die Eigenwerte $\lambda_1 = \lambda_2 = 1$ hat, und für die $\mathbf{B} \neq \mathbf{I}$ gilt (nach a) ist **B** nicht symmetrisch!).

4 Lineare Ungleichungssysteme und Programme

Wir haben uns in Abschnitt 2 eingehend mit linearen Gleichungssystemen befaßt und Lösbarkeitsbedingungen, Lösungsmengen und auch Lösungsverfahren kennengelernt. In Anwendungen treten nun sehr häufig auch lineare Ungleichungen der Form

$$\sum_{j=1}^{n} \alpha_{ij}x_j \leqslant b_i \quad \text{oder} \quad \sum_{j=1}^{n} \alpha_{ij}x_j \geqslant b_i$$

auf, z. B. auf Grund von Kapazitätsbeschränkungen oder von Mindestanforderungen im Rahmen von Produktionsproblemen. Da man jede dieser Ungleichungsformen durch Multiplikation mit (−1) in die andere überführen kann, genügt es, den Fall

$$\sum_{j=1}^{n} \alpha_{ij}x_j \leqslant b_i$$

zu betrachten. Gegeben sei also das Ungleichungssystem

$$\sum_{j=1}^{n} \alpha_{ij}x_j \leqslant b_i, i = 1, \ldots, m. \tag{4.1}$$

Genügt ein $\hat{\mathbf{x}} \in \mathbf{R}^n$ allen Ungleichungen in (4.1), d. h. in Matrix-Vektorschreibweise mit $\mathbf{A} = (\alpha_{ij})$ genügt $\hat{\mathbf{x}}$ der Ungleichung

$$\mathbf{Ax} \leqslant \mathbf{b}, \tag{4.1}$$

wobei eine Vektorungleichung $\mathbf{c} \leqslant \mathbf{d}$ dann und nur dann erfüllt ist, wenn für alle einander entsprechenden Komponenten $c_i \leqslant d_i$ gilt; dann sagen wir, $\hat{\mathbf{x}}$ sei bezüglich (4.1) *zulässig*.

Setzen wir

$$\mathbf{y} = \mathbf{b} - \mathbf{Ax},$$

dann ist offenbar (4.1) mit dem System

$$\mathbf{Ax} + \mathbf{y} = \mathbf{b}, \qquad \mathbf{y} \geqslant \mathbf{o} \tag{4.2}$$

äquivalent im folgenden Sinne: Ist $\hat{\mathbf{x}}$ zulässig in (4.1), dann erfüllen $\hat{\mathbf{x}}$ und $\hat{\mathbf{y}} = \mathbf{b} - \mathbf{A}\hat{\mathbf{x}}$ alle Bedingungen in (4.2); und ist umgekehrt $(\tilde{\mathbf{x}}^T, \tilde{\mathbf{y}}^T)^T$ eine zulässige Lösung von (4.2), d. h. es gilt $\mathbf{A}\tilde{\mathbf{x}} + \tilde{\mathbf{y}} = \mathbf{b}$ und $\tilde{\mathbf{y}} \geqslant \mathbf{o}$, dann ist $\tilde{\mathbf{x}}$ zulässig in (4.1). Die beim Übergang von (4.1) zu (4.2) eingeführten Variablen $y_i \geqslant 0$, $i = 1, \ldots, m$, heißen *Schlupfvariable*. In (4.2) haben wir sowohl *vorzeichenbeschränkte* Variable, nämlich $y_1, \ldots, y_m$, also auch *freie* Variable, nämlich $x_1, \ldots, x_n$. Da man jede reelle Zahl als Differenz zweier nichtnegativer Zahlen darstellen kann, ersetzen wir jede Variable x_i durch die Differenz zweier vorzeichenbeschränkter Variablen x_i^+ und x_i^-, also

$$x_i = x_i^+ - x_i^-, \qquad x_i^+ \geqslant 0, x_i^- \geqslant 0, i = 1, \ldots, n,$$

oder in Vektorschreibweise

$$x = x^+ - x^-, \qquad x^+ \geqslant o, x^- \geqslant o.$$

Damit wird (4.2) zu

$$Ax^+ - Ax^- + y = b, \qquad x^+ \geqslant o, x^- \geqslant o, y \geqslant o. \tag{4.3}$$

Offenbar sind (4.2) und (4.3) äquivalent, da man aus jeder zulässigen Lösung $(\hat{x}^T, \hat{y}^T)^T$ von (4.2) eine zulässige Lösung von (4.3) konstruieren kann, indem man eine Darstellung $\hat{x} = \hat{x}^+ - \hat{x}^-$ mit $\hat{x}^+ \geqslant o$, $\hat{x}^- \geqslant o$ bestimmt, und umgekehrt erhält man aus jeder zulässigen Lösung $\begin{pmatrix} \tilde{x}^+ \\ \tilde{x}^- \\ y \end{pmatrix}$ mit $\tilde{x} = \tilde{x}^+ - \tilde{x}^-$ eine zulässige Lösung $\begin{pmatrix} \tilde{x} \\ \tilde{y} \end{pmatrix}$ von (4.2).

Folglich können wir fortan, wenn es uns praktisch erscheint, davon ausgehen, ein Ungleichungssystem sei in der Standardform

$$Ax = b, \qquad x \geqslant o \tag{4.4}$$

gegeben.

4.1 Der zulässige Bereich

Nach Satz 2.21 ist das Gleichungssystem $Ax = b$ in (4.4) dann und nur dann lösbar, wenn

$$rg(A) = rg(A, b)$$

gilt. Ist A nach wie vor eine $(m \times n)$-Matrix und ist $rg(A) = rg(A, b) = r$ mit $r < m$, und nehmen wir ohne Einschränkung der Allgemeinheit an, daß gerade die ersten r Zeilen von A linear unabhängig sind, dann ist jede der $m - r$ letzten Zeilen von (A, b) linear abhängig von den ersten r Zeilen von (A, b). Folglich ist jede Lösung der ersten r Gleichungen von $Ax = b$ auch eine Lösung der letzten $m - r$ Gleichungen, die wir daher weglassen können, ohne dadurch die Lösungsmenge des Gleichungssystems zu verändern. Um gelegentlich Schreibarbeit zu sparen, können wir dann also ohne Einschränkung der Allgemeinheit voraussetzen:

$$\text{Falls } rg(A) = rg(A, b), \text{ dann ist } rg(A) = m. \tag{4.5}$$

Falls wir unser Ungleichungssystem in der Standardform (4.4) aus einem Ungleichungssystem der Form (4.1) durch Einführen von Schlupfvariablen erhalten haben, ist (4.5) von selbst erfüllt, da dann die Koeffizienten der Schlupfvariablen gerade eine m-reihige Einheitsmatrix bilden.

Bei der Behandlung linearer Ungleichungssysteme taucht der Begriff der z u l ä s s i g e n B a s i s l ö s u n g sehr oft auf.

Definition 4.1 *Eine zulässige Lösung* $\hat{x}$ *des Ungleichungssystems* (4.4) *ist eine* z u - l ä s s i g e B a s i s l ö s u n g , *wenn gilt: Die Matrixspalten* $\{A_i | i \in I\}$ *von* A *mit* $I = \{i | \hat{x}_i > 0\}$ *sind linear unabhängig.*

Wir zeigen zunächst, daß ein zulässiges Ungleichungssystem (4.4), d. h. ein solches, das eine zulässige Lösung besitzt, stets auch mindestens eine zulässige Basislösung hat.

Satz 4.1 *Ist* $b \neq o$ *und das Ungleichungssystem* (4.4) *zulässig, dann besitzt* (4.4) *mindestens eine zulässige Basislösung.*

Beweis: Sei $\tilde{x}$ zulässig in (4.4), d. h. es gilt

$$A\tilde{x} = b, \qquad \tilde{x} \geqslant o.$$

Ist $I_0 = \{i \mid \tilde{x}_i > 0\}$, dann ist $\{A_i \mid i \in I_0\}$ nach Definition 4.1 linear abhängig, falls $\tilde{x}$ keine Basislösung ist. Folglich hat das homogene lineare Gleichungssystem (HLGS)

$$\sum_{i \in I_0} \xi_i A_i = 0$$
$$\xi_i = 0, \qquad i \notin I_0,$$

eine nichttriviale Lösung $\xi^{(0)}$, wobei wir annehmen können, daß $\xi_i^{(0)} < 0$ für wenigstens ein $i \in I_0$ gilt, denn mit $\xi^{(0)}$ ist erforderlichenfalls auch $-\xi^{(0)}$ eine nichttriviale Lösung des HLGS. Bestimmen wir λ_0 so, daß

$$\lambda_0 = \max\{\lambda \mid \tilde{x}_i + \lambda\xi_i^{(0)} \geqslant 0, i \in I_0\},$$

dann ist $\lambda_0 > 0$ wegen $\tilde{x}_i > 0 \; \forall \, i \in I_0$, und

$$x^{(1)} = \tilde{x} + \lambda_0 \xi^{(0)}$$

ist eine neue zulässige Lösung von (4.4), da $A\xi^{(0)} = o$ und $\tilde{x} + \lambda_0\xi^{(0)} \geqslant o$ nach Konstruktion, wobei

$$x_i^{(1)} = 0, \qquad i \notin I_0,$$

und $x_i^{(1)} = 0$ für mindestens ein $i \in I_0$, da $\xi_i^{(0)} < 0$ für wenigstens ein $i \in I_0$. Also gilt für $I_1 = \{i \mid x_i^{(1)} > 0\}$, daß

$$I_1 \subset I_0 \quad \text{und} \quad I_1 \neq I_0.$$

Ist $x^{(1)}$ noch keine zulässige Basislösung von (4.4), so hat das HLGS

$$\sum_{i \in I_1} \xi_i A_i = 0$$
$$\xi_i = 0, \qquad i \notin I_1,$$

eine nichttriviale Lösung $\xi^{(1)}$ mit $\xi_i^{(1)} < 0$ für mindestens ein $i \in I_1$. Mit

$$\lambda_1 = \max\{\lambda \mid x_i^{(1)} + \lambda\xi_i^{(1)} \geqslant 0, i \in I_1\}$$

ist dann

$$x^{(2)} = x^{(1)} + \lambda_1 \xi^{(1)}$$

wieder zulässig in (4.4), wobei

$$I_2 = \{i \mid x_i^{(2)} > 0\} \subset I_1, I_2 \neq I_1.$$

Ist auch $\mathbf{x}^{(2)}$ keine Basislösung, d. h. ist $\{\mathbf{A}_i \mid i \in I_2\}$ linear abhängig, so führen wir denselben Schritt wie oben wieder durch, usw. Da $\mathbf{b} \neq \mathbf{o}$ vorausgesetzt war und nach Konstruktion

$$\sum_{i \in I_k} x_i^{(k)} \mathbf{A}_i = \mathbf{b}$$

$$\mathbf{x}^{(k)} \geqslant \mathbf{o}$$

gilt für k = 1, 2, ..., muß diese Prozedur nach höchstens n − 1 Schritten enden mit einer zulässigen Lösung $\mathbf{x}^{(r)}$ mit $I_r = \{i \mid x_i^{(r)} > 0\} \neq \emptyset$, für die das HLGS

$$\sum_{i \in I_r} \xi_i \mathbf{A}_i = \mathbf{o}$$

$$\xi_i = 0, \qquad i \notin I_r,$$

keine nichttriviale Lösung mehr hat. Also ist $\{\mathbf{A}_i \mid i \in I_r\}$ linear unabhängig. ∎

Wir haben uns im Anschluß an Satz 2.21 klargemacht, daß ein lineares Gleichungssystem

$$\mathbf{A}\mathbf{x} = \mathbf{b}$$

mit $\mathrm{rg}(\mathbf{A}) = \mathrm{rg}(\mathbf{A}, \mathbf{b})$ genau dann eindeutig lösbar ist und somit eine beschränkte Lösungsmenge besitzt, wenn

$$\{\mathbf{y} \mid \mathbf{A}\mathbf{y} = \mathbf{o}\} = \{\mathbf{o}\}$$

gilt. Hat hingegen das HLGS

$$\mathbf{A}\mathbf{y} = \mathbf{o}$$

eine nichttriviale Lösung $\hat{\mathbf{y}}$, dann ist auch $\lambda\hat{\mathbf{y}}$ $\forall \lambda \in \mathbb{R}$ eine Lösung des HLGS, und folglich gilt

$$\mathbf{A}(\hat{\mathbf{x}} + \lambda\hat{\mathbf{y}}) = \mathbf{b} \qquad \forall \lambda \in \mathbb{R}$$

für irgendeine partikuläre Lösung $\hat{\mathbf{x}}$ des LGS $\mathbf{A}\mathbf{x} = \mathbf{b}$. Für eine beliebige Norm, z. B. die euklidische, gilt dann nach der Dreiecksungleichung

$$\|\hat{\mathbf{x}} + \lambda\hat{\mathbf{y}}\| \geqslant |\lambda| \cdot \|\hat{\mathbf{y}}\| - \|\hat{\mathbf{x}}\|,$$

wobei die rechte Seite wegen $\|\hat{\mathbf{y}}\| > 0$ durch passende Wahl von $|\lambda|$ beliebig groß gemacht werden kann. Folglich ist dann die Lösungsmenge des LGS $\mathbf{A}\mathbf{x} = \mathbf{b}$ unbeschränkt.

Für die Lösungsmenge $\{\mathbf{x} \mid \mathbf{A}\mathbf{x} = \mathbf{b}, \mathbf{x} \geqslant 0\}$ eines linearen Ungleichungssystems, den sog. z u l ä s s i g e n B e r e i c h , gilt nun

Satz 4.2 *Ist das Ungleichungssystem* (4.4) *zulässig, dann ist der zulässige Bereich beschränkt genau dann, wenn* $\{\mathbf{y} \mid \mathbf{A}\mathbf{y} = \mathbf{o}, \mathbf{y} \geqslant \mathbf{o}\} = \{\mathbf{o}\}$.

B e w e i s : Nach Voraussetzung ist der zulässige Bereich

$$\mathfrak{B} = \{\mathbf{x} \mid \mathbf{A}\mathbf{x} = \mathbf{b}, \mathbf{x} \geqslant \mathbf{o}\} \neq \emptyset.$$

Sei daher $\hat{\mathbf{x}} \in \mathfrak{B}$. Gibt es ein $\hat{\mathbf{y}} \neq \mathbf{o}$ mit $\mathbf{A}\hat{\mathbf{y}} = \mathbf{o}$ und $\hat{\mathbf{y}} \geqslant 0$, dann gilt offenbar

$$\hat{\mathbf{x}} + \lambda\hat{\mathbf{y}} \in \mathfrak{B} \qquad \forall \lambda \geqslant 0.$$

Folglich gilt wie oben die Normabschätzung

$$\|\hat{x} + \lambda\hat{y}\| \geqslant \lambda \|\hat{y}\| - \|\hat{x}\|,$$

so daß die zulässigen Lösungen $\hat{x} + \lambda\hat{y}$ mit $\lambda > 0$ von beliebig großer Norm sein können. Somit folgt aus der Beschränktheit von $\mathfrak{B}$, d. h. der Existenz einer Schranke γ mit $\|x\| \leqslant \gamma \ \forall\, x \in \mathfrak{B}$, daß $\{y \mid Ay = o, y \geqslant o\} = \{o\}$ gelten muß.
Sei nun $\mathfrak{B}$ unbeschränkt, d. h. $\forall\, n \ \exists\, x^{(n)} \in \mathfrak{B}$ mit $\|x^{(n)}\| \geqslant n$, wobei wir die euklidische Norm benutzen.
Entgegen der Behauptung des Satzes nehmen wir nun an, daß

$$Ay \neq o \quad \text{für alle } y \text{ mit } y \geqslant o, y \neq o. \tag{4.6}$$

Aus (4.6) folgt insbesondere, daß

$$\|Ay\| > 0 \qquad \forall\, y \in \mathfrak{K}_+ = \{y \mid \|y\| = 1, y \geqslant o\}.$$

Daraus folgt, daß analog wie im Beweis von Satz 3.22

$$\gamma^2 = \min_{y \in \mathfrak{K}_+} y^T A^T A y = \min_{y \in \mathfrak{K}_+} \|Ay\|^2$$

existiert und $\gamma^2 > 0$ gilt. Folglich gilt

$$\|Ay\| \geqslant \gamma > 0 \qquad \forall\, y \in \mathfrak{K}_+.$$

Für die oben eingeführten $x^{(n)} \in \mathfrak{B}$ gilt nun

$$Ax^{(n)} = b, \qquad x^{(n)} \geqslant o, \qquad \|x^{(n)}\| \geqslant n$$

und folglich mit

$$z^{(n)} = \frac{x^{(n)}}{\|x^{(n)}\|}$$

$$z^{(n)} \in \mathfrak{K}_+ \quad \text{und} \quad \|Az^{(n)}\| = \frac{\|b\|}{\|x^{(n)}\|} \leqslant \frac{\|b\|}{n},$$

was für $n > \dfrac{\|b\|}{\gamma}$ der oben hergeleiteten Ungleichung

$$\|Ay\| \geqslant \gamma \qquad \forall\, y \in \mathfrak{K}_+$$

widerspricht. Also ist die Annahme (4.6) mit der vorausgesetzten Unbeschränktheit von $\mathfrak{B}$ nicht vereinbar und damit der Satz bewiesen. ■

Der zulässige Bereich $\mathfrak{B}$ von (4.4) ist eine **konvexe Menge**, d. h. mit $\hat{x} \in \mathfrak{B}$ und $\hat{y} \in \mathfrak{B}$ ist offensichtlich auch $\lambda\hat{x} + (1 - \lambda)\,\hat{y} \in \mathfrak{B} \ \forall \in (0, 1)$ (vgl. [1]); oder anschaulich ausgedrückt: Zu je zwei zulässigen Lösungen gehört auch deren Verbindungsstrecke zu $\mathfrak{B}$. Mit vollständiger Induktion zeigt man leicht, daß dann auch mit $x_i \in \mathfrak{B}$, $i = 1, \ldots, k$, stets $\sum_{i=1}^{k} \lambda_i x_i \in \mathfrak{B}$ gilt, wenn $\lambda_i \geqslant 0 \ \forall_i$ und $\sum_{i=1}^{k} \lambda_i = 1$ ist.

Eine Linearkombination $\sum_{i=1}^{k} \lambda_i x_i$ mit $\lambda_i \geqslant 0 \; \forall_i$ und $\sum_{i=1}^{k} \lambda_i = 1$ nennen wir eine konvexe Linearkombination oder kurz eine Konvexkombination der Vektoren $x_1, \ldots, x_k$.

Im folgenden wollen wir zeigen, daß der zulässige Bereich eines Ungleichungssystems (4.4) durch seine zulässigen Basislösungen dargestellt werden kann, sofern er beschränkt ist.

Satz 4.3 *Ist* $b \neq o$ *und der zulässige Bereich von* (4.4) *beschränkt, dann ist jede zulässige Lösung von* (4.4) *eine Konvexkombination von zulässigen Basislösungen.*

Beweis: Da der zulässige Bereich $\mathbb{B}$ von (4.4) nach Voraussetzung beschränkt ist, gilt nach Satz 4.2 für jeden Vektor y, der $Ay = o$ und $y \neq o$ genügt,

$y_i > 0$ für mindestens ein i

und $y_j < 0$ für mindestens ein j.

Sei für $x \in \mathbb{B}$ $I(x) = \{i \mid x_i > 0\}$ und $|I(x)|$ die Anzahl der Elemente von $I(x)$, also die Anzahl nicht verschwindender Komponenten von x. Wir führen den Beweis durch Induktion nach dieser Anzahl.

Sei $|I(x)| = 1$. Jede zulässige Lösung x mit $|I(x)| = 1$ – sofern es überhaupt welche gibt – ist nach Definition 4.1 wegen $b \neq o$ notwendig eine Basislösung, also mit $x = 1 \cdot x$ eine Konvexkombination einer zulässigen Basislösung.

Sei die Behauptung für alle zulässigen x mit $|I(x)| \leqslant r$ erfüllt, d. h. jede zulässige Lösung x mit $|I(x)| \leqslant r$ sei Konvexkombination von zulässigen Basislösungen. Ist nun $\hat{x}$ eine zulässige Lösung mit $|I(\hat{x})| = r + 1$, dann ist entweder $\{A_i \mid i \in I(\hat{x})\}$ linear unabhängig und daher $\hat{x}$ selbst eine Basislösung, so daß wir mit $\hat{x} = 1 \cdot \hat{x}$ die Konvexkombination einer zulässigen Basislösung haben; oder $\{A_i \mid i \in I(\hat{x})\}$ ist linear abhängig. Dann hat das HLGS

$$\begin{aligned} Ay &= o \\ y_i &= 0, \qquad i \notin I(\hat{x}) \end{aligned}$$

eine nichttriviale Lösung $\hat{y}$, für die nach der ersten Bemerkung dieses Beweises für je mindestens ein $\mu \in I(\hat{x})$ und ein $\nu \in I(\hat{x})$

$$\hat{y}_\mu > 0 \quad \text{und} \quad \hat{y}_\nu < 0$$

gelten.

Ist $\alpha = \max \{\lambda \mid \hat{x} + \lambda\hat{y} \geqslant o\}$ und $\beta = \min \{\lambda \mid \hat{x} + \lambda\hat{y} \geqslant o\}$, dann sind $\alpha > 0$ und $\beta < 0$, da $\hat{y}_i = 0 \; \forall \, i \notin I(\hat{x})$.

Seien $v = \hat{x} + \alpha\hat{y}$ und $w = \hat{x} + \beta\hat{y}$. Dann sind v und w nach Konstruktion zulässig, und es gelten $|I(v)| \leqslant r$ und $|I(w)| \leqslant r$. Somit haben v und w nach Induktionsvoraussetzung die Darstellungen

$$v = \sum_{i=1}^{\rho} \lambda_i z^{(i)}, \qquad \lambda_i \geqslant 0 \; \forall \, i, \; \sum_{i=1}^{\rho} \lambda_i = 1,$$

$$w = \sum_{i=1}^{\rho} \mu_i z^{(i)}, \qquad \mu_i \geqslant 0 \;\forall\, i, \;\sum_{i=1}^{\rho} \mu_i = 1.$$

Dabei sei $\{z^{(1)}, \ldots, z^{(\rho)}\}$ die Menge aller zulässigen Basislösungen von (4.4), und die in der jeweiligen Konvexkombination nicht benötigten haben dort den Koeffizienten Null.

Aus $\quad v = \hat{x} + \alpha\hat{y} \qquad w = \hat{x} + \beta\hat{y}$

folgt $\quad \dfrac{-\beta}{\alpha-\beta} v + \dfrac{\alpha}{\alpha-\beta} w = \hat{x},$

so daß für $\tau = \dfrac{-\beta}{\alpha-\beta}$

$$\tau v + (1-\tau) w = \hat{x}, \qquad 0 < \tau < 1$$

gilt. Damit wird schließlich

$$\hat{x} = \tau \sum_{i=1}^{\rho} \lambda_i z^{(i)} + (1-\tau) \sum_{i=1}^{\rho} \mu_i z^{(i)}$$

$$= \sum_{i=1}^{\rho} [\tau\lambda_i + (1-\tau)\mu_i] z^{(i)}$$

mit $\quad \tau\lambda_i + (1-\tau)\mu_i \geqslant 0 \;\forall\, i$

und $\quad \sum_{i=1}^{\rho} [\tau\lambda_i + (1-\tau)\mu_i] = \tau \sum_{i=1}^{\rho} \lambda_i + (1-\tau) \sum_{i=1}^{\rho} \mu_i = \tau + (1-\tau) = 1,$

d. h. $\hat{x}$ ist auch Konvexkombination der zulässigen Basislösungen $z_1, \ldots, z_\rho$. ∎

Nach Satz 4.2 ist die Menge $\mathbb{K} = \{y \mid Ay = o, y \geqslant o\}$ für die Beurteilung der Beschränktheit des zulässigen Bereiches von (4.4) maßgebend.

Sei $\quad \mathbb{K}_1 = \{y \mid e^T y = 1, y \in \mathbb{K}\}$

mit $e^T = (1, 1, \ldots, 1)$, also der zulässige Bereich von

$$\left\{\begin{array}{l} Ay = o \\ e^T y = 1 \\ \quad y \geqslant o. \end{array}\right. \tag{4.7}$$

Da aus $Ay = o$, $e^T y = 0$, $y \geqslant o$ offenbar $y = o$ folgt, ist $\mathbb{K}_1$ nach Satz 4.2 beschränkt und somit nach Satz 4.3 jede zulässige Lösung von (4.7) eine Konvexkombination der zulässigen Basislösungen $v_1, \ldots, v_\sigma$ von (4.7), sofern $\mathbb{K}_1 \neq \emptyset$ gilt.

Sei nun $\hat{y} \in \mathbb{K}$. Ist $\hat{y} \neq o$, dann gilt mit

$$\delta = \sum_{i=1}^{n} \hat{y}_i > 0, \quad \text{daß} \quad \tilde{y} = \frac{1}{\delta}\hat{y} \in \mathbb{K}_1.$$

Folglich gibt es eine Darstellung

$$\tilde{y} = \sum_{i=1}^{\sigma} \lambda_i v_i \quad \text{mit } \lambda_i \geqslant 0 \; \forall\, i \text{ und } \sum_{i=1}^{\sigma} \lambda_i = 1.$$

Damit gilt

$$\hat{y} = \delta\tilde{y} = \sum_{i=1}^{\sigma} \delta\lambda_i v_i \quad \text{mit } \delta\lambda_i \geqslant 0, i = 1, \ldots, \sigma,$$

d. h. jeder Vektor aus $\mathbb{K}$ ist eine positive Linearkombination aus $v_0 = o$ und den zulässigen Basislösungen von (4.7), die offenbar selbst zu $\mathbb{K}$ gehören.

Definition 4.2 *Seien* $w_1, \ldots, w_k$ *vorgegebene Vektoren des* $\mathbb{R}^n$. *Die Menge der Konvexkombinationen von* $w_1, \ldots, w_k$, *also* $\{x \mid x = \sum_{i=1}^{k} \lambda_i w_i, \lambda_i \geqslant 0 \; \forall\, i, \sum_{i=1}^{k} \lambda_i = 1\}$, *ist ein* k o n v e x e s P o l y e d e r.
Die Menge der positiven Linearkombinationen von $w_1, \ldots, w_k$, *also* $\{y \mid y = \sum_{i=1}^{k} \mu_i w_i, \mu_i \geqslant 0\}$, *ist ein* e n d l i c h e r z e u g t e r k o n v e x e r *Kegel mit dem Erzeugendensystem* $w_1, \ldots, w_k$.

Somit haben wir also gezeigt:

Satz 4.4 $\mathbb{K} = \{y \mid Ay = o, y \geqslant o\}$ *ist ein endlich erzeugter konvexer Kegel. Der Vektor* $v_0 = o$ *zusammen mit den zulässigen Basislösungen* $v_1, \ldots, v_\sigma$ *von* (4.7) *bilden ein Erzeugendensystem von* $\mathbb{K}$.

Mit $v_0 = o$ läßt sich daher jeder Vektor $y \in \mathbb{K}$ darstellen als

$$y = \sum_{i=0}^{\sigma} \mu_i v_i \quad \text{mit } \mu_i \geqslant 0, i = 0, \ldots, \sigma,$$

Wir haben weder behauptet noch vorausgesetzt, daß (4.7) überhaupt zulässige Basislösungen hat, d. h. es kann $\sigma = 0$ sein. Dann ist aber nach Satz 4.1 das System (4.7) unzulässig, woraus sofort $\mathbb{K} = \{o\}$ folgt, wofür Satz 4.4 offensichtlich wegen $o = \mu_0 o \;\; \forall\, \mu_0 \geqslant 0$ auch stimmt.
Danach können wir nun den zulässigen Bereich des Ungleichungssystems 4.4 einfach beschreiben:

Satz 4.5 *Sei* $\mathbb{B} = \{x \mid Ax = b, x \geqslant o\}$ und $b \neq o$. *Sei* $\{z_1, \ldots, z_\rho\}$ *die Menge aller zulässigen Basislösungen von* (4.4) *und* $\mathbb{P}$ *das damit definierte konvexe Polyeder:*

$$\mathbb{P} = \{x \mid x = \sum_{i=1}^{\rho} \lambda_i z_i, \lambda_i \geqslant 0 \; \forall\, i, \sum_{i=1}^{\rho} \lambda_i = 1\}.$$

Sei $\mathbb{K} = \{y \mid Ay = o, y \geqslant o\}$ *der durch die Menge* $\{v_0, \ldots, v_\sigma\}$ *gemäß* Satz 4.4 *erzeugte Kegel:*

$$\mathbb{K} = \{y \mid y = \sum_{i=0}^{\sigma} \mu_i v_i, \qquad \mu_i \geqslant 0 \; \forall\, i\}.$$

Ist $\hat{x} \in \mathbb{B}$, *dann existieren ein* $\hat{w} \in \mathbb{P}$ *und ein* $\hat{y} \in \mathbb{K}$ *derart, daß* $\hat{x} = \hat{w} + \hat{y}$ *gilt, d. h. es gibt eine Darstellung*

$$\hat{x} = \sum_{i=1}^{\rho} \lambda_i z_i + \sum_{j=0}^{\sigma} \mu_j v_j$$

$$\textit{mit } \lambda_i \geqslant 0, \forall\, i, \mu_j \geqslant 0, \forall\, j, \textit{und } \sum_{i=1}^{\rho} \lambda_i = 1.$$

B e w e i s : Sei $\hat{x} \in \mathbb{B}$. Da $\phi : \mathbb{R}^n \to \mathbb{R}$ gemäß $\phi(y) = e^T y = \sum_{i=1}^{n} y_i$ eine stetige Funktion und $\{y \mid Ay = o, o \leqslant y \leqslant \hat{x}\}$ eine kompakte Menge sind (vgl. [1]), existiert ein $\hat{y}$ mit

$$\begin{aligned} &A\hat{y} = o, \qquad o \leqslant \hat{y} \leqslant \hat{x} \\ \text{und} \quad &e^T \hat{y} = \max\{e^T y \mid Ay = o, o \leqslant y \leqslant \hat{x}\}. \end{aligned} \tag{4.8}$$

Sei damit

$$\tilde{x} = \hat{x} - \hat{y}.$$

Dann ist offenbar $\tilde{x} \in \mathbb{B}$ und

$$\{y \mid Ay = o, o \leqslant y \leqslant \tilde{x}\} = \{o\},$$

da sich andernfalls sofort ein Widerspruch zu (4.8) ergäbe. Also ist mit $I(\tilde{x}) = \{i \mid x_i > 0\}$

$$\{y \mid Ay = o, y_i = 0 \text{ für } i \notin I(\tilde{x}), y \geqslant o\} = \{o\}$$

und daher nach Satz 4.2

$$\mathbb{B}_1 = \{x \mid Ax = b, x_i = 0 \text{ für } i \notin I(\tilde{x}), x \geqslant 0\}$$

beschränkt und nicht leer, da $\tilde{x} \in \mathbb{B}_1$. Also ist $\tilde{x}$ nach Satz 4.3 Konvexkombination der zulässigen Basislösungen des Ungleichungssystems

$$Ax = b, \qquad x_i = 0 \text{ für } i \notin I(\tilde{x}), x \geqslant o,$$

die offensichtlich zulässige Basislösungen des Systems

$$Ax = b, \qquad x \geqslant o$$

sind. Also gilt $\tilde{x} \in \mathbb{P}$. Da nach Konstruktion $\hat{y} \in \mathbb{K}$ und $\hat{x} = \tilde{x} + \hat{y}$ gelten, ist die Behauptung bewiesen. ■

Da mit $w \in \mathbb{P}$ und $u \in \mathbb{K}$ offenbar auch $w + u \in \mathbb{B}$ gilt, können wir Satz 4.5 auch so formulieren: Der zulässige Bereich eines linearen Ungleichungssystems ist die algebraische Summe eines konvexen Polyeders und eines endlich erzeugten konvexen Kegels.

4.2 Lineare Programme

Am häufigsten treten lineare Ungleichungssysteme – jedenfalls in ökonomischen Problemen – im Zusammenhang mit der sog. linearen Programmierung auf. Unter einem linearen Programm versteht man die Aufgabe, eine lineare Funktion von n Variablen, die sog. Zielfunktion, zu minimieren (oder maximieren), wobei die Variablen einem linearen Ungleichungssystem, etwa in unserer Standardform (4.4), genügen müssen. Mit dem gegebenen Vektor $c \in \mathbf{R}^n$ haben wir also eine Aufgabe der Form

$$\min \{\mathbf{c}^T \mathbf{x} \,|\, \mathbf{A}\mathbf{x} = \mathbf{b}, \mathbf{x} \geqslant \mathbf{o}\} \tag{4.9}$$

vor uns.

Beispiel 4.1 Betrachten wir noch einmal das Produktionsproblem von Beispiel 2.1, und nehmen wir an, für die mögliche Produktion der drei verschiedenen Güter stehen wöchentlich an Energie höchstens

$$e = 420 \text{ KWh}$$

und an Arbeit höchstens

$$a = 280 \text{ Mannstunden}$$

entsprechend 7 Arbeitern zur Verfügung. Damit müssen die wöchentlich produzierten Mengen x_1, x_2 und x_3 der drei Güter den Ungleichungen

$$2x_1 + x_2 + 3x_3 \leqslant 420$$
$$x_1 + 4x_2 + 2x_3 \leqslant 280$$

sowie den Vorzeichenbeschränkungen

$$x_1 \geqslant 0, x_2 \geqslant 0, x_3 \geqslant 0$$

genügen. Mit den Schlupfvariablen z_1 und z_2 erhalten wir daraus das Ungleichungssystem in unserer Standardform (4.4)

$$2x_1 + x_2 + 3x_3 + z_1 = 420$$
$$x_1 + 4x_2 + 2x_3 + z_2 = 280$$
$$x_j \geqslant 0, j = 1, 2, 3$$
$$z_i \geqslant 0, i = 1, 2,$$

also

$$\mathbf{A}\mathbf{x} = \mathbf{b}$$
$$\mathbf{x} \geqslant 0$$

mit $\mathbf{x}^T = (x_1, x_2, x_3, z_1, z_2)$,

$$\mathbf{A} = \begin{pmatrix} 2 & 1 & 3 & 1 & 0 \\ 1 & 4 & 2 & 0 & 1 \end{pmatrix} \quad \text{und} \quad \mathbf{b} = \begin{pmatrix} 420 \\ 280 \end{pmatrix}.$$

Betragen die Gewinne pro Einheit für die drei Güter $g_1 = 5$, $g_2 = 10$ und $g_3 = 8$ Geldeinheiten, dann beläuft sich der wöchentliche Gesamtgewinn auf

$$5x_1 + 10x_2 + 8x_3,$$

also auf

$$g^T x \quad \text{mit} \quad g^T = (5, 10, 8, 0, 0).$$

Naheliegenderweise wird der Betrieb versuchen, diesen Gewinn zu maximieren, also die Aufgabe

$$\max \{g^T x \mid Ax = b, x \geqslant o\}$$

zu lösen, was wegen der allgemein gültigen Beziehung

$$\max \{f(x) \mid x \in \mathcal{B}\} = -\min \{-f(x) \mid x \in \mathcal{B}\}$$

gleichbedeutend ist mit der Lösung der Aufgabe

$$\min \{-g^T x \mid Ax = b, x \geqslant o\},$$

deren Optimalwert man dann mit (-1) zu multiplizieren hat. ■

Das lineare Programm (LP) (4.9) kann sicher nicht gelöst werden, wenn der z u l ä s s i g e B e r e i c h

$$\mathcal{B} = \{x \mid Ax = b, x \geqslant o\}$$

leer ist, d. h. wenn das Ungleichungssystem $Ax = b$, $x \geqslant o$ keine zulässige Lösung besitzt. Das (LP) (4.9) ist aber offenbar auch unlösbar, wenn die Z i e l f u n k t i o n über dem zulässigen Bereich $\mathcal{B}$ nach unten unbeschränkt ist, wenn also zu jeder natürlichen Zahl n ein $x_n \in \mathcal{B}$ existiert derart, daß $c^T x_n \leqslant -n$ gilt.

Satz 4.6 *Sei* $\mathcal{B} = \{x \mid Ax = b, x \geqslant o\} \neq \emptyset$. *Die Zielfunktion von* (4.9) *ist nach unten beschränkt genau dann, wenn*

$$c^T y \geqslant 0 \ \forall y \in \mathcal{K} = \{y \mid Ay = o, y \geqslant o\}.$$

B e w e i s : Nehmen wir zunächst an, die Zielfunktion sei auf $\mathcal{B}$ nach unten beschränkt. Dann gibt es also eine Zahl γ derart, daß

$$c^T x \geqslant \gamma \qquad \forall x \in \mathcal{B}.$$

Gäbe es nun ein $\tilde{y} \in \mathcal{K}$ mit $c^T \tilde{y} < 0$, dann wäre für ein beliebiges $\tilde{x} \in \mathcal{B}$ auch

$$\tilde{x} + \lambda \tilde{y} \in \mathcal{B} \qquad \forall \lambda \geqslant 0,$$

und $\quad c^T(\tilde{x} + \lambda \tilde{y}) = c^T \tilde{x} + \lambda c^T \tilde{y}$

würde mit wachsendem λ beliebig klein im Widerspruch zu $c^T x \geqslant \gamma \ \forall x \in \mathcal{B}$. Also muß $c^T y \geqslant 0 \ \forall y \in \mathcal{K}$ gelten.

Sei nun umgekehrt vorausgesetzt, daß

$$c^T y \geqslant 0 \qquad \forall y \in \mathcal{K}$$

gilt. Sind $z_1, \ldots, z_\rho$ alle zulässigen Basislösungen in $\mathbb{B}$ und wird $\mathbb{K}$ durch $v_0, \ldots, v_\sigma$ erzeugt, dann läßt sich ein b e l i e b i g e s $x \in \mathbb{B}$, falls $b \neq o$, nach Satz 4.5 darstellen als

$$x = \sum_{i=1}^{\rho} \lambda_i z_i + \sum_{j=0}^{\sigma} \mu_j v_j$$

mit $\quad \mu_j \geqslant 0 \; \forall j, \lambda_i \geqslant 0 \; \forall i$ und $\sum_{i=1}^{\rho} \lambda_i = 1.$

Damit gilt wegen $v_j \in \mathbb{K} \; \forall j$ und $c^T y \geqslant 0 \; \forall y \in \mathbb{K}$

$$c^T x = \sum_{i=1}^{\rho} \lambda_i c^T z_i + \sum_{j=0}^{\sigma} \mu_j c^T v_j$$

$$\geqslant \sum_{i=1}^{\rho} \lambda_i c^T z_i \geqslant \min_{1 \leqslant i \leqslant \rho} c^T z_i,$$

d. h. $\quad c^T x \geqslant \min_{1 \leqslant i \leqslant \rho} c^T z_i \; \forall x \in \mathbb{B}.$

Ist $b = o$, dann ist $\mathbb{B} = \mathbb{K}$ und folglich $c^T x \geqslant 0 \; \forall x \in \mathbb{B}$. ■

Damit folgt sofort

Satz 4.7 *Gilt für das* LP (4.9) $\mathbb{B} \neq \emptyset$ *und für irgendeine Zahl* γ $c^T x \geqslant \gamma \; \forall x \in \mathbb{B}$, *dann ist das* LP *lösbar, d. h. es existiert ein* $\hat{x} \in \mathbb{B}$ *mit* $c^T \hat{x} \leqslant c^T x \; \forall x \in \mathbb{B}$. *Dann gibt es, falls* $b \neq o$, *stets auch eine optimale zulässige Basislösung* z_{i_0} *von* $\mathbb{B}$, *für die also* $c^T z_{i_0} = c^T \hat{x}$ *gilt.*

B e w e i s : Falls $\mathbb{B} \neq \emptyset$ und $c^T x \geqslant \gamma \; \forall x \in \mathbb{B}$, dann muß nach Satz 4.6 die Bedingung

$$c^T y \geqslant 0 \; \forall y \in \mathbb{K} = \{y \mid Ay = o, y \geqslant o\}$$

erfüllt sein. Unter dieser Bedingung haben wir aber für $b \neq o$ im Beweis von Satz 4.6 gezeigt, daß

$$c^T x \geqslant \min_{1 \leqslant i \leqslant \rho} c^T z_i$$

gilt, womit für ein z_{i_0} mit $c^T z_{i_0} = \min_{1 \leqslant i \leqslant \rho} c^T z_i$ die Behauptung bewiesen ist.

Ist $b = o$, dann ist $\hat{x} = o$ eine Lösung von (4.9). ■

Ist also $\mathbb{B} \neq \emptyset$ und $\mathbb{K} = \{y \mid Ay = o, y \geqslant o\} = \{o\}$ und somit nach Satz 4.2 $\mathbb{B}$ beschränkt, dann ist die Bedingung $c^T y \geqslant 0 \; \forall y \in \mathbb{K}$ trivialerweise erfüllt und daher nach Satz 4.6 und 4.7 das LP (4.9) lösbar.

Beispiel 4.2 Unser Produktionsproblem in Beispiel 4.1 lautet:

$$\min \{c^T x \mid Ax = b, x \geqslant o\}$$

mit $\quad c^T = (-5, -10, -8, 0, 0),$

$$A = \begin{pmatrix} 2 & 1 & 3 & 1 & 0 \\ 1 & 4 & 2 & 0 & 1 \end{pmatrix}, \qquad b = \begin{pmatrix} 420 \\ 280 \end{pmatrix}.$$

Da rg(A) = 2 ist, sind in jeder zulässigen Basislösung höchstens zwei Variable positiv. Wir müssen daher alle regulären zweireihigen Untermatrizen **B** von **A** daraufhin untersuchen, ob $\mathbf{B}^{-1}\mathbf{b} \geqslant \mathbf{o}$ gilt, d. h. ob sie eine zulässige Basislösung liefern.

In unserem Fall sind sämtliche 10 zweireihigen Untermatrizen von **A** regulär, aber nicht alle bestimmen eine zulässige Basislösung, wie folgende Tabelle zeigt, in der neben der jeweiligen zweireihigen Untermatrix B und deren Determinante (Regularität!) die zugehörigen Werte der Basisvariablen, also die nichtverschwindenden Variablen, sowie der Wert der Zielfunktion angegeben ist, wobei wir die Unzulässigkeit mit $\mathbf{c}^T\mathbf{x} = +\infty$ hervorheben.

B	det **B**	Basisvariable	$\mathbf{c}^T\mathbf{x}$
$\begin{pmatrix} 2 & 1 \\ 1 & 4 \end{pmatrix}$	7	$x_1 = 200, x_2 = 20$	−1200
$\begin{pmatrix} 2 & 3 \\ 1 & 2 \end{pmatrix}$	1	$x_3 = 140$	−1120
$\begin{pmatrix} 2 & 1 \\ 1 & 0 \end{pmatrix}$	− 1	$x_1 = 280, x_4 = -140$	∞
$\begin{pmatrix} 2 & 0 \\ 1 & 1 \end{pmatrix}$	2	$x_1 = 210, x_5 = 70$	−1050
$\begin{pmatrix} 1 & 3 \\ 4 & 2 \end{pmatrix}$	−10	$x_3 = 140$	−1120
$\begin{pmatrix} 1 & 1 \\ 4 & 0 \end{pmatrix}$	− 4	$x_2 = 70, x_4 = 350$	− 700
$\begin{pmatrix} 1 & 0 \\ 4 & 1 \end{pmatrix}$	1	$x_2 = 420, x_5 = -1400$	∞
$\begin{pmatrix} 3 & 1 \\ 2 & 0 \end{pmatrix}$	− 2	$x_3 = 140$	−1120
$\begin{pmatrix} 3 & 0 \\ 2 & 1 \end{pmatrix}$	3	$x_3 = 140$	−1120
$\begin{pmatrix} 1 & 0 \\ 0 & 1 \end{pmatrix}$	1	$x_4 = 420, x_5 = 280$	0

Der minimale Zielfunktionswert einer zulässigen Basislösung ist also −1200 für die zulässige Lösung $x_1 = 200, x_2 = 20, x_3 = x_4 = x_5 = 0$. Da $\{\mathbf{y} \mid \mathbf{A}\mathbf{y} = \mathbf{o}, \mathbf{y} \geqslant \mathbf{o}\} = \{\mathbf{o}\}$ in unserem Beispiel offensichtlich gilt, haben wir nach Satz 4.6 und 4.7 unsere Aufgabe gelöst. Unter Beachtung der Kapazitätsbeschränkungen bzgl. Arbeit und Energie beträgt der maximal mögliche wöchentliche Gesamtgewinn also 1200 Geldeinheiten und wird mit der Produktion von 200 Einheiten des ersten Gutes und 20 Einheiten des zweiten Gutes erzielt, während das dritte Produkt nicht hergestellt wird. ∎

Natürlich kann man Linearprogramme mit einigen hundert Nebenbedingungen und Variablen nicht auf die in Beispiel 4.2 demonstrierte Art in vernünftiger Zeit lösen. Bei einem LP mit 100 Gleichungs-Restriktionen – den linearen Gleichungen in (4.9) – und 200 vorzeichenbeschränkten Variablen wären dann $\binom{200}{100}$ quadratische Untermatrizen **B** der Koeffizientenmatrix **A** auf Regulärität zu untersuchen und ggfs. die Lösungen der linearen Gleichungssysteme $\mathbf{Bz} = \mathbf{b}$ zu bestimmen und auf Zulässigkeit zu prüfen und schließlich der jeweilige Zielfunktionswert zu ermitteln, ein Vorgehen also, das sich offenbar von selbst verbietet. Wir wollen hier das einschlägige und auf Rechenanlagen am weitesten verbreitete Verfahren zur Lösung von Linearprogrammen, das sog. Simplexverfahren, skizzieren. Für eine eingehende Behandlung technischer Details müssen wir allerdings auf die entsprechenden Lehrbücher des Operations Research bzw. der Mathematischen Optimierung verweisen.

Wir setzen jetzt gemäß (4.5) voraus, daß im LP (4.9)

$$\min \{\mathbf{c}^T\mathbf{x} \mid \mathbf{Ax} = \mathbf{b}, \mathbf{x} \geqslant 0\}$$

mit der (m x n)-Matrix **A** bereits

$$\mathrm{rg}(\mathbf{A}) = m$$

gilt, und daß die ersten m Spalten von **A** linear unabhängig sind und eine zulässige Basislösung definieren, was nötigenfalls durch Vertauschung von Spalten von **A** und – entsprechend – von Komponenten von **x** erreichbar ist, sofern unser LP überhaupt zulässige Lösungen besitzt. Mit anderen Worten nehmen wir also an, es sei

$$\mathbf{A} = (\mathbf{B}, \mathbf{D})$$

und es gelte

$$\mathbf{B}^{-1}\mathbf{b} \geqslant \mathbf{o}.$$

Führen wir für den Zielfunktionswert die Variable ξ ein, dann können wir unser LP auch schreiben als

$$\min \xi \tag{4.10}$$

$$\text{bzgl.} \quad \begin{pmatrix} 1 & -\tilde{\mathbf{c}}^T & -\mathbf{d}^T \\ \mathbf{o} & \mathbf{B} & \mathbf{D} \end{pmatrix} \begin{pmatrix} \xi \\ \tilde{\mathbf{x}} \\ \mathbf{y} \end{pmatrix} = \begin{pmatrix} 0 \\ \mathbf{b} \end{pmatrix} \tag{4.11}$$

$$\tilde{\mathbf{x}} \geqslant 0, \mathbf{y} \geqslant 0 \tag{4.12}$$

wobei $\tilde{\mathbf{c}}^T = (c_1, \ldots, c_m)$, $\quad \tilde{\mathbf{x}}^T = (x_1, \ldots, x_m)$,

$\mathbf{d}^T = (c_{m+1}, \ldots, c_n)$, $\quad \mathbf{y}^T = (x_{m+1}, \ldots, x_n)$.

Lösen wir (4.11) mit dem Gauß-Jordan-Verfahren nach $\begin{pmatrix} \xi \\ \tilde{\mathbf{x}} \end{pmatrix}$ auf, dann erhalten wir wegen

$$\begin{pmatrix} 1 & -\tilde{c}^T \\ o & B \end{pmatrix}^{-1} = \begin{pmatrix} 1 & \tilde{c}^T B^{-1} \\ o & B^{-1} \end{pmatrix}$$

das zu (4.11) äquivalente LGS

$$\begin{pmatrix} 1 & o^T & -d^T + \tilde{c}^T B^{-1} D \\ o & I & B^{-1} D \end{pmatrix} \begin{pmatrix} \xi \\ \tilde{x} \\ y \end{pmatrix} = \begin{pmatrix} \tilde{c}^T B^{-1} b \\ B^{-1} b \end{pmatrix}. \tag{4.13}$$

Setzen wir den Vektor der Nichtbasisvariablen

$$y = o,$$

dann liefert (4.13) als Vektor der Basisvariablen

$$\tilde{x} = B^{-1} b,$$

womit nach unserer Annahme die Vorzeichenbeschränkungen (4.12) erfüllt sind, und für den Zielfunktionswert dieser Basislösung erhalten wir aus (4.13) (mit $y = o$)

$$\xi = \tilde{c}^T B^{-1} b.$$

Offenbar ist (4.13) gleichbedeutend mit dem LGS

$$\begin{pmatrix} \xi \\ \tilde{x} \end{pmatrix} = \begin{pmatrix} \tilde{c}^T B^{-1} b \\ B^{-1} b \end{pmatrix} - \begin{pmatrix} -d^T + \tilde{c}^T B^{-1} D \\ B^{-1} D \end{pmatrix} y, \tag{4.14}$$

das man üblicherweise in Tableauform wie folgt darstellt:

(4.15)

	1	$-y_1$	…	$-y_\rho$	…	$-y_{n-m}$
ξ	α_{00}	α_{01}	…	$\alpha_{0\rho}$	…	$\alpha_{0,n-m}$
$\tilde{x}_1$	α_{10}	α_{11}	…	$\alpha_{1\rho}$	…	$\alpha_{1,n-m}$
⋮	⋮	⋮				
$\tilde{x}_\mu$	$\alpha_{\mu 0}$	$\alpha_{\mu 1}$	…	$\alpha_{\mu\rho}$	…	$\alpha_{\mu,n-m}$
⋮	⋮	⋮				
$\tilde{x}_m$	α_{m1}	α_{m1}	…	$\alpha_{m\rho}$	…	$\alpha_{m,n-m}$

Dieses Tableau ist zu lesen als

$$\begin{aligned} \xi &= \alpha_{00} - \alpha_{01} y_1 \ldots - \alpha_{0\rho} y_\rho \ldots - \alpha_{0,n-m} y_{n-m} \\ \tilde{x}_1 &= \alpha_{10} - \alpha_{11} y_1 \ldots - \alpha_{1\rho} y_\rho \ldots - \alpha_{1,n-m} y_{n-m} \\ &\vdots \\ \tilde{x}_m &= \alpha_{m0} - \alpha_{m1} y_1 \ldots - \alpha_{m\rho} y_\rho \ldots - \alpha_{m,n-m} y_{n-m}. \end{aligned}$$

Gemäß (4.14) muß also gelten:

$$\alpha_{00} = \tilde{c}^T B^{-1} b$$

$$(\alpha_{01}, \ldots, \alpha_{0,n-m}) = (-d^T + \tilde{c}^T B^{-1} D)$$

$$(\alpha_{10}, \ldots, \alpha_{m0})^T = B^{-1}b$$

$$\begin{pmatrix} \alpha_{11} & \cdots & \alpha_{1,n-m} \\ \vdots & & \\ \alpha_{m1} & \cdots & \alpha_{m,n-m} \end{pmatrix} = B^{-1}D.$$

Aus dieser Darstellung folgt die Optimalitätsbedingung der linearen Programmierung, das sog. Simplexkriterium.

Satz 4.8 a) *Ist in* (4.15) $\alpha_{i0} \geqslant 0, i = 1, \ldots, m,$ *und* $\alpha_{0j} \leqslant 0, j = 1, \ldots, n-m,$ *dann ist die zulässige Basislösung*

$$\tilde{x}_i = \alpha_{i0}, \qquad i = 1, \ldots, m$$
$$y_j = 0, \qquad j = 1, \ldots, n-m$$

eine Lösung des LP (4.10) *bis* (4.12) *und* $\xi = \alpha_{00}$ *der Optimalwert der Zielfunktion.*

b) *Ist in* (4.15) $\alpha_{i0} > 0, i = 1, \ldots, m,$ *dann ist die durch* (4.15) *bestimmte zulässige Basislösung*

$$\tilde{x}_i = \alpha_{i0}, \qquad i = 1, \ldots, m$$
$$y_j = 0 \qquad j = 1, \ldots, n-m$$

optimal genau dann, wenn

$$\alpha_{0j} \leqslant 0, \qquad j = 1, \ldots, n-m.$$

Beweis: Da die linearen Gleichungssysteme (4.11) und (4.14) bzw. (4.15) äquivalent sind, erhält man, ausgehend von der zulässigen Basislösung

$$\tilde{x}_i = \alpha_{i0}, \qquad i = 1, \ldots, m$$
$$y_j = 0, \qquad j = 1, \ldots, n-m,$$

jede andere zulässige Lösung von (4.11) durch eine geeignete Wahl der Nichtbasisvariablen y_j, die wegen (4.12) aber der Bedingung

$$y_j \geqslant 0, \qquad j = 1, \ldots, n-m$$

genügen müssen. Folglich gilt unter der Voraussetzung $\alpha_{0j} \leqslant 0, j = 1, \ldots, n-m,$ für den Zielfunktionswert

$$\xi = \alpha_{00} - \sum_{j=1}^{n-m} \alpha_{0j} y_j \geqslant \alpha_{00}$$

für jede andere zulässige Lösung von (4.11) und (4.12), womit Teil a) bewiesen ist. Gilt, wie in Teil b) vorausgesetzt, überdies

$$\alpha_{i0} > 0, \qquad i = 1, \ldots, m$$

– man nennt dann die zugehörige Basislösung

$$\tilde{x}_i = \alpha_{i0}, \qquad i = 1, \ldots, m,$$
$$y_j = 0, \qquad j = 1, \ldots, n-m,$$

nichtdegeneriert – und gäbe es ein $\alpha_{0\rho} > 0$, dann könnten wir mit

$$y_j = 0 \quad \forall j \neq \rho$$

und $\quad y_\rho > 0 \quad$ derart, daß gemäß (4.12)

$$\tilde{x}_i = \alpha_{i0} - \alpha_{i\rho} y_\rho \geq 0$$

erfüllt bleibt, eine neue zulässige Lösung von (4.11) und (4.12) bestimmen, für die dann

$$\xi = \alpha_{00} - \alpha_{0\rho} y_\rho < \alpha_{00}$$

gelten würde. Daraus folgt Teil b) der Behauptung. ∎

Ist ein zulässiges Tableau (4.15) gegeben (d. h. $\alpha_{i0} \geq 0$, $1 \leq i \leq m$), dann verfährt man im Simplexverfahren auf Grund von Satz 4.8 folgendermaßen:
Man prüft zunächst, ob

$$\alpha_{0j} \leq 0, \quad j = 1, \ldots, n-m$$

erfüllt ist. Ist das der Fall, dann hat man gemäß Satz 4.8 bereits eine Lösung des LP's gefunden. Andernfalls wählt man eine Spalte mit

$$\alpha_{0\rho} > 0,$$

die sog. Pivotspalte, aus und versucht, $y_\rho > 0$ unter Beachtung von (4.12) so groß wie möglich zu wählen, d. h. man sucht

$$\max \{y_\rho \mid \tilde{x}_i = \alpha_{i0} - \alpha_{i\rho} y_\rho \geq 0, i = 1, \ldots, m\}.$$

Offenbar liefern hier jene Zeilen i, für die $\alpha_{i\rho} \leq 0$ gilt, keine Einschränkung, d. h. man muß nur die Bedingungen

$$\alpha_{i0} - \alpha_{i\rho} y_\rho \geq 0 \qquad \forall i: \alpha_{i\rho} > 0$$

beachten, d. h. y_ρ ist so zu wählen, daß

$$y_\rho \leq \frac{\alpha_{i0}}{\alpha_{i\rho}} \qquad \forall i: \alpha_{i\rho} > 0$$

gilt. Mithin ist

$$\min_i \left\{ \frac{\alpha_{i0}}{\alpha_{i\rho}} \,\middle|\, \alpha_{i\rho} > 0 \right\}$$

der größtmögliche zulässige Wert von y_ρ. Wird dieses Minimum für die Zeile $i = \mu$, die sog. Pivotzeile, angenommen, dann löst man die $(\mu + 1)$-te Gleichung von (4.15) bzw. von (4.13) nach der Variablen y_ρ auf und setzt den so aus (4.15) bzw. (4.13) erhaltenen Ausdruck für y_ρ in alle übrigen Gleichungen ein. Diese Operation entspricht offenbar genau einem Schritt im Gauß-Jordan-Verfahren. Elementweise ausgeschrieben lautet (4.13)

$$\begin{pmatrix} 1 & 0 \ldots 0 \ldots 0 & \alpha_{01} \ldots \alpha_{0\rho} \ldots \alpha_{0,n-m} \\ o & e_1 \ldots e_\mu \quad e_m & \alpha_{.1} \ldots \alpha_{.\rho} \ldots \alpha_{.n-m} \end{pmatrix} \begin{pmatrix} \xi \\ \tilde{x} \\ y \end{pmatrix} = \begin{pmatrix} \alpha_{00} \\ \alpha_{.0} \end{pmatrix}, \qquad (4.16)$$

wobei $e_i \in \mathbf{R}^m$ der i-te Einheitsvektor und $\alpha_{.j} = (\alpha_{1j}, \ldots, \alpha_{mj})^T$, $j = 0, \ldots, n-m$, sind.

Mit dem Pivotelement $\alpha_{\mu\rho}$, das auf Grund seiner Auswahl streng positiv ist, entspricht ein Schritt des Gauß-Jordan-Verfahrens gemäß (2.60) bis (2.63) der Multiplikation von (4.16) mit der offensichtlich regulären Matrix

$$\mathbf{T} = \begin{pmatrix} 1 & 0 \ldots 0 & -t_{0k} & 0 \ldots\ldots 0 \\ \vdots & & \vdots & \vdots \\ 0 & & -t_{k-1k} & 0 \ldots\ldots 0 \\ 0 & \ldots\ldots 0 & t_{kk} & 0 \ldots\ldots 0 \\ 0 & \ldots\ldots 0 & -t_{k+1k} & 1 \ldots\ldots 0 \\ \vdots & \vdots & \vdots & \vdots \\ 0 & 0 & -t_{mk} & 0 \qquad 1 \end{pmatrix},$$

wobei $k = \mu$ und

$$t_{ik} = \begin{cases} \dfrac{1}{\alpha_{\mu\rho}}, & \text{falls } i = \mu \\[2ex] \dfrac{\alpha_{i\rho}}{\alpha_{\mu\rho}}, & \text{falls } i \neq \mu. \end{cases}$$

Nach Satz 2.23 ist das mit **T** multiplizierte LGS (4.16) äquivalent zu (4.16) und damit zu (4.13) und ist, wie man leicht nachrechnet, von der Form

$$\begin{pmatrix} 1 & 0 \ldots \alpha^*_{0\rho} \ldots 0 & \alpha^*_{01} \ldots 0 \ldots \alpha^*_{0,n-m} \\ \mathbf{o} & \mathbf{e}_1 \ldots \boldsymbol{\alpha}^*_{.\rho} \quad \mathbf{e}_m & \boldsymbol{\alpha}^*_{.1} \ldots \mathbf{e}_\mu \ldots \boldsymbol{\alpha}^*_{.n-m} \end{pmatrix} \begin{pmatrix} \xi \\ \tilde{\mathbf{x}} \\ \mathbf{y} \end{pmatrix} = \begin{pmatrix} \alpha^*_{00} \\ \boldsymbol{\alpha}^*_{.0} \end{pmatrix}. \tag{4.17}$$

In Tableauform ist (4.17) dann zu schreiben als

	1	$-y_1$	$\ldots$	$-\tilde{x}_\mu$	$\ldots$	$-y_{n-m}$
ξ	α^*_{00}	α^*_{01}	$\ldots$	$\alpha^*_{0\rho}$	$\ldots$	$\alpha^*_{0,n-m}$
$\tilde{x}_1$	α^*_{10}	α^*_{11}	$\ldots$	$\alpha^*_{1\rho}$	$\ldots$	$\alpha^*_{1,n-m}$
$\vdots$	$\vdots$	$\vdots$				
y_ρ	$\alpha^*_{\mu 0}$	$\alpha^*_{\mu 1}$	$\ldots$	$\alpha^*_{\mu\rho}$	$\ldots$	$\alpha^*_{\mu,n-m}$
$\vdots$	$\vdots$	$\vdots$				
$\tilde{x}_m$	α^*_{m0}	α^*_{m1}	$\ldots$	$\alpha^*_{m\rho}$	$\ldots$	$\alpha^*_{m,n-m}$

, (4.18)

wobei sich die neuen Koeffizienten durch Multiplikation von (4.16) mit **T** ergeben:

$$\alpha_{ij}^* = \begin{cases} \dfrac{1}{\alpha_{\mu\rho}}, & \text{falls } i = \mu, j = \rho \\[2ex] \dfrac{\alpha_{\mu j}}{\alpha_{\mu\rho}}, & \text{falls } i = \mu, j \neq \rho \\[2ex] -\dfrac{\alpha_{i\rho}}{\alpha_{\mu\rho}}, & \text{falls } i \neq \mu, j = \rho \\[2ex] \alpha_{ij} - \dfrac{\alpha_{i\rho} \cdot \alpha_{\mu j}}{\alpha_{\mu\rho}}, & \text{falls } i \neq \mu, j \neq \rho. \end{cases} \tag{4.19}$$

Für den Übergang von (4.15) zu (4.18) gilt

Satz 4.9 *Ist durch* (4.15) *eine zulässige Basislösung*

$$\tilde{x}_i = \alpha_{i0}, \qquad i = 1, \ldots, m; \; y_j = 0, j = 1, \ldots, n-m,$$

von (4.11) *gegeben, dann liefert* (4.18) *mit* (4.19) *gemäß*

$$\begin{aligned} \tilde{x}_i &= \alpha_{i0}^*, \qquad & i = 1, \ldots, m, i \neq \mu, y_\rho = \alpha_{\mu 0}^*, \\ \tilde{x}_\mu &= 0, & y_j = 0, j = 1, \ldots, n-m, j \neq \rho, \end{aligned}$$

ebenfalls eine zulässige Basislösung von (4.11), *sofern* $\mu \geqslant 1, \rho \geqslant 1$ *so gewählt sind, daß* $\alpha_{\mu\rho} > 0$ *und*

$$\frac{\alpha_{\mu 0}}{\alpha_{\mu\rho}} = \min_i \left\{ \frac{\alpha_{i0}}{\alpha_{i\rho}} \,\middle|\, \alpha_{i\rho} > 0 \right\}$$

gelten. Gilt zusätzlich $\alpha_{0\rho} > 0$ *und* $\alpha_{i0} > 0, i = 1, \ldots, m$, *(d. h. die Basislösung aus* (4.15) *ist nichtdegeneriert und nach* Satz 4.8 b) *nicht optimal), dann ist* $\alpha_{00}^* < \alpha_{00}$.

Beweis: Aus $\alpha_{\mu\rho} > 0$ und $\dfrac{\alpha_{\mu 0}}{\alpha_{\mu\rho}} = \min\limits_i \left\{ \dfrac{\alpha_{i0}}{\alpha_{i\rho}} \,\middle|\, \alpha_{i\rho} > 0 \right\}$ folgt, da $\alpha_{i0} \geqslant 0, i = 1, \ldots, m$, nach Voraussetzung gilt, für $i \neq \mu$

$$\alpha_{i0}^* = \alpha_{i0} - \frac{\alpha_{i\rho}\alpha_{\mu 0}}{\alpha_{\mu\rho}} \geqslant \alpha_{i0} - \frac{\alpha_{i\rho} \cdot \alpha_{i0}}{\alpha_{i\rho}} = 0, \quad \text{falls } \alpha_{i\rho} > 0,$$

und $$\alpha_{i0}^* = \alpha_{i0} - \alpha_{i\rho} \frac{\alpha_{\mu 0}}{\alpha_{\mu\rho}} \geqslant \alpha_{i0} \geqslant 0, \quad \text{falls } \alpha_{i\rho} \leqslant 0;$$

und für $i = \mu$ gilt

$$\alpha_{\mu 0}^* = \frac{\alpha_{\mu 0}}{\alpha_{\mu\rho}} \geqslant 0.$$

Folglich sind für $\tilde{x}_i = \alpha_{i0}^*, i \neq \mu, y_\rho = \alpha_{\mu 0}^*, \tilde{x}_\mu = 0$ und $y_j = 0, j \neq \rho$, die Vorzeichenbeschränkungen (4.12) erfüllt. Diese Lösung genügt auch den Gleichungen (4.11), wie sich aus Satz 2.23 und der Regularität von **T** ergibt, wonach (4.17) – und damit (4.18) –

äquivalent zu (4.16) bzw. (4.13) ist; und (4.13) war nach Annahme äquivalent zu (4.11). Schließlich ist diese neue zulässige Lösung von (4.11) und (4.12) auch Basislösung, denn nach (4.13), (4.16) und (4.17) gilt

$$\mathbf{T}\begin{pmatrix} 1 & -\tilde{\mathbf{c}}^T \\ \mathbf{o} & \mathbf{B} \end{pmatrix}^{-1} \begin{pmatrix} 1 & -c_1 \ldots c_{\mu-1} & -d_\rho & -c_{\mu+1} \ldots -c_m \\ \mathbf{o} & \mathbf{B}_1 \quad \mathbf{B}_{\mu-1} & \mathbf{D}_\rho & \mathbf{B}_{\mu+1} \quad \mathbf{B}_m \end{pmatrix} = \mathbf{I},$$

was nach Satz 2.18 die lineare Unabhängigkeit der Spalten $\mathbf{B}_1, \ldots, \mathbf{B}_{\mu-1}, \mathbf{D}_\rho, \mathbf{B}_{\mu+1}, \ldots, \mathbf{B}_m$ aus $\mathbf{B}$ und $\mathbf{D}$ impliziert.

Gilt $\alpha_{i0} > 0$, $i = 1, \ldots, m$, und daher insbesondere $\alpha_{\mu 0} > 0$, dann folgt aus $\alpha_{0\rho} > 0$ sofort

$$\alpha_{00}^* = \alpha_{00} - \frac{\alpha_{0\rho}\alpha_{\mu 0}}{\alpha_{\mu\rho}} < \alpha_{00}. \qquad \blacksquare$$

Damit können wir nun das S i m p l e x v e r f a h r e n folgendermaßen formulieren:

S c h r i t t 1

Bestimme zu (4.11), (4.12) ein zulässiges Tableau (4.15).

S c h r i t t 2

Falls $\alpha_{0j} \leq 0 \; \forall j \geq 1$, ist nach Satz 4.8 eine Lösung der Aufgabe (4.10) – (4.12) gefunden;

sonst bestimme ein ρ mit $\alpha_{0\rho} > 0$ (Wahl der Pivotspalte).

S c h r i t t 3

Falls $\alpha_{i\rho} \leq 0 \; \forall i \geq 1$, endet das Verfahren, da die Zielfunktion über dem zulässigen Bereich nach unten unbeschränkt ist;

sonst bestimme die Pivotzeile so, daß $\alpha_{\mu\rho} > 0$ und

$$\frac{\alpha_{\mu 0}}{\alpha_{\mu\rho}} = \min_i \left\{ \frac{\alpha_{i0}}{\alpha_{i\rho}} \middle| \alpha_{i\rho} > 0 \right\}.$$

S c h r i t t 4

Tausche im Tableau (4.15) $\tilde{x}_\mu$ gegen y_ρ aus und berechne die Elemente des neuen Tableaus (4.18) gemäß (4.19). Ersetze (4.15) durch (4.18) und beginne wieder mit S c h r i t t 2.

Wir sehen nun leicht ein, daß das Simplexverfahren in endlich vielen Zyklen (Schritt 2 bis 4) zum Ziel führt, sofern nur nichtdegenerierte zulässige Basislösungen auftreten, genauer:

Satz 4.10 *Gilt in allen im Simplexverfahren auftretenden Tableaus* $\alpha_{i0} > 0 \; \forall i \geq 1$, *dann liefert das Verfahren nach endlich vielen Zyklen eine optimale zulässige Basislösung oder die Information, daß die Zielfunktion über dem zulässigen Bereich nach unten unbeschränkt und daher das* LP (4.10) bis (4.12) *unlösbar ist.*

B e w e i s : Nach Satz 4.9 liefert jedes nach Schritt 2 bis Schritt 4 berechnete neue Tableau eine zulässige Basislösung von (4.11) und (4.12), wobei nach Schritt 2 $\alpha_{0\rho} > 0$ und nach Voraussetzung $\alpha_{i0} > 0 \; \forall i \geq 1$, so daß die Zielfunktion nach Satz 4.9 streng monoton abnimmt ($\alpha_{00}^* < \alpha_{00}$). Da somit – unter der vorausgesetzten Nichtdegeneriertheit – jede zulässige Basislösung von (4.11) und (4.12) höchstens einmal im Verfahren bestimmt werden kann und es, wie wir wissen, nur endlich viele zulässige Basislösungen eines linearen Ungleichungssystems gibt, endet das Verfahren nach endlich vielen Zyklen. Tritt in Schritt 3 der Fall $\alpha_{i\rho} \leqslant 0 \ \forall\, i \geqslant 1$ auf, dann gilt wegen $\alpha_{i0} \geqslant 0 \ \forall\, i \geqslant 1$

$$\tilde{x}_i = \alpha_{i0} - \alpha_{i\rho} y_\rho \geqslant 0 \qquad \forall\, y_\rho \geqslant 0,\, i \geqslant 1,$$

und wegen $\alpha_{0\rho} > 0$ folgt

$$\xi = \alpha_{00} - \alpha_{0\rho} y_\rho \to -\infty \text{ für } y_\rho \to +\infty,$$

d. h. die Zielfunktion ist über dem zulässigen Bereich nach unten beschränkt. ∎

Man kann auch für den Fall von degenerierten zulässigen Basislösungen, also $\alpha_{i0} = 0$ für mindestens ein $i \geqslant 1$, durch Zusatzregeln die Endlichkeit des Verfahrens sichern. Hierfür sei auf die einschlägigen Bücher über Lineare Programmierung verwiesen.

Beispiel 4.3 Wir greifen noch einmal die Produktionsaufgabe von Beispiel 4.1 auf:

$$\min \{\mathbf{c}^T\mathbf{x} \mid \mathbf{A}\mathbf{x} = \mathbf{b}, \mathbf{x} \geqslant \mathbf{o}\}$$

mit $\mathbf{c}^T = (-5, -10, -8, 0, 0)$,

$$\mathbf{A} = \begin{pmatrix} 2 & 1 & 3 & 1 & 0 \\ 1 & 4 & 2 & 0 & 1 \end{pmatrix},$$

$$\mathbf{b} = \begin{pmatrix} 420 \\ 280 \end{pmatrix}.$$

Damit lautet unsere Aufgabe

$$\min \xi$$

bzgl.
$$\begin{aligned} \xi + 5x_1 + 10x_2 + 8x_3 \phantom{{}+x_4{}+x_5} &= 0 \\ 2x_1 + x_2 + 3x_3 + x_4 \phantom{{}+x_5} &= 420 \\ x_1 + 4x_2 + 2x_3 \phantom{{}+x_4} + x_5 &= 280, \end{aligned}$$

Hierfür ist ein erstes zulässiges Tableau (4.15) leicht zu finden, indem wir das LGS nach ξ, x_4 und x_5 auflösen:

	1	$-x_1$	$-x_2$	$-x_3$
ξ	0	5	10	8
x_4	420	[2]	1	3
x_5	280	1	4	2

Da $\alpha_{01} = 5 > 0$, können wir gemäß Schritt 2 die Spalte unter x_1 als Pivotspalte wählen. Nach Schritt 3 ist dann wegen $\frac{420}{2} < \frac{280}{1}$ die Zeile neben x_4 die Pivotzeile, d. h. wir tauschen x_4 gegen x_1 aus und erhalten nach Schritt 4 das neue Tableau gemäß (4.19) mit $\alpha_{\mu\rho} = \alpha_{11} = 2$ als

	1	$-x_4$	$-x_2$	$-x_3$
ξ	-1050	$-\frac{5}{2}$	$\frac{15}{2}$	$\frac{1}{2}$
x_1	210	$\frac{1}{2}$	$\frac{1}{2}$	$\frac{3}{2}$
x_5	70	$-\frac{1}{2}$	$\boxed{\frac{7}{2}}$	$\frac{1}{2}$

Da $\alpha_{02} = \frac{15}{2} > 0$, wählen wir als Pivotspalte diejenige unter x_2 und wegen $70 \cdot \frac{2}{7} < 210 \cdot \frac{2}{1}$ als Pivotzeile diejenige neben x_5. Somit tauschen wir nach Schritt 4 x_5 gegen x_2 aus und erhalten gemäß (4.19) mit $\alpha_{\mu\rho} = \alpha_{22} = \frac{7}{2}$ das nächste Tableau:

	1	$-x_4$	$-x_5$	$-x_3$
ξ	-1200	$-\frac{10}{7}$	$-\frac{15}{7}$	$-\frac{4}{7}$
x_1	200	$\frac{4}{7}$	$-\frac{1}{7}$	$\frac{10}{7}$
x_2	20	$-\frac{1}{7}$	$\frac{2}{7}$	$\frac{1}{7}$

.

Da hier $\alpha_{0j} < 0, j = 1, 2, 3$, haben wir gemäß Schritt 2 eine optimale Lösung gefunden mit

$$x_1 = 200, \quad x_2 = 20, \quad x_3 = x_4 = x_5 = 0 \quad \text{und} \quad \xi = -1200,$$

die mit der in Beispiel 4.2 bestimmten offenbar übereinstimmt. Dieses letzte Tableau zeigt überdies, daß es hier keine weitere optimale zulässige Lösung geben kann, da für jede a n d e r e zulässige Lösung

$$\begin{pmatrix} x_3 \\ x_4 \\ x_5 \end{pmatrix} \underset{\neq}{\geqslant} \begin{pmatrix} 0 \\ 0 \\ 0 \end{pmatrix}$$

sein muß und dann wegen $\alpha_{0j} < 0, j \geqslant 1, \xi > -1200$ wäre. ■

Schritt 1 des Verfahrens verlangt die Bestimmung eines ersten zulässigen Tableaus. Manchmal ist das leicht möglich, etwa wenn die Restriktionsgleichungen durch Einführung von Schlupfvariablen entstanden sind und daher die Koeffizientenmatrix eine Einheitsmatrix enthält. Gilt dann noch $\mathbf{b} \geqslant \mathbf{o}$, dann kann man nach Schritt 1 wie im obigen Beispiel mit den Schlupfvariablen als Basisvariablen starten. Im allgemeinen Fall kann man folgendermaßen vorgehen: In den Restriktionen

$$\mathbf{A}\mathbf{x} = \mathbf{b}, \qquad \mathbf{x} \geqslant \mathbf{o}$$

des LP's (4.9) kann $\mathbf{b} \geqslant \mathbf{o}$ immer erreicht werden – allenfalls durch Multiplikation einzelner Gleichungen mit (-1) –, wobei der zulässige Bereich unverändert bleibt.

Sei also $\mathbf{b} \geqslant \mathbf{o}$. Dann hat das LP

$$\min \{\mathbf{e}^T\mathbf{z} \mid \mathbf{A}\mathbf{x} + \mathbf{z} = \mathbf{b}, \mathbf{x} \geqslant \mathbf{o}, \mathbf{z} \geqslant \mathbf{o}\} \tag{4.20}$$

mit $\mathbf{e}^T = (1, \ldots, 1)$ nach Satz 4.7 eine Lösung, da mit $\mathbf{z} = \mathbf{b}$, $\mathbf{x} = \mathbf{o}$ wenigstens eine zulässige Basislösung existiert und offenbar $\mathbf{e}^T\mathbf{z} \geqslant 0$ für alle zulässigen $(\mathbf{x}, \mathbf{z})$ gilt. Nun ist offensichtlich $\{\mathbf{x} \mid \mathbf{A}\mathbf{x} = \mathbf{b}, \mathbf{x} \geqslant \mathbf{o}\} \neq \emptyset$ genau dann, wenn (4.20) eine Lösung $(\hat{\mathbf{x}}, \hat{\mathbf{z}})$ mit $\mathbf{e}^T\hat{\mathbf{z}} = 0$ besitzt.

Also löst man zunächst die Hilfsaufgabe (4.20), für die gemäß $\mathbf{z} = \mathbf{b} - \mathbf{A}\mathbf{x}$ und $\mathbf{e}^T\mathbf{z} = \mathbf{e}^T\mathbf{b} - \mathbf{e}^T\mathbf{A}\mathbf{x}$ ein erstes zulässiges Tableau

	1	$-\mathbf{x}$
η	$\mathbf{e}^T\mathbf{b}$	$\mathbf{e}^T\mathbf{A}$
$\mathbf{z}$	$\mathbf{b}$	$\mathbf{A}$

sofort gegeben ist. Ist $\mathbf{B} = \{\mathbf{x} \mid \mathbf{A}\mathbf{x} = \mathbf{b}, \mathbf{x} \geqslant \mathbf{o}\} \neq \emptyset$, und sind sämtliche zulässigen Basislösungen von $\mathbf{B}$ nichtdegeneriert, dann erhält man als Lösung von (4.20) schließlich ein Tableau der Form

	1	$-\mathbf{y}$	$-\mathbf{z}$
η	0	$\mathbf{o}^T$	$-\mathbf{e}^T$
$\tilde{\mathbf{x}}$	$\mathbf{B}^{-1}\mathbf{b}$	$\mathbf{B}^{-1}\mathbf{D}$	$\mathbf{B}^{-1}$

mit $\mathbf{B}^{-1}\mathbf{b} > 0$, wobei $\mathbf{A}\mathbf{x} = (\mathbf{B}, \mathbf{D}) \begin{pmatrix} \tilde{\mathbf{x}} \\ \mathbf{y} \end{pmatrix}$, evtl. nach entsprechender Vertauschung von Spalten von $\mathbf{A}$ und Komponenten von $\mathbf{x}$.

Hier kann man nun den Block unter $\mathbf{z}$ streichen, da man die Hilfsvariablen $\mathbf{z}$ nicht weiter benötigt, und gemäß (4.14) die Zielfunktion ξ ausrechnen und erhält so ein erstes zulässiges Tableau von (4.9) als

	1	$-\mathbf{y}$
ξ	$\tilde{\mathbf{c}}^T\mathbf{B}^{-1}\mathbf{b}$	$(-\mathbf{d}^T + \tilde{\mathbf{c}}^T\mathbf{B}^{-1}\mathbf{D})$
$\tilde{\mathbf{x}}$	$\mathbf{B}^{-1}\mathbf{b}$	$\mathbf{B}^{-1}\mathbf{D}$

.

Beispiel 4.4 Gegeben sei das LP

$$\min \{c^T x \mid Ax = b, x \geqslant o\}$$

mit $c^T = (-1, -2, 0, 0, 0)$

$$A = \begin{pmatrix} 1 & 3 & 1 & 0 & 0 \\ 5 & 6 & 1 & 2 & 1 \\ 5 & 3 & 0 & 1 & 2 \end{pmatrix}, \qquad b = \begin{pmatrix} 15 \\ 41 \\ 31 \end{pmatrix}.$$

Für die Hilfsaufgabe (4.20) erhalten wir als erstes zulässiges Tableau

	1	$-x_1$	$-x_2$	$-x_3$	$-x_4$	$-x_5$
η	87	11	12	2	3	3
z_1	15	1	3	1	0	0
z_2	41	5	6	1	2	1
z_3	31	$\boxed{5}$	3	0	1	2

Nach den Regeln des Simplexverfahrens wählen wir $\alpha_{31} = 5$ als Pivotelement und tauschen z_3 gegen x_1 aus:

	1	$-z_3$	$-x_2$	$-x_3$	$-x_4$	$-x_5$
η	$\frac{94}{5}$	$-\frac{11}{5}$	$\frac{27}{5}$	2	$\frac{4}{5}$	$-\frac{7}{5}$
z_1	$\frac{44}{5}$	$-\frac{1}{5}$	$\frac{12}{5}$	$\boxed{1}$	$-\frac{1}{5}$	$-\frac{2}{5}$
z_2	10	-1	3	1	1	-1
x_1	$\frac{31}{5}$	$\frac{1}{5}$	$\frac{3}{5}$	0	$\frac{1}{5}$	$\frac{2}{5}$

.

Wählen wir nun als Pivotelement $\alpha_{13} = 1$ und tauschen z_1 gegen x_3 aus, so erhalten wir als nächstes Tableau

	1	$-z_3$	$-x_2$	$-z_1$	$-x_4$	$-x_5$
η	$\frac{6}{5}$	$-\frac{9}{5}$	$\frac{3}{5}$	-2	$\frac{6}{5}$	$-\frac{3}{5}$
x_3	$\frac{44}{5}$	$-\frac{1}{5}$	$\frac{12}{5}$	1	$-\frac{1}{5}$	$-\frac{2}{5}$
z_2	$\frac{6}{5}$	$-\frac{4}{5}$	$\frac{3}{5}$	-1	$\boxed{\frac{6}{5}}$	$-\frac{3}{5}$
x_1	$\frac{31}{5}$	$\frac{1}{5}$	$\frac{3}{5}$	0	$\frac{1}{5}$	$\frac{2}{5}$

.

Wegen $\alpha_{04} = \frac{6}{5} > 0$ bestimmen wir $\alpha_{24} = \frac{6}{5}$ als Pivotelement und erhalten nach dem Austausch von z_2 und x_4

	1	$-z_3$	$-x_2$	$-z_1$	$-z_2$	$-x_5$
η	0					
x_3	9		$\frac{5}{2}$			$-\frac{1}{2}$
x_4	1		$\frac{1}{2}$			$-\frac{1}{2}$
x_1	6		$\frac{1}{2}$			$\frac{1}{2}$

,

wobei wir uns hier die Berechnung der Spalten unter z_i erspart haben, da mit $\eta = 0$ das Hilfsproblem (4.20) gelöst ist. Für das erste zulässige Tableau erhalten wir die Koeffizienten der Zielfunktion $\xi = \alpha_{00} - \alpha_{01} x_2 - \alpha_{02} x_5$ gemäß (4.14)

$$\alpha_{00} = \tilde{c}^T B^{-1} b = 0 \cdot 9 + 0 \cdot 1 + (-1) \cdot 6 = -6$$

$$\alpha_{01} = (-d^T + \tilde{c}^T B^{-1} D)_2 = -(-2) + 0 \cdot \frac{5}{2} + 0 \cdot \frac{1}{2} + (-1) \cdot \frac{1}{2} = \frac{3}{2}$$

$$\alpha_{02} = (-d^T + \tilde{c}^T B^{-1} D)_5 = -0 + 0 \cdot (-\frac{1}{2}) + 0 \cdot (-\frac{1}{2}) + (-1) \frac{1}{2} = -\frac{1}{2}$$

und daher

	1	$-x_2$	$-x_5$
ξ	-6	$+\frac{3}{2}$	$-\frac{1}{2}$
x_3	9	$\frac{5}{2}$	$-\frac{1}{2}$
x_4	1	$\boxed{\frac{1}{2}}$	$-\frac{1}{2}$
x_1	6	$\frac{1}{2}$	$\frac{1}{2}$

Da hier nur $\alpha_{01} = \frac{3}{2} > 0$ ist, muß nach unseren Regeln $\alpha_{21} = \frac{1}{2}$ als Pivotelement gewählt werden, womit wir

	1	$-x_4$	$-x_5$
ξ	-9	-3	1
x_3	4	-5	$\boxed{2}$
x_2	2	2	-1
x_1	5	-1	1

erhalten. Jetzt müssen wir $\alpha_{12} = 2$ als Pivotelement nehmen, womit wir für die Kopfspalte und -zeile

	1	$-x_4$	$-x_3$
ξ	-11	$-\frac{1}{2}$	$-\frac{1}{2}$
x_5	2		
x_2	4		
x_1	3		

ausrechnen. Damit ist

$$x_1 = 3, x_2 = 4, x_5 = 2, \quad x_3 = x_4 = 0$$

die Lösung unserer Aufgabe mit dem Optimalwert $\xi = -11$.

Übungsaufgaben

1. Zeigen Sie: Ist $f: \mathbb{R}^n \to \mathbb{R}$ irgendeine Funktion derart, daß für eine nichtleere Teilmenge $\mathcal{B} \subset \mathbb{R}^n$ $\min_{x \in \mathcal{B}} f(x)$ existiert, dann existiert auch $\max_{x \in \mathcal{B}} [-f(x)]$, und es gilt

$\max_{x \in \mathcal{B}} [-f(x)] = - \min_{x \in \mathcal{B}} f(x)$.

2. Gegeben sei das LP

$$\begin{aligned} &\max (x_1 + 2x_2) \\ &\text{bzgl.}\quad x_1 + 3x_2 \leqslant 15 \\ &\qquad\quad\; x_1 + x_2 \leqslant 7 \\ &\qquad\quad 2x_1 + x_2 \leqslant 12 \\ &\qquad\quad\; x_1 \geqslant 0, x_2 \geqslant 0. \end{aligned}$$

a) Stellen Sie den zulässigen Bereich sowie die Zielfunktion $\xi = x_1 + 2x_2$ für verschiedene Werte von ξ graphisch dar.
b) Lösen Sie die Aufgabe mit dem Simplexverfahren. Verfolgen Sie die aufeinander folgenden zulässigen Basislösungen in Ihrer graphischen Darstellung.
c) Zeigen Sie, daß diese Aufgabe mit derjenigen von Beispiel 4.4 äquivalent ist, d. h. daß Zielfunktion und zulässiger Bereich übereinstimmen.

3. Sei $\mathcal{B} = \{x \mid Ax = b, x \geqslant o\} \subset \mathbb{R}^n$, $b \neq o$ und $\mathcal{K} = \{y \mid Ay = o, y \geqslant o\} = \{o\}$.
Zeigen Sie: Ist $\hat{x} \in \mathcal{B}$, dann läßt sich $\hat{x}$ als Konvexkombination von höchstens $n + 1$ zulässigen Basislösungen von $\mathcal{B}$ darstellen.

(H i n w e i s : Nach Satz 4.2 und 4.3 gilt $\hat{x} = \sum_{i=1}^{\rho} \lambda_i z_i$ mit $\lambda_i > 0$ und $\sum_{i=1}^{\rho} \lambda_i = 1$, wobei $z_1, \ldots, z_\rho$ geeignete Basislösungen sind. Ist $\rho > n + 1$, dann sind die Vektoren $(z_i - z_1)$, $i = 2, \ldots, \rho$, linear abhängig, was man zur Konstruktion einer neuen Darstellung als Konvexkombination von einer echten Teilmenge der Basislösungen $z_1, \ldots, z_\rho$ ausnutzen kann.)

4. Endet das Simplexverfahren in Schritt 3, d. h. gibt es ein $\alpha_{0\rho} > 0$ so, daß $\alpha_{i\rho} \leqslant 0 \;\forall\, i \geqslant 1$, dann ist mit

$$\begin{aligned} &\tilde{x}_i = -\alpha_{i\rho}, && i = 1, \ldots, m \\ &y_\rho = 1 \\ &y_j = 0, && j \neq \rho \end{aligned}$$

ein Vielfaches einer Erzeugenden von $\mathcal{K} = \{y \mid Ay = o, y \geqslant o\}$ gemäß Satz 4.4 gegeben.
(H i n w e i s : Nach (4.14) und (4.15) ist $\alpha_{.\rho} = B^{-1} D_\rho$, also $B(-\alpha_{.\rho}) + 1 \cdot D_\rho = o$ und nach Voraussetzung $-\alpha_{.\rho} \geqslant 0$. Nun bleibt zu zeigen, daß $\begin{pmatrix} B & D_\rho \\ e^T & 1 \end{pmatrix}$ in (4.7) eine zulässige Basislösung liefert, d. h. regulär ist.)

Weiterführende Literatur

– Einige Hinweise –

[1] K a l l , P.: Analysis für Ökonomen. Stuttgart: Teubner 1982

[2] K a l l , P.: Mathematische Methoden des Operations Research. Stuttgart: Teubner 1976

[3] D a n t z i g , G. B.: Lineare Programmierung und Erweiterungen. Deutsche Bearbeitung von A. Jaeger. Berlin – Heidelberg – New York: Springer-Verlag 1966

[4] C o u r a n t , R.; H i l b e r t , D.: Methods of Mathematical Physics, vol. 1. First English edition, fith printing. New York: Interscience Publ. 1965

[5] B r o n s t e i n , I. N.; S e m e n d j a j e w , K. A.: Taschenbuch der Mathematik. 19. Auflage (Hrsg.: G. Grosche und V. Ziegler). Leipzig: Teubner 1979

[6] S t o e r , J.: Einführung in die Numerische Mathematik I. 2. Aufl. Berlin – Heidelberg – New York: Springer-Verlag 1976

[7] S t o e r , J.; B u l i r s c h , R.: Einführung in die Numerische Mathematik II. Berlin – Heidelberg – New York: Springer-Verlag 1973

Sachverzeichnis

Teubner Studienbücher Fortsetzung

Mathematik

Jeggle: **Nichtlineare Funktionalanalysis**
Existenz von Lösungen nichtlinearer Gleichungen. 255 Seiten. DM 26,80

Kall: **Analysis für Ökonomen**
238 Seiten. DM 28,80 (LAMM)

Kall: **Lineare Algebra für Ökonomen**
184 Seiten. DM 24,80 (LAMM)

Kall: **Mathematische Methoden des Operations Research**
Eine Einführung. 176 Seiten. DM 25,80 (LAMM)

Kohlas: **Stochastische Methoden des Operations Research**
192 Seiten. DM 25,80 (LAMM)

Krabs: **Optimierung und Approximation**
208 Seiten. DM 26,80

Müller: **Darstellungstheorie von endlichen Gruppen**
IX, 211 Seiten. DM 24,80

Rauhut/Schmitz/Zachow: **Spieltheorie**
Eine Einführung in die mathematische Theorie strategischer Spiele
400 Seiten. DM 32,– (LAMM)

Schwarz: **FORTRAN-Programme zur Methode der finiten Elemente**
208 Seiten. DM 23,80

Schwarz: **Methode der finiten Elemente**
2. Aufl. 346 Seiten. DM 36,– (LAMM)

Stiefel: **Einführung in die numerische Mathematik**
5. Aufl. 292 Seiten. DM 32,– (LAMM)

Stiefel/Fässler: **Gruppentheoretische Methoden und ihre Anwendung**
Eine Einführung mit typischen Beispielen aus Natur- und Ingenieurwissenschaften
256 Seiten. DM 29,80 (LAMM)

Stummel/Hainer: **Praktische Mathematik**
2. Aufl. 368 Seiten. DM 36,–

Topsøe: **Informationstheorie**
Eine Einführung. 88 Seiten. DM 16,80

Uhlmann: **Statistische Qualitätskontrolle**
Eine Einführung. 2. Aufl. 292 Seiten. DM 38,– (LAMM)

Velte: **Direkte Methoden der Variationsrechnung**
Eine Einführung unter Berücksichtigung von Randwertaufgaben bei partiellen Differentialgleichungen. 198 Seiten. DM 26,80 (LAMM)

Vogt: **Grundkurs Mathematik für Biologen**
224 Seiten. DM 21,80

Walter: **Biomathematik für Mediziner**
2. Aufl. 206 Seiten. DM 22,80

Winkler: **Vorlesungen zur Mathematischen Stati**
276 Seiten. DM 26,80

Witting: **Mathematische Statistik**
Eine Einführung in Theorie und Methoden. 3. Aufl. 223 Seiten. DM 26,80 (LAMM)

Preisänderungen vorbehalten

MIX
Papier aus verantwortungsvollen Quellen
Paper from responsible sources
FSC® C105338

If you have any concerns about our products,
you can contact us on
ProductSafety@springernature.com

In case Publisher is established outside the EU,
the EU authorized representative is:
Springer Nature Customer Service Center GmbH
Europaplatz 3, 69115 Heidelberg, Germany

Printed by Libri Plureos GmbH
in Hamburg, Germany